"十四五"职业教育国家规划教材

U0256560

电子产品装配及工艺

主　编　白秉旭

副主编　吴建生　夏和福　刘晓凤

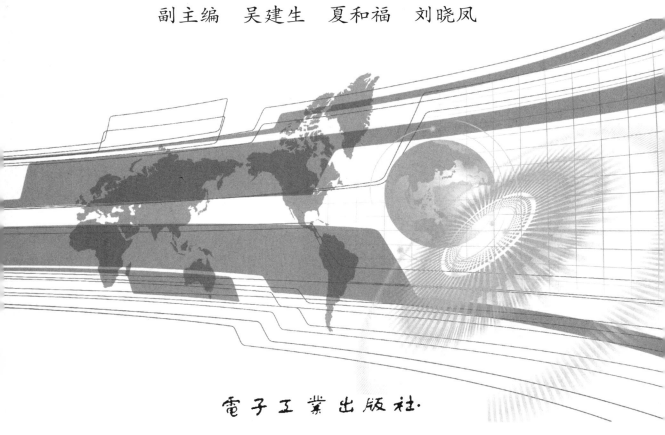

电子工业出版社

Publishing House of Electronics Industry

北京·BEIJING

内 容 简 介

本书是职业院校电子技术应用专业核心课程之一，根据职业院校电子技术应用专业标准编写而成。

本书有 5 大模块，共 16 个项目，按照"文件及安全、材料及设备、工艺及装联、总装及调试、检验及包装"等知识、技能形成的实践过程顺序来安排教学，有利于学生掌握电子组装相关基础知识和基本操作要领。

本书将项目教学活动分解设计成若干任务，以任务为单位组织教学，采用了"任务安排—知识技能准备—任务实施—任务评价—知识技能拓展"等编写体例。每个任务在介绍了各类组装工艺的一般性知识、技能要求后，都安排了一个取材简单、步骤详细、可操作性强的技能训练，在东、中、西部地区学校均能使用。本书还创设了促进学生心智技能发展的教学情境，以激发学生的学习热情。

本书适合作为职业院校电子技术应用及相关专业的教学用书，也可作为岗位培训教材及自学用书。

图书在版编目（CIP）数据

电子产品装配及工艺 / 白秉旭主编. —北京：电子工业出版社，2017.6

ISBN 978-7-121-24760-6

Ⅰ. ①电… Ⅱ. ①白… Ⅲ. ①电子产品—装配（机械）—工艺学—职业教育—教材 Ⅳ. ①TN605

中国版本图书馆 CIP 数据核字（2014）第 268585 号

策划编辑：白　楠
责任编辑：裴　杰
印　　刷：涿州市京南印刷厂
装　　订：涿州市京南印刷厂
出版发行：电子工业出版社
　　　　　北京市海淀区万寿路 173 信箱　邮编　100036
开　　本：787×1092　1/16　印张：16.75　字数：428.8 千字
版　　次：2017 年 6 月第 1 版
印　　次：2024 年 7 月第 15 次印刷
定　　价：34.50 元

凡所购买电子工业出版社图书有缺损问题，请向购买书店调换。若书店售缺，请与本社发行部联系，联系及邮购电话：(010) 88254888，88258888。

质量投诉请发邮件至 zlts@phei.com.cn，盗版侵权举报请发邮件至 dbqq@phei.com.cn。

本书咨询联系方式：(010) 88254485，puyue@phei.com.cn。

P 前言
PREFACE

在中国共产党第二十次全国代表大会的报告中指出：加快构建新发展格局，着力推动高质量发展。坚持把发展经济的着力点放在实体经济上，推进新型工业化，加快建设制造强国、质量强国、航天强国、交通强国、网络强国、数字中国。实施产业基础再造工程和重大技术装备攻关工程，支持专精特新企业发展，推动制造业高端化、智能化、绿色化发展。而教育、科技、人才是全面建设社会主义现代化国家的基础性、战略性支撑。统筹职业教育、高等教育、继续教育协同创新，推进职普融通、产教融合、科教融汇，优化职业教育类型定位。深化教育领域综合改革，加强教材建设和管理，完善学校管理和教育评价体系，健全学校家庭社会育人机制。为了落实立德树人根本任务，我们瞄准制造业创新目标，结合职业教育发展现状，深化课程教学改革，特组织编写并根据审核意见又修订了本书。

本书是职业院校电子技术应用专业核心课程之一，根据职业院校电子技术应用专业标准编写而成。

教材本着"先进性和普适性"的原则，考虑到东西部学校的差异，精心选择了 5 大模块，共 16 个项目，25 个任务，39 个可选实训，按照"文件及安全、材料及设备、工艺及装联、总装及调试、检验及包装"等知识、技能形成的实践过程顺序来安排教学，有利于学生掌握电子组装相关基础知识和基本操作要领。本书将项目教学活动分解设计成若干任务，以任务为单位组织教学，采用了"任务安排—知识技能准备—任务实施—任务评价—知识技能拓展"等编写体例，为方便教学，每个模块结束时，都安排了《模块实训报告书》。教材通过工作任务单驱动教学，以电子制造生产一线技术岗位（具备电子产品装配、调试、检验、包装，以及 SMT 设备操作维护等能力）相关的工艺知识和工艺技能为载体，采用理实一体化教学设计，通过学生模拟、拆装、组装及调试，教师的引导等手段，充分体现鼓励学生进行自主性学习、研究性学习的新理念。

教材采用行业协会与电子企业提供的生产资料，展现最新的装配工艺及技术，与生产实际联系紧密，教学改革特征明显。

通过本课程的学习，学生应掌握广电和通信设备电子装接中级工和广电和通信设备调试中级工的技能，并能通过劳动部门中级工的鉴定与考核。

本教材图表多，文字叙述少，形象生动，直观鲜明，趣味性强。各类名称、名词、术语符合国家相关标准，清晰美观。

完成本教材教学任务的实验、实训设备配置清单参见表 1。

表 1 实验、实训设备基本配置

序号	设备名称	数量	经费
1	常用电工工具、电烙铁、万用表	各 40 套	
2	函数信号发生器、示波器、毫伏表、直流稳压电源	各 20 套	
3	热风返修台	20 台	
4	自动皮带生产线	40 工位	
5	半自动丝印台	4 台	总价约 14 万元
6	手动点胶机	2 台	
7	手动贴片机	8 台	
8	台式回流焊机	1 台	
9	放大台灯	8 台	

项目教学要学以致用，重视学生的学习能力、实验技能、生产技能的培养，要保证足够的技能训练课时，本教材参考学时分配见表 2。

表 2 参考学时分配（总学时 84）

	内容	课时		内容	课时
	绪论	2	第 4 模块	项目 12 整机总装工艺认识	4
第 1 模块	项目 1 技术文件的识读	4		项目 13 整机调试工艺认识	4
	项目 2 岗位培训和安全生产	4		项目 14 整机故障维修实践	6
第 2 模块	项目 3 材料的识别	4	第 5 模块	项目 15 产品检验认识	4
	项目 4 装配设备的认识	4		项目 16 产品包装认识	4
	项目 5 电子电路识图	4			
第 3 模块	项目 6 预加工工艺认识	4		机动	6
	项目 7 通孔焊接工艺认识	4		复习考核	6
	项目 8 基本安装工艺认识	4		小计	84
	项目 9 部件组装	6			
	项目 10 表面贴装技术认识	4			
	项目 11 PCB 设计制作	6			

本书由白秉旭担任主编并统稿。刘晓凤编写了绪论和第 1 模块；白秉旭编写了第 2 和第 5 模块；夏和福编写了第 3 模块；吴建生编写了第 4 模块和附录。在本书编写过程中，参阅了多种同类教材和专著，江苏省电子学会 SMT 专业委员会、组装自动化委员会及相关电子企业给予大力支持，在此致以诚挚的谢意。

电子组装技术不断进步，正朝着信息化、智能化、自动化方向发展，新技术、新方法不断涌现。由于作者学习研究不够，编写时间仓促及编者水平、经验有限等因素，教材中难免存在错误和不足之处，敬请读者予以指正。

目 录
CONTENTS

第 2 模块 材料及设备

第 3 模块 工艺及装联

VII

第 4 模块 总装及调试

第 5 模块　检验及包装

绪　论

1. 课程性质

电子产品装配及工艺的相关知识技能是从事电子产品开发、生产、管理的技术人员必须学习和掌握的。本课程的主要目的是为电子制造业培养具有职业素质与职业技能的应用型人才，让学生通过对电子制造工艺的学习，拉近抽象的理论符号与真实元器件、材料和产品之间的距离，对制造业获得真实的感受，掌握和熟悉现代电子企业的产品制造设备、生产工艺及技术管理等方面的知识，为学生从事电子企业生产技术和生产管理工作打下良好的技术基础，是中等职业学校电类专业必修的专业课程之一。

工艺是生产者利用生产设备和生产工具，对各种原材料、半成品进行加工或处理，使之最后成为符合技术要求的产品的艺术（程序、方法、技术）。它是人类在生产劳动中不断积累起来并经过总结的操作经验和技术能力。就电子整机产品的生产过程而言，主要涉及两个方面：一方面是指制造工艺的技术手段和操作技能，另一方面是指产品在生产过程中的质量控制和工艺管理。我们可以把这两方面分别看作是"硬件"和"软件"。显然，对于现代化电子产品的大批量生产要求学生今后在制造过程中承担的职责来说，这两方面都是重要的，是不能偏废的。

电子工业是 20 世纪新兴的行业，经过几十年的发展，已经成为世界经济最重要的支柱性产业。与其他工业比较，电子产品的种类繁多，主要可分为电子材料、元器件、配件（整件、部件）、整机和系统。其中，各种电子材料及元器件是构成配件和整机的基本单元，配件和整机又是组成电子系统的基本单元。这些产品一般由专业化分工的厂家生产，必须根据它们的生产特点制定不同的制造工艺。同时，电子技术的应用极其广泛，产品可以分为计算机、通信、仪器仪表、自动控制等几大类，根据工作方式及使用环境的不同要求，其制造工艺又有所不同，所以电子工艺实际上是一个内容极其广泛的学科。本书的任务在于讨论电子整机（包括配件）产品的制造工艺。这是因为对于大多数接触电子产品制造过程的工程技术人员以及广大直接技术操作者来说，主要涉及的是这类产品从设计开始以及在试验、装配、焊接、调整、检验、维修、服务方面的工艺过程，对于各种电子材料及电子元器件，则是从使用的角度讨论它们的外部特性及其选择和检验的方法。在本书的讨论中，"工艺"指电子整机产品生产制造过程方面的内容。

我国电子行业的工艺现状是"两个并存"相当突出：即有些企业已经具备了世界上最好的生产条件，购买了最先进的设备，也有些企业还在简陋条件下使用陈旧的装备维持生产，也就是说，先进的工艺与陈旧的工艺并存，引进的技术与落后的管理并存。在当代的电子产品制造领域，我国在整体上还处在比较落后的水平，还缺少一大批稳定的、高素质的工艺技术队伍，这与我国工艺教育体系的历史较短及长期忽视工艺技术教育有关。事实是，对比国内外各厂家生产的同类电子产品，它们的电路原理并没有太大的差异，造成质量水平不同的主要原因在于生产过程及手段，即体现在电子工艺技术和工艺管理水平的差别上。在我国经济比较发达的沿海城市，或者工艺技术力量较强、实行了现代化工艺管理的企业中，电子产品的质量就比较稳定，市场竞争力就比较强。同样，对于有经验的电子工程技术人员来说，他们的水平主要反映在设计方案时充分考虑了加工的可能性和工艺的合理性上。

2. 电子整机装配工艺的发展

随着科学技术的不断进步，特别是自动化技术的广泛应用和新材料的出现，电子整机制造技术有了很大的发展，主要体现在下列几项关键技术上。

（1）SMT表面贴装技术。表面贴装技术是将电子元器件直接贴装在印制电路板上的装接技术。在电子工业生产中，SMT实际上是包括表面安装元件（SMC）、表面安装器件（SMD）、表面安装电路板（SMB）、元器件贴装设备及焊接测试等技术在内的一整套完整的工艺技术的统称。SMT的主要优点是高密度、高可靠、高性能、高效率和低成本，在微机、手机等电子产品中得到了广泛应用。

（2）ESD（静电放电）防护技术。大量的MOS集成电路及MOS器件，在无防护情况下，易被人体带的静电、空气中的静电击伤、损毁，严重影响电子产品的可靠性。防静电技术已成为当今电子整机装配中一项不可缺少的技术。防静电的措施主要有：建立一个二级标准接地网，工作台面铺设防静电台垫，地面涂防静电漆及操作人员穿防静电服，佩带防静电手腕带，使用防静电手套、电烙铁等。

（3）电子整机自动调试技术。电子技术飞速发展，产品功能越来越强，品种越来越多，更新换代越来越快，体积越来越小，传统人工测试越来越难适应。自动测试技术应运而生，由静态到动态测试，由初级故障检测到高级组合测试，软件、硬件并驾齐驱，大大提高了检测效率，自动测试过程如图0-1所示。

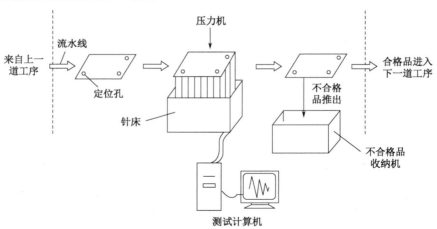

图 0-1　自动测试过程示意图

自动调试技术主要有以下几种：

MDA（故障缺陷分析）是针对焊点和模拟元器件的检测方法，一般用于技术较简单、可靠性要求不高的产品。

ICT（在线电路测试）是以电路板的设计指标为判断测试结果的依据，故障分析准确率高，适用于技术复杂、功能先进、可靠性要求高的产品。

FT（功能测试）是一种高级的组合测试系统，除能完成MDA和ICT所有功能外，还可对整个电路或电路群进行功能测试。这种系统适用于技术更先进、要求更高的产品。

（4）计算机辅助工艺过程设计（CAPP）。CAPP 是利用计算机进行零件加工工艺过程的制定，把毛坯加工成工程图纸上所要求的零件。它是通过向计算机输入被加工零件的几何信息和工艺信息，并由计算机自动输出零件的工艺路线和工序内容等工艺条件的过程。CAPP不仅适用于机械工艺过程，也适用于电子整机装配工艺过程。

3. 本课程学习要领

电子工艺训练是工程训练的一部分，同时也是学生在校期间非常重要的实践环节。在实习中，学生可在电子焊接的技能、电子元器件的测试与识别、印制电路的设计方法与技巧、电子测试仪器的使用、电子产品的调试与维修等方面得到训练。让电子类学生参加足够学时的生产实习、操作实训是极其重要的。如果他们不了解电子产品生产过程的每一个细节，不理解生产工人操作的每一个环节，就很难设计出具有生产可行性的产品。日本丰田汽车的创始人丰田喜一郎有一句名言：“技术人员不了解现场，产品制造就无从谈起。”他的这一观点，应该成为每一个电子工程技术人员的座右铭。

本课程是电子技术专业的一门主干课程，具有知识面广、综合性强、实践性强的特点。在学习过程中，应注意以下几点。

（1）了解整机的结构。平时可多观察像收音机、电视机等常见的整机，多思考。

（2）多参观电子工厂，亲身体验整机装配工艺流程。

（3）加强动手操作，认真完成书中的实训内容。

总之，要掌握好本课程，必须理论联系实际，勤动手，多思考。

第 1 模块 文件及安全

 模块描述

现代工业产品最重要的特点是产品的生产制造是由企业团队完成的。除了深入生产现场指导以外，产品的设计者和生产技术人员还必须提供详细准确的技术资料给计划、财务、采购等部门，这些资料就是技术文件。现代电子产品制造业的发展日新月异，产品的电路、功能设计和生产工艺在不断提升，电子产品的设计和加工再也不能依靠手工作坊式的口头传述，而要遵循复杂严密的技术文件（设计文件和工艺文件）进行操作。设计文件和工艺文件是电子产品加工过程中需要的两个主要技术文件。设计文件表述了电子产品的电路和结构原理、功能及质量指标；工艺文件则是电子产品加工过程必须遵照执行的指导性文件。通俗地说，前者规定做什么，后者规定怎么做。此外，在电子产品生产加工过程中应当注意安全文明生产以充分保证产品、设备和人员的安全和产品的质量。

本模块首先介绍了电子产品制造过程中常见的技术文件，包括设计文件、工艺文件等，然后对生产中的安全文明规范进行比较详细的说明。通过识读和编制技术文件实训、参观电子制造企业的安全文明生产实训，强化了知识的掌握及技能的形成。

 **知识目标**

➢ 了解技术文件的种类；
➢ 理解技术文件的编制要求；
➢ 理解安全生产的规定。

 **技能目标**

➢ 识读单元电路的设计文件；
➢ 识读整机的设计文件；
➢ 编制整机的工艺文件；
➢ 参观工厂车间的安全生产措施。

技术文件的识读

任务 1.1　识读设计文件

1.1.1　任务安排

设计文件是产品从研究、设计、试制、鉴定到生产实践过程中积累而形成的图样及技术资料。它规定了产品的组成、形成、结构尺寸、原理、程序以及在制造、验收、流通、使用、维修时所必需的技术数据和说明，是组织生产和产品使用维护的依据。

识读设计文件任务单见表 1-1。

表 1-1　识读设计文件任务单

任 务 名 称	识读设计文件	
任务内容	识读常用的设计文件： 1. 方框图；2. 电路图；3. 接线图；4. 印制板图 5. 技术说明书；6. 使用说明书	
任务要求	1. 能识读常见的设计文件 2. 能了解常见设计文件之间的关联 3. 会初步根据要求编制设计文件	
技术资料	1. 上网查找相关设计文件 2. 家用电子产品的使用说明书 3. 某液晶电视机的 LCD 来料检查不良项目判定标准	
签名		备注

1.1.2　知识技能准备

链接 1　设计文件的分类

一、按表达方式分类

1. 图样

图样指根据投影关系或有关规定按比例绘制的，用以说明产品加工和装配要求的设计文件。例如：零件图、装配图、线扎图、外形图等。

2. 简图

简图指由规定的符号（图形符号和带注释的框）、文字和图线组成的，用以说明产品电气装配连接、各种原理和其他示意性内容的设计文件。例如：框图、电路图、接线图等。

3. 表格类设计文件

表格类设计文件指以表格的方式说明产品组成情况等内容的设计文件。例如：整机明细表、成套件明细表、整件汇总表等。

4．文字类设计文件

文字类设计文件指以文字为主的方式说明产品用途、技术性能、工作原理、试验和检验要求、维修方法等内容的设计文件。例如：产品标准、技术条件、技术说明书、使用说明书等。

二、按绘制过程和使用特征分类

1．草图

草图指设计产品时所绘制的原始资料，它是供生产和设计部门使用的一种临时性设计文件。草图可以使用徒手方式绘制。

2．原图

原图指供描绘底图用的设计文件。

3．底图

底图指确定产品及其组成部分的基本凭证图样，是用来复制复印图的设计文件。例如：印制底板、CAD基准盘等。底图可分为基本底图和副底图。

4．复印图

复印图指用底图以晒制、照相、复制或能保证与底图相同的其他方法所复制的设计文件。在企业中实际使用的复印图、工作图、蓝图等都属于复印图。

5．载有程序的媒体

载有程序的媒体指载有完整独立的功能程序的媒体。例如：载有媒体设计程序的磁盘、光盘等。

三、按形成过程分类

1．试制文件

试制文件指设计性试制过程中编制的各种设计文件。

2．生产文件

生产文件指设计性试制完成后，经整理修改，进行生产时所用的设计文件。

链接2　设计文件的格式

一、设计文件的编号方法

为了开展产品标准化工作，对设计文件必须进行分类编制。电子整机产品设计文件编号采用十进制分类进行编制。十进制分类编号方法就是把全部产品的设计文件，按其产品的种类、功能、用途、结构、材料制造工艺等技术特征，分为10级（0～9），每级又分为10类（0～9），每类又分为10型（0～9），每型又分为10种（0～9）。在特征标记前，冠以汉语拼音字母表示企业区分代号，在特征标记后，标上3或4位数字表示登记号，最后是文件简号。下面以某电视机明细表为例，说明产品设计文件编号组成，如图1-1所示。

（1）企业区分代号。由大写的汉语拼音字母组成，用以区别编制设计文件的单位。企业区分代号由企业上级主管部门给定。

（2）特征标记。由四位阿拉伯数字组成，分别表示产品设计文件的级、类、型、种。级的名称规定为：0

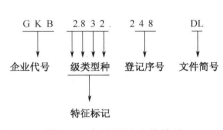

图1-1　产品设计文件编号

级——文件，指对同一类型产品的结构形式、参数系列、调试方法、技术条件等作出统一规定的技术文件；1级——成套设备；2、3、4级——整件；5、6级——部件；7、8级——零件；9 级——（暂时不用，待以后需要时补充）。

（3）登记顺序号。可以由三位或四位阿拉伯数字（000～999 或 0000～9999）组成，用以区别分类标记相同的若干不同产品设计文件。

（4）文件简号。文件简号以该文件的汉语拼音第一个字母来组合，各种设计文件的简号规定见表 1-2，它能区分同一产品不同图种的设计文件。零件图、装配图是最基本的图种，没有规定文件简号，产品标准也没有规定文件简号。

表 1-2　设计文件简号规定

序　号	文 件 名 称	文 件 简 号	序　号	文 件 名 称	文 件 简 号
1	产品标准	—	15	机械传动图	T
2	零件图	—	16	其他图	JT
3	装配图	—	17	技术条件	JS
4	外形图	WX	18	技术说明书	JS
5	安装图	AZ	19	使用说明书	SS
6	总布置图	BL	20	说明	S
7	频率搬移图	PL	21	表格	B
8	方框图	FL	22	整件明细表	MX
9	信息处理图	XL	23	整套设备明细表	MX
10	逻辑图	LJL	24	事件汇总表	ZH
11	电路图	DL	25	设备附件及工具总表	BH
12	线缆连接图	JL	26	成套运行文件清单	YQ
13	接线图	YL	27	其他文件	W
14	机械原理图	CL	28	副封面	—

二、设计文件的主要内容

1．文字性设计文件

（1）产品标准或技术条件：产品标准或技术条件是对产品性能、技术参数、试验方法和检验要求等所作的规定。产品标准是反映产品技术水平的文件。有些产品标准是国家标准或行业标准做了明确规定的，文件可以引用，国家标准和行业标准未包括的内容文件应补充进去。通常情况下，企业制订的产品标准不能低于国家标准和行业标准。家用电器产品控制器中按技术条件要求编成的技术规格书也类似产品标准。

（2）技术说明、使用说明、安装说明：

技术说明是供研究、使用和维修产品用的，对产品的性能、工作原理、结构特点应说明清楚，其主要内容应包括产品技术参数、结构特点、工作原理、安装调整、使用和维修等内容。

使用说明是供使用者正确使用产品而编写的，其主要内容是说明产品性能、基本工作原理、使用方法和注意事项。

安装说明是供使用产品前的安装工作而编写的，其主要内容是产品性能、结构特点、安装图、安装方法及注意事项。

（3）调试说明：调试说明是用来指导产品生产时调试其性能参数的。

2．表格性设计文件

（1）明细表：明细表是构成产品（或某部分）的所有零部件、元器件和材料的汇总表，也叫物料清单。从明细表可以查到组成该产品的零部件、元器件及材料。

（2）软件清单：软件清单是记录软件程序的清单。

（3）接线表：接线表是用表格形式表述电子产品两部分之间的接线关系的文件，用于指导生产时该两部分的连接。

3．电子工程图

（1）电路图：电路图也叫原理图、电路原理图，是用电气制图的图形符号的方式划出产品各元器件之间、各部分之间的连接关系，用以说明产品的工作原理。它是电子产品设计文件中最基本的图纸。

（2）方框图：方框图是用一个一个方框表示电子产品的各个部分，用连线表示他们之间的连接，进而说明其组成结构和工作原理，是原理图的简化示意图。

（3）装配图：用机械制图的方法画出的表示产品结构和装配关系的图，从装配图可以看出产品的实际构造和外观。

（4）零件图：一般用零件图表示电子产品某一个需加工的零件的外形和结构，在电子产品中最常见也是必须要画的零件图是印制板图。

（5）逻辑图：逻辑图是用电气制图的逻辑符号表示电路工作原理的一种工程图。

（6）软件流程图：用流程图的专用符号画出软件的工作程序。

链接3　常用设计文件

1．方框图

方框图是用符号或带注释的方框概略地表示系统或分系统的基本组成、相互关系和主要特征的一种简图。框图是一种说明性图形，简单明了，"方框"代表一组元器件、一个部件或一个功能块，连线表示电信号通过电路的途径或电路动作顺序。方框图为编制更详细的技术文件提供了基础，它可作为调试和维修的参考文件。如图1-2所示为普通超外差式收音机的方框图，它能让我们一眼就看出电路的全貌、主要组成部分及各级电路的功能。

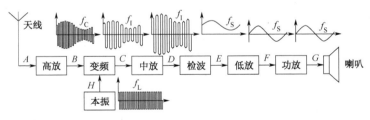

图1-2　超外差式收音机方框图

方框图对于了解电路的工作原理非常有用，比较复杂的电路原理图都附有方框图作为说明。

绘制方框图时，要在方框内使用文字或图形注明该方框所代表电路的内容或功能，方框之间一般用带有箭头的连线表示信号的流向。在方框图中，也可以用一些符号代表某些元器件，例如天线、电容器、扬声器等。

方框图往往也和其他图组合起来，表达一些特定的内容。对于复杂电路，方框图可以扩展为流程图。在流程图里，"方框"成为广义的概念，代表某种功能而不管具体电路如何，"方框"的形式也有所改变，流程图实际是信息处理的"顺序结构"、"选择结构"和"循环结构"以及这几种结构的组合。

2．电路图

（1）电路图的作用。电路图主要是用图形符号按工作顺序排列，详细表示成套装置、设备以及部分电路图和全部电路的基本组成及连接关系，而不考虑实际尺寸、形状和位置的一种简图。电路图通常是在框图的基础下绘制的。

电路图主要是用于详细说明产品的工作原理，有时又称电路原理图。在电子技术中，电路图用途很广，它为我们详细理解电路的工作原理、分析和计算电路的参数、测试和寻找故障提供了大量信息，并为编制其他技术文件提供依据。

电路图不标示电路中各元器件的形状或尺寸，也不反映这些器件的安装、固定情况。所以，一些整机结构和辅助元件如紧固件、接线柱、焊片、支架等组成实际产品必不可少的东西，在电路图中都不要画出来。

（2）电路图的绘制要求。

绘制电路图时，要注意做到布局均匀，条理清楚。

① 在正常情况下，采用电信号从左到右、自上而下的顺序，即输入端在图纸的左上方，输出端在右下方。

② 每个图形符号的位置，应该能够体现电路工作时各元器件的作用顺序。如图 1-3 所示，运放 A_4 作为反馈电路，将输出信号反馈到输入端，故它的方向与 A_1、A_2、A_3 不同。

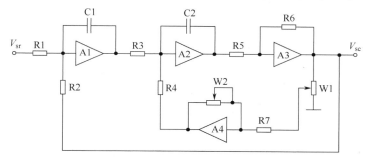

图 1-3　控制系统模拟电路图

③ 把复杂电路分割成单元电路进行绘制时，应该标明各单元电路信号的来龙去脉，并遵循从左至右、自上而下的顺序。

④ 串联的元件最好画到一条直线上；并联时，各元件符号的中心对齐，如图 1-4 所示。

⑤ 根据图纸的使用范围及目的需要，设计者可以在电路图中附加以下并非必需的内容：

（a）**不推荐画法**　　（b）**推荐画法**

图 1-4　元器件串、并联时的位置

- 导线的规格和颜色；
- 某些元器件的外形和立体接线图；
- 某些元器件的额定功率、电压、电流等参数；
- 某些电路测试点上的静态工作电压和波形；
- 部分电路的调试或安装条件；
- 特殊元件的说明。

3．零件图

零件图表示电子整机产品所用零件的材料、形状、尺寸和偏差、表面粗糙、涂敷、热处理及其他技术要求的图样。零件图在零件的制造中是不可缺少的技术文件，如图 1-5 所示为 SOT-23 贴片封装的三极管零件图。

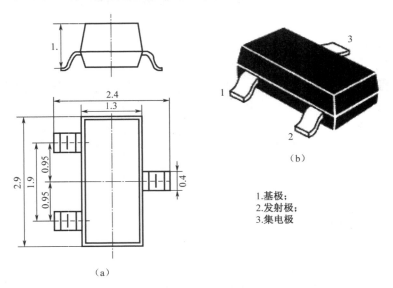

1.基极；
2.发射极；
3.集电极

图 1-5　SOT-23 封装的三极管零件图

4．印制板图

印制板是电子整机产品中不可缺少的元件，印制板图可分为印制板零件图和印制板装配图两种。

印制板零件图是表示印制板的结构要素、导电图形、标记符号、技术要求和有关说明的图样，它主要用于印制板的生产及维修，如图 1-6 所示。

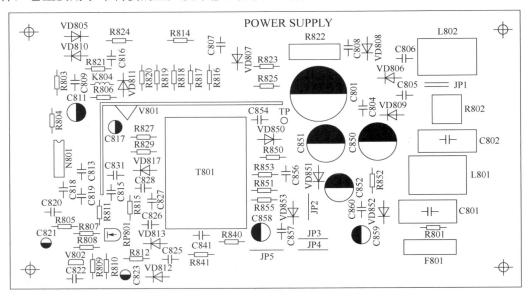

图 1-6　印制板零件图

印制板装配图是表示印制板上各元器件及零部件、整件印制电路板之间的装配、连接关系的图样，它主要用于指导印制板部件的装配生产。运用印制板装配图和零件图，再结合电路原理图，可以方便地对线路进行检查维护和故障查找，如图 1-7 所示。

5．接线图

接线图是表示产品及其组成部分内部的连接关系，用以进行安装接线、线路检查、线路维护和故障处理的一种简图。在实际应用中，接线图通常是与电路原理图和装配图一起使用的。

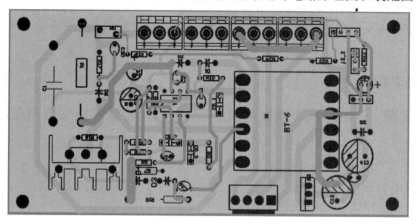

图 1-7   印制板装配图

如图 1-8 所示为一个稳压电源的实体接线图。图中设备的前、后面板，采用从左到右连续展开的图形，便于表示各部件的相互连线。这是一个简单的图例，复杂的产品布线图可以依此类推。

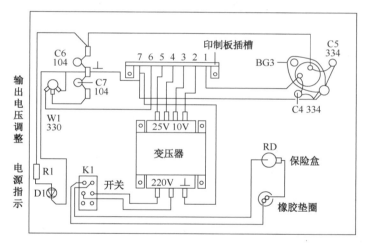

图 1-8   稳压电源实体接线图

6．技术条件

技术条件是对产品质量、规格及其检验方法所作的技术规定，是产品生产和使用的技术依据。技术条件实际上是企业产品标准的一种类型，它是实施企业产品标准的保证。在某些技术性能和参数指标方面，技术条件可以比企业产品标准要求得更高、更严、更细。

技术条件的内容一般包括：产品的型号及主要参数、技术要求、验收规则、试验方法、包装和标志、运输和储存要求等。

7．技术说明书和使用说明书

技术说明书是对产品的主要用途和使用范围、结构特征、工作原理、技能性能、参数指标、安装调试、使用维修等的技术文件，供使用、维修和研究本产品之用。

使用说明书是用以传递产品信息和说明有关问题的一种设计文件。产品使用说明书有两种，一种是工业产品使用说明书，一种是消费产品使用说明书。

8. 明细表

明细表是表格形成的设计文件，用于确定产品组成内容及数量的基本设计文件，是产品资料配套、生产准备、验收的技术依据，主要有整件明细表、成套明细表、成套件明细表、汇总表等各类明细表。

1.1.3 任务实施

■ 实训 1 识读某液晶电视机的 LCD 来料检查不良项目判定标准

一、实训目的

（1）了解技术条件的性质和作用；

（2）掌握不良项目判定标准包含的主要内容；

（3）理解标准中部分文字说明的含义。

二、实训器材及设备

LCD 来料检查不良项目判定标准见表 1-3。

表 1-3　LCD 来料检查不良项目判定标准

步骤	检查项目	检查条件及方法	检验内容	判定标准	缺陷判定	抽样方案
包装检查	标签/标识	依据验收单核对来料外包装标签	制造商、品名、料号、制造日期（或批号）、ROHS 标识	无标识，标识与验收单不符	MIN	CR=0 MAJ=0.4 MIN=0.65
	出货报告	有无出货报告	出货报告内容	无出货报告，报告内容不符，无金、镍层数据	MIN	
	包装方式	按包装要求对来料进行检查	包装方法、数量核对	1. 真空包装，内放干燥剂；2. 每包上须贴有厂商的出货标签和环保标识	MAJ	
			物料型号	同一包中混有不同的物料	MAJ	
外观检查	腐蚀	高倍显微镜或专用测试设备下目视检测	腐蚀	不允许	MAJ	CR=0 MAJ=0.4 MIN=0.65
	划伤		走线区域	走线区域目视可见，不允许；非走线不计		
	短/断路		走线区域	不允许		
	贴合不正		LCD 整体走线区域	偏位超过 2/3 缝宽，不允许；偏位在 1/2～2/3 之间，上线试验判定；偏位≤1/2 缝宽允许		
	缺损针孔		走线区域	直径≥1/3 线宽，不允许		
	毛刺			≥1/3 ITO 缝宽，不允许		
	脏污		绑定区域	块状物大小不可超过绑定区 3 条横线，数量不可超过 3 个		
	污染		ITO 处须洁净	指纹等不允许		
	崩裂	目视	LCD 整个表面	不允许		
	颜色超标	目视	颜色超出界限样品	不允许	MIN	

续表

步骤	检查项目	检查条件及方法	检验内容	判定标准	缺陷判定	抽样方案
外观检查	四角及边缘有破损	目视		1. 非导电层玻璃破损未造成框胶 1/3 外露，$X \leqslant 1/8$ 大片玻璃宽且 $\leqslant 1mm$，$Y \leqslant 1/4D$，Z 不计 2. 导电层破损： （a）在导电层不允许有破损 （b）若破损在非导电层则 $X \leqslant 1/8$ 大片玻璃宽，$Y \leqslant D$，$Z \leqslant 1/2T$ 允许 3. 角崩 $X \leqslant 1/8$ 大片玻璃宽且 $X \leqslant 1mm$，$Y \leqslant 1/4D$ 且未触及走线允许	MIN	CR=0 MAJ=0.4 MIN=0.65
		目视			MIN	
		目视			MIN	
	在切割时有凹凸不平现象	游标卡尺		以设计尺寸为准	MIN	
	漏液晶	目视	因框胶开裂，密封不严或封口未封住，使液晶漏失	不允许	MAJ	
	盒内气泡	目视	液晶未能完全注入液晶屏内或因封口原因在液晶屏内部产生气泡	不允许	MAJ	
外观检查	ITO 宽度检测	在 LCD 的每个 IC PAD 处，COM、SEG ITO 各取 2 个，电源 ITO 取一个进行检测	ITO 宽度≥105％设计线宽	不允许	MIN	
			ITO 宽度≤80％设计线宽	不允许	MIN	
功能检查	缺划/短路/视角错	电测器具	功能缺陷	不允许	MAJ	CR=0 MAJ=0.4 MIN=0.65
	横纹、抖动		功能缺陷	不允许	MAJ	
	无显/白屏		电测时无显示或显示白屏	不可有	MAJ	
	显示异常		电测显示画面异常	不可有	MAJ	
	点状缺陷（彩点、亮点、灭点等）		$\phi = (L+W)/2$ $\phi = (L+W)/2$	1. $\phi \leqslant 0.1mm$ 不计（密集不可） 2. $0.1mm < \phi \leqslant 0.15mm$ 2（间隔 10mm 以上） 3. $0.15mm < \phi \leqslant 0.2mm$ 只接收一个 4. $\phi > 0.2mm$ 不接收	MIN	
	线状缺陷			1. $a < 0.025mm$ 不计数 2. $0.025mm \leqslant a \leqslant 0.05mm$ $b \leqslant 1mm$ 允许数：2 个，允许间隔 10mm	MIN	
	颜色差异		有色差	不许有	MAJ	

013

三、实训步骤

（1）全文阅读 LCD 来料检查不良项目判定标准；

（2）思考来料检查的性质和作用；

（3）总结来料检查应包含的主要内容；

（4）思考下列问题：

① 技术条件在产品生产过程中的地位和作用；

② 说明来料检查在技术条件中的地位和作用；

C．LCD 来料检查的主要内容有哪些？

③ 分析 LCD 来料检查中，对该批次产品直接拒收的不良项目有哪些？

④ 分析 LCD 来料检查中，对该批次产品允收的不良项目有哪些？

四、注意事项

（1）注意研究来料检查与出厂检验的区别；

（2）查阅有关资料，理解产品质量检验中部分专业术语的含义。

五、完成实训报告书

1.1.4 任务评价

第 1 模块实训报告书中有本次任务评价，请认真完成自评、小组评及师评。

任务 1.2 编制工艺文件

1.2.1 任务安排

工艺文件是组织和指导生产、开展工艺管理等的各种技术文件的总称。它是产品加工、装配、检验的技术依据，也是企业组织生产、产品经济核算、质量控制和生产者加工产品的主要依据。

识读编写工艺文件任务单见表 1-4。

表 1-4 识读编写工艺文件任务单

任务名称	识读的数字万用表工艺文件	编制收音机的工艺文件
任务内容	识读常见的工艺文件： 1．工艺路线表；2．导线及扎线加工表；3．配套明细表；4．装配工艺卡；5．工艺说明及简图卡；6．元器件明细表；7．其他工艺文件	编制工艺文件： 1．元器件明细表 2．调试工艺卡
任务要求	1．理解工艺文件的作用 2．掌握工艺文件的格式 3．了解工艺文件的主要内容	根据电路原理图和技术指标编制工艺文件
技术资料	上网查找相关工艺文件	上网查找常见的工艺文件
签名	备注	

1.2.2 知识技能准备

链接 1 工艺文件的种类

工艺文件是工艺部门根据产品的设计文件进行编制的，是设计文件转化来的，但工艺文件又要根据各企业的生产设备、规模及生产的组织形式不同而有所不同。工艺文件是用于指导生产的，因此要做到正确、完整、统一、清晰。

1．文件的分类

电子产品的工艺文件种类也和设计文件一样，是根据产品生产中的实际需要来决定的。电子产品的设计文件也可以用于指导生产，所以有些设计文件可以直接用作工艺文件。例如电路图可以供维修岗位维修产品使用，调试说明可以供调试岗位生产中调试用。此外，电子产品还有其他一些工艺文件，主要有：

通用工艺规范：是为了保证正确的操作或工作方法而提出的、对生产所有产品或多种产品时均适用的工作要求。例如《手工焊接工艺规范》、《防静电管理办法》等等。

产品工艺流程：根据产品要求和企业内生产组织、设备条件而拟制的产品生产流程或步骤，一般由工艺技术人员画出工艺流程图来表示。生产部门根据流程图可以组织物料采购、人员安排和确定生产计划等。

岗位作业指导书：供操作员工使用的技术指导性文件，例如设备操作规程、插件作业指导书、补焊作业指导书、程序读写作业指导书、检验作业指导书等等。

工艺定额：工艺定额是供成本核算部门和生产管理部门作人力资源管理和成本核算用的，工艺技术人员根据产品结构和技术要求，计算出在制造每一件产品中所消耗的原材料和工时，即工时定额和材料定额。

生产设备工作程序和测试程序：这主要指某些生产设备，如贴片机、插件机等贴装电子产品的程序，以及某些测试设备如 ICT 检测产品所用的测试程序。程序编制完成后供所在岗位的员工使用。

生产用工装或测试工装的设计和制作文件：为制作生产工装和测试工装而编制的工装设计文件和加工文件。

2．工艺文件的作用

（1）为生产准备、提供必要的资料。如为原材料、外购件提供供应计划，为能源准备必要的资料以及为工装、设备的装配等提供第一手资料。

（2）为生产部门提供工艺方法和流程，确保经济、高效地生产出合格产品。

（3）为质量控制部门提供保证产品质量的检测方法和计量检测仪器及设备。

（4）为企业操作人员的培训提供依据，以满足生产的需要。

（5）是建立和调整生产环境，保证安全生产的指导文件。

（6）是企业进行成本核算的重要材料。

（7）是加强定额管理，对企业职工进行考核的重要依据。

链接 2　工艺文件的编制原则

1．工艺文件的编制原则

编制工艺文件应在保证产品质量和有利于稳定生产的条件下，以用最经济、最合理的工艺手段进行加工、坚持少而精为原则。为此，要做到以下几点：

（1）要根据产品批量的大小、技术指标的高低和负载程度区别对待。对于一次性生产的产品，可根据具体情况编写临时工艺文件或参照借用同类产品的工艺文件。

（2）要考虑到生产的组织形式、工艺装配以及工人的技术水平等情况，必须保证编制的工艺文件切实可行。

（3）工艺文件应以图为主，力求做到容易认读、便于操作，必要时加注简要说明。

（4）凡是属于装调工应知会的基本工艺规程内容，可不再编入工艺文件。

2．工艺文件的编制要求

（1）工艺文件要有统一的格式、统一的幅面，格式、图幅大小应符合有关规定，并装订成册、装配齐全。

（2）工艺文件的填写内容要简要明确、通俗易懂、字迹清楚、幅面整洁。有条件的应优先采用计算机编制。

（3）工艺文件所用的名称、编号、图号、符号和元器件代号等，应与设计文件一致。

（4）工序安装图可不完全按照实样绘制，但基本轮廓应相似，安装层次应标示清楚。

（5）装配接线图中的接线部位要清楚，连接线的接点要明确。内部接线可采用假想移出展开的方法。

（6）编写工艺文件要执行审核、会签、批准手续。

链接 3　常见工艺文件的格式及填写

工艺文件格式是按照工艺技术和管理要求规定的工艺文件栏目的形式编排的。为保证产品生产的顺利进行，应该保证工艺文件的成套性。工艺文件的格式有如下 8 种。

1．工艺文件封面

工艺文件封面作为产品全套工艺文件装订成册的封面。在填写"共××册"栏中填写全套工艺文件的册数；"第××册"栏中填写本册在全套工艺文件中的序号；"共××页"栏中填写本册的页数；"型号"、"名称"、"图号"栏中填写产品型号、名称、图号；"本册内容"栏中填写本册的主要工艺内容的名称；最后执行批准手续，并且填写批准日期。工艺文件封面格式见表 1-5。

表 1-5　工艺文件封面

工　艺　文　件

共　1　册
第　1　册
共　　页

产品型号：DT830B

产品名称：数字万用表

产品图号：NZ9.000.001

本册内容：整机安装

批　准：***

20**年**月**日

2．工艺文件目录

工艺文件目录供装订成册的工艺文件编写目录用，反映产品工艺文件的齐套性，其格式见表 1-6。填写的"产品名称或型号"、"产品图号"应与封面的内容保持一致；"文件代号"栏填写文件的简号，"更改标记"栏填写更改事项；"拟制"、"审核"栏由有关人员签署；其余栏目按有关标题填写。

表 1-6　工艺文件目录

	DT830B	工艺文件目录		产品名称或型号		产品图号
				数字万用表		NZ9.000.001
	序号	文件代号	零、部、整件图号	零、部、整件名称	页数	备注
	1			封面	1	
	2			工艺文件明细表	1	
	3			配套明细表	1	
	4			工艺流程图	1	
	5			装配工艺过程卡片	4	
	6			成型工艺表	5	
	7			检验卡片	2	
使用性						
旧底图总号						

底图总号	更改标记	数量	文件号	签名	日期	签名		日期	第　页
						拟制			
						审核			共　页
日期	签名								
									第　册　　第　页

3. 工艺路线表

工艺路线表用于产品生产的安排和调度，反映产品由毛胚准备到成品包装的整个工艺路线的简明显示，供企业有关部门作为组织生产的依据，其格式见表 1-7。"装入关系"栏，以方向指示线显示产品零件、部件、整件的装配关系；"部件用量"和"整件用量"栏，填写与本产品明细表相对应的数量；"工艺路线及内容"栏，填写整件、部件、零件加工过程中各部门（车间）及其工序的名称或代号。

表 1-7 工艺路线表

		工艺路线			产品名称或型号		产品图号
	序号	图号	名称	装入关系	部件用量	整件用量	工艺线路及内容
	1	2	3	4	5	6	7
使用性							
旧底图总号							

底图总号	更改标记	数量	文件号	签名	日期	签名		日期	第　页
						拟制			
						审核			共　页
日期	签名								
									第　册　　第　页

4. 导线及扎线加工表

导线及扎线加工表用于记录导线及扎线的加工准备及排线等，格式见表 1-8。"编号"栏填写导线的编号或扎线图中导线的编号；其余各栏按标题填写导线材料的名称、规格、颜色、数量；"长度"栏填写导线的剥线尺寸及剥头的长度尺寸，通常 A 端为长端，B 端为短端；"去向、焊接处"栏填写导线焊接的去向；空白栏处供画简图用。

表 1-8　导线及扎线加工表

				长度（mm）					去向、焊接处		设备	工时定额	备注
	导线及扎线加工表								产品名称或型号			产品图号	
编号	名称规格	颜色	数量	L 全长	A 端	B 端	A 剥头	B 剥头	A 端	B 端	设备	工时定额	备注

简图

旧底图总号

底图总号	更改标记	数量	文件号	签名	日期	签名		日期	第　页
						拟制			
						审核			共　页
日期	签名								
									第　册　第　页

5. 配套明细表

配套明细表是编制装配需用的零件、部件、整件及材料与辅助材料的清单，供各有关部门在配套及领、发料时使用，也可作为装配工艺过程卡的附页，其格式见表1-9。"图号"、"名称"及"数量"栏填写相应的部件、整件设计文件明细表的内容；"来自何处"栏，填写材料的来源处；辅助材料顺序填写在末尾。

表 1-9 配套明细表

DT830B		配套明细表	产品名称或型号		产品图号
			数字万用表		NZ9.000.001
序号	代号	名称	数量	来自何处	备注
1		机壳	1 套	配件库	
2		液晶片	1 片	配件库	
3		线路板	1 片	配件库	
4		保险丝	1 个	配件库	
5		HFE 座	1 个	配件库	
6		V 形触片	6 片	配件库	
7		9V 电池	1 个	配件库	
8		电池压簧	2 个	配件库	
……		……	……	……	
21	C01	C01---100pF	1 个	元件库	
22	C02	C02---100nF	1 个	元件库	
23	C03	C03---100nF	1 个	元件库	
24	C04	C04---150nF	1 个	元件库	
25	C05	C05---150nF	1 个	元件库	
26	C08	C08---100nF	1 个	元件库	
……	……	……	……	……	

使用性					
旧底图总号					

底图总号	更改标记	数量	文件号	签名	日期	签名		日期	第　页
						拟制			
						审核			共　页
日期	签名								
									第　册　第　页

6. 装配工艺过程卡

装配工艺过程卡又称工艺作业指导卡,它反映了电子整机装配过程中,装配准备、装联、调试、检验、包装入库等各道工序的工艺流程,是完成产品的部件、整件的机械装配和电气装配的指导性工艺文件,其格式见表 1-10。"装入件及辅助材料"栏的序号、图号、名称、规格及数量应按工序填写相应设计文件的内容,辅助材料填在各道工序之后;"工序内容及要求"栏填写装配工艺加工的内容和要求;空白栏处供画加工装配工序图用。

表 1-10　装配工艺过程卡

						名称	编号或图号
DT830B		装配工艺过程卡				数字万用表	NZ9.000.001
						工序名称	工序编号
						装配	1,2

装入件及辅助材料		工作地	工序号	工种	工序(步)内容及要求	设备及工装	工时定额
代号、名称、规格	数量						
R21——1M±5% R22——1M±5% R23——1M±5% R30——1M±5%	4	流水线	1	装配工	电阻引脚采用立式安装,一端可紧靠电路板,也可留 1～2mm,保证高度基本统一。将各电阻插装到电路板对应位置,并在电路的焊接面将引脚扳弯,使引脚与电路板成 45°～60° 夹角,以防元件掉落。全部电阻(共 4 个)插完后,将电路板翻个面,使焊接面朝上,并检查各电阻的高度是否变化或者有无掉落等	手工	10s
C01——100pF	1	流水线	2	装配工	电容 C01 采用立式安装,电容可紧靠电路板,也可留 1～2mm,将电容插装到电路板对应位置,并在电路的焊接面将引脚扳弯,使引脚与电路板成 45°～60° 夹角,以防元件掉落。插完后,将电路板翻个面,使焊接面朝上,并检查有无掉落等	手工	3s

使用性		
旧底图总号		

底图总号	更改标记	数量	文件号	签名	日期	签名		日期	第　页
						拟制			
						审核			共　页
日期	签名								
									第　册　　第　页

7. 装配工艺说明及简图卡

装配工艺说明及简图卡可作为任何一种工艺过程的续卡,它用简图、流程图、表格及文字形式进行说明,也可用于编制规定格式以外的其他工艺过程,如调试说明、检验要求、各种典型工艺文件等,格式见表 1-11。

表 1-11　装配工艺说明及简图卡

DT830B		元器件引脚成型工艺表	产品名称或型号				产品图号			
			数字万用表				NZ9.000.001			
序号	项目代号	名称型号及代号	成型标记代号	长度(mm)			数量	设备及工装	工时定额	备注
				A	B	R	h			
1		R01——100k±5%	a	3		2	2	1	手工	5s
2		R02——180k±5%	a	3		2	2	1	手工	5s
3		R1——548k±5%	b		4	2	2	1	手工	5s
4		R2——352k±5%	b		4	2	2	1	手工	5s
5		R3——90k±5%	b		4	2	2	1	手工	5s
6		R4——9k±5%	b		4	2	2	1	手工	5s
7		R5——900±5%	b		4	2	2	1	手工	5s
8		R6——100±5%	b		4	2	2	1	手工	5s
9		R21——1M±5%	a	3		2	2	1	手工	5s
10		R22——1M±5%	a	3		2	2	1	手工	5s
11		R23——1M±5%	a	3		2	2	1	手工	5s

A 大于等于 3mm,h 大于等于 2mm,R 大于等于 10mm

R01、R02、R21、R22、R23、R29、R30、R36、R38 成型如图(a)所示,其他如图(b)所示。

旧底图总号

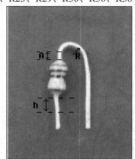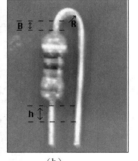

　　　　(a)　　　　　　　　(b)

底图总号	更改标记	数量	文件号	签名	日期	签名		日期	第　页
						拟制			
						审核			共　页
日期	签名								
									第　册　　　第　页

8．工艺文件更改通知单

工艺文件更改通知单用于对工艺文件的内容做永久性修改，其格式见表1-12。填写时应填写更改原因、生效日期及处理意见；"更改标记"栏按有关图样管理制度字母填写；最后要执行更改会签审核、批准手续。

表 1-12　工艺文件更改通知单

更改单号		工艺文件更改通知单		产品名称或型号	图号		第　页
							共　页
生效日期	更改原因	通知单分发单位			处理意见		
更改标记	更改前			更改标记	更改后		
拟制		日期		审核		日期		日期		批准		日期	

除上述的工艺文件外，还有"元器件明细表"、"检验卡"等工艺文件，可根据企业实际情况指定填写，在此不再详述。

1.2.3　任务实施

■ 实训 2　识读数字万用表的工艺文件

一、实训目的

（1）了解工艺文件的性质和作用；

（2）掌握工艺文件应包含的主要内容；

（3）理解工艺文件中部分文字说明和图片的含义。

二、实训器材及设备

DT830 数字万用表的工艺文件封面（表1-5）、工艺文件目录（表1-6）、配套明细表（表1-9）、装配工艺过程卡（表1-10）、装配工艺说明及简图（表1-11）。

三、实训步骤

（1）阅读工艺文件封面（表1-5），写出数字万用表的名称、型号和图号。

（2）阅读工艺文件目录（表1-6），思考：

① 该工艺文件共几页？

② 设 DT830 数字万用表的工艺文件封面（表1-5）、工艺文件目录（表1-6）、配套明细

表（表 1-9）、装配工艺过程卡（表 1-10）、装配工艺说明及简图（表 1-11）均为相应类别工艺文件的首页，则它们的页码分别为多少？

（3）阅读配套明细表（表 1-9），上网查找元器件明细表，分析两者差异。

（4）阅读装配工艺过程卡（表 1-10），说明该电路装配过程中，电阻和瓷片电容的装配方法和注意事项。

（5）阅读装配工艺说明及简图（表 1-11），思考：

① 该说明反映了装配过程中的哪种操作要领？

② 电阻立式安装时引脚成型要注意哪些事项？

四、注意事项

（1）注意研究工艺文件与设计文件的区别；

（2）查阅有关资料，理解工艺文件中部分专业术语的含义。

五、完成实训报告书

■ 实训 3　编制收音机的工艺文件

一、实训目的

（1）学会编制简单的工艺文件；

（2）巩固收音机的工作原理。

二、实训器材及设备

（1）收音机电路原理图（图 1-9）；

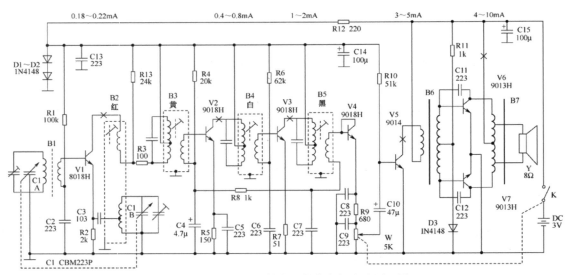

图 1-9　HX108-2 七管半导体收音机电路原理图

（2）5.5 寸小黑白电视机静态调试卡（表 1-13）。

三、实训步骤

（1）阅读收音机电路原理图（图 1-9），按照工艺文件格式，将配套明细表中的代号改为位号，列出元器件明细表，说明元器件的型号、位号等。

（2）参照 5.5 寸小黑白电视机静态调试卡（表 1-13），根据收音机电路原理图（图 1-9），编制收音机静态调试工艺文件。

表 1-13　5.5 寸小黑白电视机静态调试卡

调 试 单 卡	产 品 名 称	调 试 项 目
	5.5 寸小黑白电视机	静态调试

1. 电源部分

通电后合上开关 K3，用万用表电压挡测得 Z1 两端电压应为 6V 左右，如大于此值较多，则是因为 Z1 错用了普通二极管所致，如该电压正确，再测 C31 两端电压，微调 W4 使电压读数为 10±0.2V。

2. 场输出级

本单元静态电流值约 20mA，可在 R34 处断开测量。如电流远大于此值，则多半是 D7 焊反或断路所致；如果略有偏差，可适当改变 R31 的阻值。调整过程中任何时候都不能让 R32 断开，否则会使通过 Q6、Q7 的电流急剧增大而烧毁。

3. 音频功放部分

检查 LM386 是否插错方向，其他零件只要焊接无误即可正常工作。

4. 小信号处理部分

D515l 各脚工作电压值见表 13-3，如 IC1 各脚电压与表 13-3 大致相符方可进行下一步装配。

5. 行输出级

断开 Q10　C 脚与高压包铜箔，并在此处接上 1A 的电流表。通电后，电流表读数约 0.7A，如超过此值很多，应立即关机检查。0.7A 是行、场两部分的总电流，其中场输出级约 0.2A，行输出级约为 0.5A。如果此值正常，下一步可检查 Q10　e、b、c 三脚电压及显像管各脚电压（表 13-4）。如果这些电压都正常，那么显像管灯丝应呈暗红色，同时应出现光栅。BRIG 可调节光栅亮度。W7 为行频调节；V—HOLD 为帧频调节；W5 为帧幅调节。如果没有光栅出现，可参照本模块排故部分所述流程逐级检查。

6. 视放级

用金属起子碰触 Q8 的基极，这时可在屏幕上看到淡淡的干扰花纹。

旧底图 总　号	更改 标记	数量	更改 单号	签名	日期		签名	日期	第　页
						拟　制			共　页
底　图 总　号						审　核			第　册
						标准化			共　册

四、注意事项

（1）读懂收音机原理图；

（2）元器件清单中要注明特殊元件的型号、规格；

（3）调试工艺文件的编制请参照电视机调试工艺文件。

五、完成实训报告书

1.2.4　任务评价

第 1 模块实训报告书中有本次任务评价，请认真完成自评、小组评及师评。

 知识技能拓展　电子组装制造 DFM

1. 可制造性设计的概念

可制造性亦被各方称为协同式或同时性工程（Concurrent or Simultaneous Engineering），或是可生产性或生产线之设计（Design For Productivity or Assembly），相较于由研发工程师建立自己的设计原型（Prototype）在未经前线生产工人的意见下送到生产部门组装线上的传统制造方式来说享有非常大的优势。一个可制造性团队的成员包括设计者、制造工程师、行销代表、财务经理、研发人员、原料供应商及其他计划利益相关者（包括客户在内）。因为包含来自各方人士，因此也有助于加速计划的完成，并且可以避免传统生产方式会碰到的延迟。

它主要是研究产品本身的物理特征与制造系统各部分之间的相互关系，并把它用于产品设计中，以便将整个制造系统融合在一起进行总体优化，使之更规范，以便降低成本，缩短生产时间，提高产品可制造性和工作效率。它的核心是在不影响产品功能的前提下，从产品的初步规划到产品的投入生产的整个设计过程进行参与，使之标准化、简单化，让设计利于生产及使用，减少整个产品的制造成本（特别是元器件和加工工艺方面），减化工艺流程，选择高通过率的工艺、标准元器件，减少模具及工具的复杂性及其成本。

2．可制造性设计的过程方法

首先，引入可制造性设计，要认识到它的必要性，特别是生产和设计部门这两方面的领导更要确信 DFM 的必要。只有这样，才能使设计人员考虑的不只是功能实现这一首要目标，还要兼顾生产制造方面的问题。即使设计的产品功能再完美、再先进，但若不能顺利制造生产或要花费巨额制造成本来生产，就会造成产品成本上升、销售困难，导致失去市场。

其次，统一设计部门和生产部门之间的信息，建立有效的沟通机制。这样设计人员就能在设计的同时考虑生产过程，使自己的设计有利于生产制造。

第三，选择有丰富生产经验的人员参与设计，对设计成果进行可制造方面的测试和评估，辅助设计人员工作。

最后，安排合理的时间给设计人员，DFM 工程师也应到生产第一线了解生产工艺流程及生产设备，了解生产中的问题，以便更好、更系统地改善自己的设计。

（1）寻求并建立本公司 DFM 系列规范文件。DFM 文件应结合本公司的生产设计特点、工艺水平、设备硬件能力、产品特点等进行合理的制订。这样，在进行设计时，选择组装技术就要考虑当前和未来工厂的生产能力。这些文件可以是很简单的一些条款，进而也可以是一部复杂而全面的设计手册。另外，文件必须根据公司生产发展进行适时维护，以使其能更准确地符合当前设计及生产需求。

（2）在对产品设计进行策划的同时，根据公司 DFM 规范文件建立 DFM 检查表。检查表是便于系统、全面地分析产品设计的工具，应包括检查项目、关键环节的处理等。从内容上讲主要应包含以下信息：

① 产品信息、数据（如电路原理图、PCB 图、组装图、CAD 结构文件等内容）；② 选择生产制造的大致加工流程：AI、SMT、波峰焊、手焊等；③PCB 尺寸及布局；④元器件的选择和焊盘、通孔设计；⑤生产适用工艺边、定位孔及基准点的设计；⑥执行机械组装的各项要求。

（3）做 DFM 报告。DFM 报告可反映整个设计过程中所发现的问题。这个类似于 ISO9001 中的审核报告，主要是根据 DFM 规范文件及检查表，开具设计中的不合格项。其内容必须直观明了，要列出不合格理由，甚至可以给出更正结果要求。其报告是随时性的，贯穿于整个设计过程。

（4）DFM 测试。进行 DFM 设计的结果，会对生产组装影响多大，起到什么样的作用，要通过 DFM 测试来进行证实。DFM 测试是由设计测试人员使用与公司生产模式相似的生产工艺来建立设计的样品，这有时可能需要生产人员的帮助，测试必须迅速准确并做出测试报告，这样可以使设计者马上更正所测试出来的任何问题，加快设计周期。

（5）DFM 分析评价：这个过程相当于总结审查。一方面评价产品设计的 DFM 可靠程度，另一方面可以将非 DFM 设计的生产制造与进行过 DFM 设计的生产制造进行模拟比较。从生产质量、效率、成本等方面分析，得出 DFM 设计的成本节约量，这个对在制订年度生产目标及资金预算上起到参考资料的作用，另一方面也可以增强领导者实施 DFM 的决心。

3．可制造性设计的意义

（1）降低成本、提高产品竞争力。低成本、高产出是所有公司永恒的追求目标。通过实施 DFM 规范，可有效地利用公司资源，低成本、高质量、高效率地制造出产品。如果产品的设计不符合公司生产特点，可制造性差，既要花费更多的人力、物力、财力才能达到目的，同时还要付出延缓交货甚至失去市场的沉重代价。

（2）有利于生产过程的标准化、自动化、提高生产效率。DFM 把设计部门和生产部门有机地联系起来，达到信息互递的目的，使设计开发与生产准备能协调起来。统一标准易实现自动化，提高生产效率。同时也可以实现生产测试设备的标准化，减少生产测试设备的重复投入。

（3）有利于技术转移，简化产品转移流程，加强公司间的协作沟通。现在很多企业受生产规模的限制，大量的工作需外加工来进行。通过实施 DFM，可以使加工单位与委托加工单位之间制造技术平稳转移，快速地组织生产。可制造性设计的通用性，可以使企业产品实现全球化生产。

（4）新产品开发及测试的基础。没有适当的 DFM 规范来控制产品的设计，在产品开发的后期，甚至在大批量生产阶段才发现这样或那样的组装问题，此时想通过设计更改来修正，无疑会增加开发成本并延长产品生产周期。所以新品开发除了要注重功能第一之外，DFM 也是很重要的。

（5）适合电子组装工艺新技术日趋复杂的挑战。电子组装工艺新技术的发展日趋复杂，为了抢占市场，降低成本，公司开发一定要使用最新最快的组装工艺技术，通过 DFM 规范化，才能跟上其发展的步伐。

岗位培训和安全生产

任务 2.1　了解岗位培训和安全生产措施

2.1.1　任务安排

电子从业人员在上岗前和在岗过程中必须进行岗位培训，通过岗位培训，掌握所在岗位的操作要领、技术要求、安全文明生产要领以及企业制定的一些规章制度和采取的一些管理措施。

参观工厂车间任务单见表 2-1。

表 2-1　参观工厂车间任务单

任务名称	参观工厂车间的安全生产措施		参观电子制造车间的 ESD 措施
任务内容	1．参观电子企业，认真学习安全生产制度 2．组织讨论企业的有关安全生产措施		1．参观电子企业，了解企业采取的 ESD 措施的种类 2．组织讨论企业采取的 ESD 措施的作用
任务要求	1．了解安全生产规章制度 2．了解企业的安全生产措施		1．了解 ESD 在电子制造企业的意义 2．了解电子制造车间的 ESD 措施
技术资料	上网查找"电子信息产业安全生产规定"		
签名		备注	

2.1.2　知识技能准备

链接 1　安全生产培训

1．电子企业生产过程中的不安全因素

（1）用电安全：线路正确，防触电、电击。

（2）机械损伤：剪脚操作、钻床操作。

（3）烫伤：波峰机锡炉操作、电烙铁操作。

（4）设备安全：波峰机、贴片机的安全操作。

（5）防火安全：波峰机的防火、助焊剂等危险品的保管、操作。

（6）防毒：防铅中毒，防化学溶剂甲醛、甲醇、四氯乙烯、四氯乙烷等的中毒。

2．生产中用电不安全因素

（1）触电：通常不足 1mA 的电流就能引起人体的肌肉收缩、神经麻木；更大的电流就会致死。

人体触电的主要形式是直接或间接接触了两个电位不同的带电体。电击对人体的危害程度，与电流强度、电击时间、电流的途径及电流的性质有关。人体电阻的大小因人而异，并随条件的改变而变化，有几十千欧到一百千欧左右，但会随电压升高而降低。几十毫安电流通过人体达到 1s 以上，就能造成死亡；而几百毫安电流可使人严重烧伤，并且立即停止呼吸，人体受到的电击强度达到 30mA·s 以上时，就会产生永久性伤害。36V（或 24V）为常用安全电压。不同种类的电流，对人体的伤害是不一样的。

（2）电击：造成电击的可能原因有：①直接触及电源；②错误使用设备；③设备金属外壳带电；④电容器放电等。

（3）安全用电操作要领：①接地及三芯插头的正确使用：设备外壳应该接保护地，最好与电网的保护地接到一起，而不能只接电网零线上；②检修、调试电子产品的安全问题；③要了解工作对象的电气原理，应特别注意它的电源系统；④不得随便改动仪器设备的电源接线；⑤不得随意触碰电气设备，触及电路中的任何金属部分之前都应进行安全测试；⑥未经专业训练的人不许带电操作。

（4）触电救护要领：①迅速而正确地脱离电源；②人工呼吸和心脏按压。

链接 2　5S 培训

1．5S 管理的内涵

5S 是企业现场（包括车间、办公室）管理中的一项基本原则。5S 管理搞好了，其他的管理才能搞好。5S 管理来源于日本。在日本，企业是否有生气、是否有良好的管理，产品质量是否好，首先看这个企业的 5S 管理如何。

5S 是指整理、整顿、清扫、清洁和素养。5S 管理是对上述五个方面的管理，简称 5S。5S 的内涵很丰富，且不容易做好，想持之以恒地做好就更难。

5S 从素养开始也归根于素养。素养实际就是修身，指人的修养。5S 是把人的作用和启发人的觉悟、调动人的积极性、提高员工素质放在第一位的。为了搞好 5S，每个人（包括领导和工人）要从自身做起，从自身周围的环境做起，这是至关重要的。

2．5S 管理的目的

（1）为了人类的生存、文明与发展。

（2）为了有一个安全、高效、高品质、人际和谐、精神状态朝气蓬勃的工作现场。

（3）为了使本企业降低成本，按时交货，服务使顾客满意。5S 是办好一个企业的充分而必要的条件。哪个部门没有正常执行 5S，就没有正常的作业（工作），就不会有好的业绩和生气。

3．5S 管理的要点

（1）整理：对现场的设备、物资、产品等物品区分要与不要。对要的物品进行井井有条的分类管理。对不要的物品又区分为有用的和无用的物品。有用的物品转移到现场之外，进行有关处理；无用的物品坚决清除。整理的要点：区分物品，分别处置；要的物品分类管理；不要的物品撤出现场；有用的物品视情况处理；无用的物品坚决清除。

（2）整顿：物放有序，定置合理，物品物量标识明显。需要的物品能很快拿到，不需寻找，用后还原。达到安全、高效、提高工作质量。整顿的要点：取物路径最短，取物时间最短，放物布局最好，标识齐全醒目。

（3）清扫：对环境、设备、货架进行清扫、擦拭、点检、加油、使环境净化，工作面干净整齐，造成明亮的、赏心悦目的现场环境，使人心情舒畅、工作效率提高。清扫的要点：彻底清扫，不留死角；清除尘源和污染源；不要忽略抽屉、灯管、设备的点检等；清扫定期化、责任化。清洁的要点：持之以恒，落实到人，经常检查。

（4）清洁："清洁"与前面所述的整理、整顿、清扫的 3 个 S 略微不同。3S 是行动，清洁并不"表面行动"，而是表示了"结果"的状态。它当然与整理、整顿有关，但与清扫的关系最为密切。为机器、设备清除油垢、尘埃，谓之清扫，而"长期保持"这种状态就是"清洁"，将设备"漏水、漏油"现象设法找出原因，彻底解决，这也是"清洁"，是根除不良和脏乱的源头。因此，"清洁"是具有"追根究底"的科学精神，大事从小事做起，创造一个无污染、无垃圾的工作环境。

（5）素养：通过教育、训练达到管理规范化、制度化，员工素质提高，讲究公德，加强自我修养，文明礼貌，五讲四美，遵纪守则，建立和睦、团结、朝气蓬勃的集体。素养的要点：从早上问好，见面打招呼做起，从就餐、上厕所的卫生清洁习惯做起；从遵守劳动纪律和作业指导书做起。

4．5S 和实行

（1）从理解 5S 到实行 5S。

5S 的状况，可以说是表达一个人自身的意识水平。5S 就是"从遵守决定的事项开始，以遵守决定的事项结束"，这种说法并不过分。对于实施 5S，如果总怀有"因为是规定的事项，只好遵守"这种被动的心态，那是不会做好的。因为，被规定的事项，如不把它当做自己也参与的"决定"来认同，自然会有隔阂，很难遵守。

另外，遵守规定的事项是理所当然的事。然而如前所述，要把理所当然的事，自然而然地做下去，却是一件非常困难的事。对于 5S 的内容，单单用脑筋去理解是不够的，我们必须要以实际行动来表现才行。

（2）5S 的要点是习惯化。

要实行 5S，应该怎样做才好呢？为了完善地实行 5S，必须使之习惯化。习惯是很可怕的，想要改变以往的习惯，总会遇到一些阻力。例如，人人都知道吸烟有害健康，但吸烟成瘾的人想戒烟却很难做到。

对于自己已形成习惯的事情，往往会令人怀着"一向如此"或"过去的经验"的观念，而产生"这样就好"、"维持现状就可以"的强烈意识。一旦养成坏习惯，就会产生"随便怎样都行""不改也行"的想法。即使认为有问题，也熟视无睹。没有人指示，就不想改进，有人指示，才会去做的这种心态，是无法改进我们自身和我们的工作岗位的。

因此，加强贯彻 5S 的意识，才能顺利实行 5S。

重要的是，任何简单的事情，一旦决定去做，就要切实付诸行动。进而，为使人人习惯 5S，还必须具备自己管理自己的所谓自主管理的能力。

（3）全员参加是 5S 的关键。

贯彻 5S 是改进工厂的关键所在，而引进 5S，并将之习惯化，就会形成工作现场的活力。为提高 5S 的效果，还必须理解执行 5S 过程中的要点。

"全员参加"是实践 5S 的关键所在。所谓全员参加，有如下两种含义：

第一，工作现场的全体人员应切实完成自己的任务。为了贯彻 5S，在工作现场的全体员工，必须在自己的工作岗位上实践"整理""整顿""清扫""清洁"。为达到此项目的，全体员工必须明确认识"自己应做什么，如何去做才好"，即明确认识自己必须完成的任务。

第二，全体员工必须自动自发地推行 5S。为实施 5S，要让全体员工理解 5S 的意义和目的，自动自发地开展，这是非常重要的。曾经在一些实施 5S 的工厂里，听到过"因为上司啰嗦，那就做吧！""做这种没意思的事，一点也没有用！"等抱怨声。在这样的工厂或单位中，5S 还没有真正落实。

链接 3　防静电（ESD）培训

1．静电知识

生活、生产中静电可谓无处不在，无时不在，从举手投足间服装的摩擦，到干燥空气的流动，都是静电产生的环境基础。如果条件适宜，几伏甚至几百上千伏的静电，瞬间就可实现。这些都对 CMOS 等静电敏感电路造成极大的威胁，更不要说设备漏电造成的危害了，故电子行业将静电当成大敌，尽一切努力将之消除。

静电是相对于"动电"，即导体中的流动电荷而言，是一般情况下不流动的电荷。多由绝缘物间互相摩擦或干燥空气与绝缘物摩擦产生。当它的能量积累到一定程度，阻碍它中和的绝缘体再也阻挡不住时，即发生剧烈放电，即静电放电（ESD），这时的最高电压可达几千乃至几万伏。势必对静电敏感组件造成损害。生产现场易产生的静电电压见表 2-2，静电对部分电子器件的击穿电压见表 2-3。

表 2-2　生产现场易产生的静电电压

生产场合 ＼ 静电电压	湿度 10%～20%	湿度 65%～90%
在地毯上走动时	35000V	1500V
在乙烯树脂地板上走动时	12000V	250V
手拿乙烯塑料袋装入器件时	7000V	600V
在流水线工位接触聚酯塑料袋时	20000V	1200V
在操作工位与聚胺酯类接触时	18000V	1500V

表 2-3　静电对部分电子器件的击穿电压

器件类型	EOS/ESD 的最小敏感度（以静电电压 V 表示）
VMOS	30～1800
MOSFET	100～200
砷化镓 FET	100～300
EPROM	100 以上
JFET	140～7000
SAW（声表面波滤波器）	150～500
运算放大器	190～2500
CMOS	250～3000
肖特基二极管	300～2500
SMD 薄膜电阻器	300～3000
双极型晶体管	380～7800
射极耦合逻辑电路	500～1500
可控硅	680～1000
肖特基 TTL	100～2500

雷电是因气流与云层中水滴摩擦产生的高压静电放电而形成，高压带电云层经过建筑物附近时，可由避雷针的"尖端放电"效应中和掉一部分电荷；当云层中电荷量太大，或云层移动太快而来不及全部中和时，将通过避雷针剧烈放电形成雷击。这两种情况下，尤其是雷击时，整个建筑物及附近地面都是带电的，雷击的危害主要是直击雷和雷电感应。由于人在建筑物中处于"等电位"状态，像鸟儿落在高压线上一样，所以一般不会受到雷击。但雷电感应（超高压静电感应和强电磁感应）会对静电敏感器件造成损害。

设备漏电，尤其是不会对人造成触电伤害的微小漏电并不属于静电。虽然大多数情况下人们几乎感觉不到，但由于其普遍性（任何电器设备多少总有些漏电）和高内阻的特点，产生最高近似于电源电压（100～400V）、时间很短的尖峰电脉冲，仍足以对静电敏感器件造成电气过载（EOS）损害，所以也是静电防护体系中极为重要的一个方面。

静电放电（ESD）及电气过载（EOS）对电子元器件造成损害的主要机理有：热二次击穿；金属镀层熔融、介质击穿、气弧放电、表面击穿、体击穿等。电子元器件失效机理见表 2-4。

表 2-4　电子元器件失效机理

元器件类别	元器件组成部分	失效机理	失效标志
MOS 结构	MOSFET（分立） MOS 集成 数字集成 线性集成 混合电路	电压引起的介质击穿和接着发生的大电流现象	短路漏电流大
半导体结	二极管（PN、PIN 肖特基） 双极晶体管 结型场效应管 可控硅 双极型集成电路 MOSFET 和 MOS 集成电路	电过剩能量和过热引起的微等离子体二次击穿和微扩散 由 Si 和 AL 的扩散引起电流束增大（电热迁移）	失效
薄膜电阻器	混合集成电路（厚膜、薄膜）电阻单片集成电路薄膜电阻器 密封薄膜电阻器	介质击穿，与电压有关的电流通路与热量有关的微电流通路的破坏	电流漂移
金属化条	混合 IC 单片 IC 梳状覆盖式晶体管	与热能量有关的金属烧毁	开路
场效应结构和非导电性盖板	存储器 EPROM 等	由于 ESD 使正离子在表面积累，引起表面反型或栅阈值电压漂移	性能退化、失效
压电器件	晶振声表面波	电压过高产生的机械力使晶体破裂	性能退化、失效
电极阀的间距较小部位	声表面波器件 IC 内各种微电路	电弧放电使电极材料熔融	性能退化、失效

2．防静电要求

防静电应以防止和抑制静电荷的产生、积聚，并迅速、安全、有效地消除已产生的静电荷为基本原则。但防静电诸多措施实为一套系统工程，一个环节的疏漏就可造成千里之堤溃于蚁穴的后果，故须谨慎。

（1）防静电区设计原则。①抑制静电荷的积累和静电压的产生。如设备、仪器、工装不使用塑料、有机玻璃、普通塑料袋。②安全、迅速、有效地消除已产生的静电荷，应使用有绳防静电腕，防静电椅、车、箱。③保证静电压小于 100V。

（2）地面。防静电地面，防静电水磨石，防静电地板，敷设地线网。

（3）工位。台面、工作椅、凳面应采用 ESD 保护材料。

（4）人体。穿防静电服、鞋，戴防静电腕等。

（5）接地。①防静电工作区必须有安全可靠的防静电接地装置，接地电阻小于 4Ω。防静电地线不得与电源零线相接，不得与防雷地线共用，使用三相五线制的供电时，其地线可以作防静电地线。②工作台面、地板垫、坐椅、凳和其他导静电的 ESD 保护措施均应通过限流电阻接到地线，腕带等应通过工作台顶面接地点与地线连接，工作台不可相互串联接地。③防静电工作区接地系统，包括限流电阻和连接端子应连接可靠并具有一定的载流能力，限流电阻阻值选择应保证漏泄电流不超过 5mA，下限值取为 1MΩ。

（6）湿度。小于 60% 时，须建防静电系统。

（7）电离器。不能有效地泄放静电荷的场合，可采用电离器通过空气中的正负离子来防止和中和元器件和其他物体上电荷积累，电离能力大于 250V/s。

（8）增湿。增湿器可使潮湿空气流动，防止静电荷积累。此法不适合增湿后会产生有害影响的场地。

（9）包装。静电敏感器件应采取保护性包装；包装器具必须采用防静电存放盒、防静电塑料袋。

（10）运输、贮存。SSD 必须放在防静电容器（箱、袋）内，并用防静电运输工具（车）。库房满足防静电操作系统要求，SSD 须放在防静电容器内，贮运中要远离静电、电磁场或放射场的位置。

（11）SSD 元器件应分类拿放，静电敏感符号符合 GJB1649 规定。

2.1.3　任务实施

■ 实训 4　参观工厂车间的安全生产措施

一、实训目的
（1）了解安全生产规章制度；
（2）了解企业的安全生产措施。
二、实训器材及设备
联系被参观企业。
三、实训步骤
（1）请企业人员作安全生产讲座；
（2）参观企业的安全生产措施；
（3）分组讨论。
四、注意事项
（1）参观过程中注意安全；
（2）要有适当的记录，便于参观后讨论、总结。
五、完成实训报告书

■ 实训 5　参观电子制造车间的 ESD 措施

一、实训目的
（1）了解 ESD 在电子制造企业的意义；
（2）了解电子制造车间的 ESD 措施。
二、实训器材及设备
联系被参观企业。
三、实训步骤
（1）请企业人员作 ESD 讲座；
（2）参观企业的 ESD 措施；
（3）分组讨论。
四、注意事项
（1）参观过程中注意安全；
（2）要有适当的记录，便于参观后讨论、总结。

五、完成实训报告书

2.1.4 任务评价

第 1 模块实训报告书中有本次任务评价，请认真完成自评、小组评及师评。

知识技能拓展 洁净技术在电子制造中的应用

在电子产品生产过程中要求具有洁净生产环境者甚多，如电真空器件—彩色显像管、显示器件，电子材料生产，光纤及光通信产品，精密电子仪器、计算机装配，光盘、磁记录设备以及半导体器件和集成电路等。尤其是集成电路生产的高速发展，它的尺寸日渐微细化，集成度越来越大，当前的 0.09μm 的超大规模集成电路已投入生产，要求控制洁净室的空气洁净度为 ISO1 级、控制微粒粒径 0.03μm；因此近年来随着超大规模集成电路发展的需要，洁净技术发展也日新月异，可以说电子产品的不断升级带来了洁净技术的不断发展，从空气洁净度等级的 3 个等级、控制微粒粒径 0.5μm 发展到现在的国际标准 ISO14644-1 中的空气洁净度基本等级 9 级、控制微粒分为 0.1μm、0.2μm、0.3μm、0.5μm 等多种粒径要求。

电子产品生产对生产环境的控制要求，不仅对房间的空气洁净程度有严格要求，而且还对与电子产品生产过程直接接触的各种高纯介质——高纯水、高纯体、高纯化学品等的杂质含量要求控制得十分严格；某些电子产品对振动、静电、电磁干扰、电子供应也有较为严格要求等，洁净室与相关控制技术关系图如图 2-1 所示。

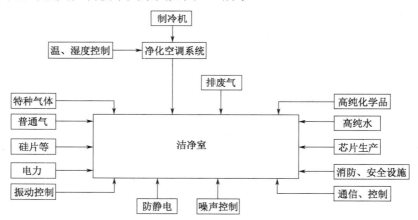

图 2-1　洁净室与相关控制技术关系图

国内外的洁净技术的发展都是随着科学技术、工业产品的发展而日新月异，特别是随着军事工业、航天、电子和生物医药等工业的发展而不断发展。现代工业新产品和现代科学实验活动要求微型化、精密化、高纯度、高质量和高可靠性。微型化的产品如计算机，从当初的要在数间房间内配置多台设备组合发展到当今的笔记本电脑，它所用的电子元器件从电子管到半导体分离器件、集成电路，再到超大规模集成电路，仅集成电路的线宽已从几微米发展到 0.1μm 左右。产品的微型化生产，要求有一个"洁净的生产环境"，洁净技术便是按照产品生产对"洁净生产环境"中的污染物的控制要求、控制方法以及控制设施的日益严格而不断发展。洁净生产环境——洁净室（洁净厂房）的称谓、名称或定义，先后使用过"无尘室""无窗厂房""密闭厂房""空气悬浮粒子受控的房间"……洁净室定义为空气中的微粒、有害气体、微生物受控的房间，以满足产品生产的需要；洁净室的建造和使用应不引入或少引入微粒等，应不产生或少产生微粒等，应不滞留微粒等；应对洁净室内的温度、湿度、压力等参数按产品生产要求进行控制；根据产品生产要求还需对洁净室内的气流分布、气流速度以及噪声、振动、静电等进行控制。

根据电子产品生产的特点，半导体集成电路生产用洁净室除应安装产品生产用设备外，一般应具有的功能设施如图 2-2 所示，有净化空调系统，专用净化设备，洁净建筑及装饰，噪声控制，防微振，防静电，防电磁干扰，电气，照明，高纯物质（高纯水、高纯气、高纯化学品）供应，安全、报警系统，通信设施等。

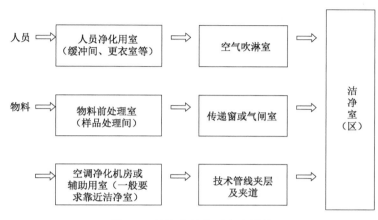

图 2-2　洁净室的主要配套设施

洁净室设计是一门综合技术，设计过程的关键专业技术是生产工艺技术及其工艺设计；空气净化专业设计；洁净建筑设计以及各类产品生产所需的专业技术，如微电子产品生产所需的高纯物质——高纯水、高纯气的专业技术等。这些专业技术在洁净室设计中都是不可缺少的，它们之间必须密切配合，围绕着满足产品生产的需要，相互协调、统筹安排，在做好各相关专业设计的基础上，处理好电源、冷源、热源等动力供应，节约能源；设有各项安全设施——消防、防火、防爆、安全报警，确保洁净室的安全运行；安排好各类配管配线，确保各种流体介质的输送质量，减少材料消耗，方便施工安装和运行维护。

模块总结

本模块首先介绍了电子产品制造过程中常见的技术文件，包括设计文件、工艺文件等，然后对生产中的安全文明规范进行了比较详细的说明。通过识读和编制技术文件实训、参观电子制造企业的安全文明生产实训，强化了知识的掌握及技能的形成。

模块练习

1. 电子产品的设计文件有哪些种类？各起什么作用？
2. 电子产品的工艺文件有哪些种类？有什么作用？

3．请简述电子工程图的分类。

4．分别举例简述实物装配图、印制板图、印制板装配图、布线图的作用、画法和工艺要求。

5．总结生产过程中的不安全因素，并说明安全用电操作要领。

6．简述 5S 管理的内涵以及员工实践 5S 的要领与意义。

7．说明静电对电子产品装配的主要影响。

第 1 模块　实训报告

项目 1　技术文件的识读			姓名＿＿＿＿＿＿＿　得分＿＿＿＿＿＿		
任务 1.1　设计文件的识读			学号＿＿＿＿＿＿＿　日期＿＿＿＿＿＿		
实训 1　识读某液晶电视机的 LCD 来料检查不良项目判定标准					
实训目的：					
实训器材及设备：					
实训步骤：					
注意事项：					
识读记录：					
实训体会：					

任务评价					
	内容	配分	评分标准		扣分
1	技术条件在产品生产过程中的地位和作用	20 分	表述不完整扣 5～20 分		
2	来料检查在技术条件中的地位和作用	20 分	表述不完整扣 5～20 分		
3	LCD 来料检查的主要内容	20 分	表述不完整扣 5～20 分		
4	该批次产品直接拒收的不良项目	20 分	表述不完整扣 5～20 分		
5	该批次产品允收的不良项目	20 分	表述不完整扣 5～20 分		
安全文明生产			违反安全文明生产规程扣 5～30 分		
定额工时		2 学时	每超过 10 分钟扣 5 分		
开始时间			结束时间		
自评得分		组评得分		师评得分	

项目 1 技术文件的识读	姓名_____ 得分_____
任务 1.2 工艺文件编制	学号_____ 日期_____

实训 2 识读数字万用表的工艺文件

实训目的：

实训器材及设备：

实训步骤：

注意事项：

识读记录：

实训体会：

任务评价					
	内容	配分	评分标准		扣分
1	工艺文件封面	20 分	识读不完整、表述不完整酌情扣分		
2	工艺文件目录	20 分	识读不完整、表述不完整酌情扣分		
3	配套明细表	20 分	识读不完整、表述不完整酌情扣分		
4	装配工艺过程卡	20 分	识读不完整、表述不完整酌情扣分		
5	装配工艺说明及简图	20 分	识读不完整、表述不完整酌情扣分		
安全文明生产			违反安全文明生产规程扣 5～30 分		
定额工时		2 学时	每超过 10 分钟扣 5 分		
开始时间			结束时间		
自评得分			组评得分		师评得分

项目1 技术文件的识读	姓名＿＿＿＿＿＿ 得分＿＿＿＿＿＿
任务 1.2 工艺文件编制	学号＿＿＿＿＿＿ 日期＿＿＿＿＿＿

实训3 编制收音机的工艺文件
实训目的：
实训器材及设备：
注意事项：
元器件明细表：
静态调试工艺卡：
实训体会：

任务评价				
内容		配分	评分标准	扣分
1	元器件清单工艺文件	50 分	工艺文件格式不符合规范扣 10 分；清单缺少项目，每个扣 10 分；元器件不全，每个扣 2 分	
2	调试工艺文件	50 分	工艺文件格式不符合规范扣 10 分；调试项目缺少项目，每个扣 10 分；调试工艺不完全正确，每个扣 3 分	
安全文明生产			违反安全文明生产规程扣 5～30 分	
定额工时	2 学时		每超过 10 分钟扣 5 分	
开始时间			结束时间	
自评得分		组评得分		师评得分

项目 2　岗位培训和安全生产	姓名＿＿＿＿＿＿　得分＿＿＿＿＿＿
任务 2.1　了解岗位培训和安全生产措施	学号＿＿＿＿＿＿　日期＿＿＿＿＿＿

实训 4　参观工厂车间的安全生产措施

实训目的：

实训器材及设备：

实训步骤：

注意事项：

参观记录：

实训体会：

任务评价					
	内容	配分		评分标准	扣分
1	安全生产讲座	30 分		听讲不认真，酌情扣分	
2	参观安全生产措施	20 分		参观不认真，酌情扣分	
3	总结讨论	20 分		参加讨论不认真，酌情扣分	
4	心得体会	30 分		酌情扣分	
	安全文明生产			违反安全文明生产规程扣 5～30 分	
定额工时		2 学时		每超过 10 分钟扣 5 分	
开始时间			结束时间		
自评得分		组评得分		师评得分	

项目 2 岗位培训和安全生产		姓名_____ 得分_____
任务 2.1 了解岗位培训和安全生产措施		学号_____ 日期_____

实训 5 参观电子制造车间的 ESD 措施

实训目的:

实训器材及设备:

实训步骤:

注意事项:

参观记录:

实训体会:

任务评价				
内容		配分	评分标准	扣分
1	ESD 讲座	30 分	听讲不认真,酌情扣分	
2	参观 ESD 措施	20 分	参观不认真,酌情扣分	
3	总结讨论	20 分	参加讨论不认真,酌情扣分	
4	心得体会	30 分	酌情扣分	
安全文明生产			违反安全文明生产规程扣 5～30 分	
定额工时	2 学时		每超过 10 分钟扣 5 分	
开始时间			结束时间	
自评得分		组评得分	师评得分	

第 2 模块　材料及设备

模块描述

电子组装技术就是把电子元器件、机电元件等装配到电路基板上，完成一定功能的技术。不仅需要元器件，还离不开各种材料及装配设备。本模块首先介绍电子产品制造过程中的常用材料，包括各种导线、绝缘材料、印制电路板等，然后对生产中的常用插件机、波峰焊机、回流焊机、印刷机及贴片机等设备进行比较详细的说明。通过材料的识别实训、参观电子制造企业实训及识读电路图实训，强化了知识的掌握及技能的形成。

知识目标

➢ 了解各种电子材料的分类和性能；
➢ 理解各种电子材料的用途和选用；
➢ 理解各种装配设备的性能和操作规程；
➢ 理解电子电路图的识读知识。

技能目标

➢ 会辨识各种电子材料；
➢ 能选用各种电子材料；
➢ 能认识各种装配设备；
➢ 能识读简单的整机电路图。

材料的识别

任务 3.1　识别材料

3.1.1　任务安排

　　电子产品生产过程中，需要使用各类电子材料。常用的有线材、绝缘材料、印制电路板、磁性材料及辅助材料。了解各种材料的分类、特点和性能参数，是正确选择、合理使用它们的前提。

　　识别材料工作任务单见表 3-1。

表 3-1　识别材料任务单

任 务 名 称	识 别 材 料		
任务内容	识别常用的材料： 1. 线材；2. 绝缘材料；3. 印制电路板；4. 磁性材料；5. 辅助材料		
任务要求	1. 能认识常见的材料 2. 能了解常见材料的分类、特点和性能参数 3. 会初步根据要求选用材料		
技术资料	1. 上网查常用电子材料的特性 2. 上网查其他电子新材料		
签名		备注	了解纳米材料的特性

3.1.2　知识技能准备

链接 1　线材

1. 线材的分类

　　常用的线材分为电线和电缆两类，一般又分为裸线、电磁线、绝缘电线和通信电缆四类。

　　（1）电线电缆。常用的安装导线如图 3-1 所示。电线由芯线和绝缘体组成，电缆一般由芯线、绝缘层、屏蔽层

图 3-1　常用的安装导线

和护套组成。芯线的材料主要是铜或铝。导线的粗细标准称为线标，有线号制和线径制两种表示法。我国采用线径制，而英美等国采用线号制。

　　（2）电磁线。电磁线是指有绝缘层的圆形或扁形线，如图 3-2 所示。现在一般采用导线表面涂漆来绝缘，此线俗称"漆包线"，主要用于绕制电机、变压器和电感线圈的绕组。常用漆包线的型号见表 3-2。

表 3-2　常用漆包线的型号

型　号	名　　称	主要特性及用途
QZ-1	聚酯漆包圆铜线	做中小型电机、电气仪表等的绕组，机械强度较高，耐温 130℃以下，抗溶剂性能好
QST	单丝漆包圆铜线	用于电机、电气仪表等的绕组
QZB	高强度漆包扁铜线	用途同 QZ-1，特点是槽满率高
QJST	高频绕组线	做高频绕组线用

（3）扁平电缆。扁平电缆又称排线，一般用于数字电路中。它可解决连线成组出现的情况，使用方便，不容易产生导线错位。使用较多的排线有单根导线为 7×0.1 和外皮为聚氯乙烯的多股线，扁平电缆如图 3-3 所示。

图 3-2　电磁线

图 3-3　扁平电缆

2．常用导线的主要参数

（1）最高耐压和绝缘性能。随着所加电压的升高，导线绝缘层的绝缘电阻会下降，如果电压过高，就会导致放电击穿。电线的工作电压应该大约为标志电压的 1/3～1/5。

（2）安全电流量。一般是铜芯线在环境温度为 25℃、载流芯温度为 70℃的条件下架高敷设的电流量。一般情况下，电流量按 4A/mm² 估算。不同截面积和线径允许通过的电流值见表 3-3。

表 3-3　不同截面积和线径允许通过的电流值

截面积/mm²	0.10	0.24	0.58	0.92	2.06	3.30	4.34	6.38	8.04	9.62	13.2	21.2
线径/mm	0.35	0.55	0.86	1.08	1.62	2.05	2.35	2.85	3.20	3.50	4.10	5.20
电流值/A	0.38	0.95	2.32	3.66	8.24	13.2	17.4	25.6	32.2	38.4	52.8	84.9

3．线材的选用。

线材的选用应从电路条件、环境温度和机械强度等方面考虑。

（1）电路条件。

① 允许电流。允许电流是指常温下的电流值。导线的允许电流应大于电路工作的最大电流。

② 导线电阻的压降。导线较长时，采用直径大的电线，减小电阻对电压的影响。

③ 额定电压和绝缘性。在使用时，电路的最大电压应低于电线的额定电压。

④ 使用频率。随着频率的升高，导线的分布参数及集肤效应的影响增大，应选用合适频率的线材。

⑤ 特性阻抗。在高频时，应特别注意阻抗匹配，否则会产生反射波，破坏传输的信号。

特性阻抗有 50Ω 和 75Ω 两种，国际上优选 50Ω。

⑥ 信号电平和屏蔽。在信号电平较小时易受噪声信号的干扰，常采用屏蔽线来克服干扰。

（2）环境条件。

① 温度：温度会使电线绝缘层变软、变硬而造成短路。

② 耐电化性：一般情况下线材不要与化学物质、日光直接接触。

（3）机械条件。

所选线材应具备抗拉伸、耐磨和柔软性，重量轻，抗振动。

链接 2　绝缘材料

电阻率大于 10^9 欧·厘米的物质称为绝缘材料，它在直流电压作用下产生极微小的电流。

绝缘材料在强电场的作用下会发生击穿现象，失去绝缘特性。绝缘材料在正常工作的情况下，也会逐渐"老化"而失去绝缘性能。

1．绝缘材料的分类

绝缘材料的类型很多，常用绝缘材料按其化学性质不同，可分为无机绝缘材料、有机绝缘材料和混合绝缘材料。

三种绝缘材料的比较见表 3-4。

表 3-4　三种绝缘材料的比较

种　类	绝　缘　材　料	用　途
无机绝缘材料	云母、石棉、大理石、瓷器、玻璃、硫磺	电机电器绕组绝缘、开关的底板、绝缘子
有机绝缘材料	虫胶、树脂、橡胶、棉纱、纸、麻、蚕丝、人造丝	制造绝缘漆、绕组导线的被覆绝缘物
混合绝缘材料	塑料、电木、有机玻璃	电线电缆的护套和套管、电器的底座、外壳

绝缘材料按用途可分为介质材料、装置材料、浸渍材料和涂敷材料等，如陶瓷、玻璃、塑料膜、云母、电容纸、酚醛树脂等。

绝缘材料按物质形态可分为气体绝缘物、液体绝缘物和固体绝缘物，分别如空气、氮气、氢气等，电容油、开关油、变压器油等，电容器纸、聚苯乙烯、云母、陶瓷、玻璃等。

2．绝缘材料的性能指标

绝缘材料的绝缘性能可用绝缘电阻、击穿强度、机械强度、耐热等级四个方面表示。

（1）绝缘电阻。绝缘材料的电阻率很高，但在一定的作用下，总有微小泄漏电流通过。绝缘电阻是最基本的绝缘性能指标，可用兆欧表测定。

（2）击穿强度。绝缘材料在高于某一数值的电场强度作用下，会发生击穿现象，从而损坏而失去绝缘性能。在电子产品中，绝缘材料要满足耐压的要求。

（3）机械强度。绝缘材料的机械强度一般是指抗张强度，即每平方厘米所能承受的拉力。对不同用途的绝缘材料，机械强度的要求不同。

（4）耐热等级。根据各种绝缘材料的耐热性能，人们规定了它们在使用过程中的最高温度，以保证电工产品的使用寿命，避免使用时温度过高而加速绝缘材料的老化。

绝缘材料按其允许最高温度分为 7 个耐热等级，见表 3-5。

表 3-5　绝缘材料的耐热等级

级别代码	最高温度/℃	主要材料	级别代码	最高温度/℃	主要材料
Y	90	棉丝、丝、纸	F	155	树脂黏合剂或浸渍的无机材料
A	105	棉丝、丝、纸经浸渍	H	180	有机硅、树脂、漆及无机材料
E	120	有机薄膜、有机磁漆	C	>200	硅塑料、聚氯乙烯、云母、陶瓷等材料的组合
B	130	云母、玻璃纤维、石棉			

3．常用绝缘材料的用途

（1）塑料。塑料是以合成树脂为基本原料，加入其他填料、增塑剂、染料和稳定剂等制成的。其原料丰富，价格便宜。塑料制品对温度变化和潮湿比较敏感，因此，对尺寸精度要求高的零件不宜用塑料。以下简单介绍几种常用塑料。

① 聚氯乙烯是热塑性塑料。加入不同的增塑剂和稳定剂，可制成各种硬质或软质制品。

② 聚酰胺（尼龙）是热塑性塑料。抗拉强度高且有良好的耐冲击韧性，适宜于制造接插件、基座、衬套、电缆护套等。

③ 聚四氟乙烯是热塑性塑料。有耐酸、耐碱等良好的化学性能，产品有板料、棒料、管料、薄膜等。

④ 甲基丙烯酸甲酯（有机玻璃）是热塑性塑料。有较好的韧性、耐磨性和耐冲击强度。适用于做透明罩壳、绝缘零件等。

⑤ 酚醛塑料是热固性塑料。性质较脆，有良好的耐酸、耐霉、耐油、耐热性。适用于做耐腐蚀零件和各种规格的层压板。

（2）橡胶是一种具有弹性的绝缘材料。可分为天然橡胶和合成橡胶两大类。橡胶在较大的温度范围内具有优良的弹性、电绝缘性、耐热、耐寒和耐腐蚀性，是一种用途广泛的绝缘材料。

（3）云母是一种层状结晶型硅酸盐聚合物。它具有良好的绝缘性能和良好的导热性能，化学稳定性好，主要用于绝缘要求高且能导热的场合，如用作大功率三极管与散热片之间的垫片，如图 3-4 所示。

（4）陶瓷是无机盐类，具有耐热、耐湿性好，机械强度高，电绝缘性能优良，温度膨胀系数小的优点，但性质较脆。常用于制作插座、线圈骨架、瓷介电容等。

图 3-4　云母片

链接 3　印制电路板

印制电路板（PCB）是在一定尺寸的绝缘板上，加工成一些导电的图形，并布有孔，以它为底盘，可以实现元器件之间的相互连接的基板，PCB 制造的主要材料是敷铜板。如图 3-5 所示为某 OTL 功率放大器的印制电路板图。

1．敷铜板

（1）敷铜板简介。敷铜板由基板、铜箔和黏合剂构成。基板是由高分子合成树脂和增强材料组成的绝缘层板。在基板的表面覆盖着一层导电率高、焊接性能良好的纯铜箔，厚度在

35～50μm。常用敷铜板的厚度有 1.0mm、1.5mm 和 2.0mm 三种。

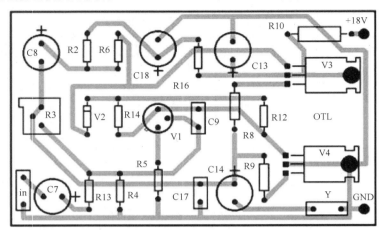

图 3-5　某 OTL 功率放大器的印制电路板图

（2）敷铜板的分类和特点。敷铜板按绝缘材料分有纸基极、玻璃布基极和合成纤维板；按黏结剂来分有酚醛板、环氧板、聚酯板和聚四氟乙烯板；按用途分有通用型和特殊型。

常用敷铜板的特点如下：

① 敷铜箔酚醛纸层压板是由纤维纸为增强材料，以酚醛树脂为黏合剂的层压板。它的工作温度较低，耐潮湿性差，机械强度一般，但价格便宜。主要用于低频和一般民用产品中，如收音机、收录机和电视机中。

② 敷铜箔环氧纸层压板是用纤维纸为增强材料，以环氧树脂为黏合剂的层压板，其电气性能好，机械性能比酚醛纸压板好，常用于一般的电子仪器上。

③ 敷铜箔环氧玻璃布层压板是由玻璃布浸环氧树脂经热压而成的。其基材的透明度好，具有机械性能好、尺寸稳定、抗热冲击性好，电气性能优良，广泛应用于航天、科研上。

④ 敷铜箔聚四氟乙烯玻璃布层压板是由玻璃布为增强材料，以聚四氟乙烯为黏合剂的层压板。其介电性能优良，耐高温，耐潮湿，化学性能稳定，广泛应用于高频、微波电子设备中。

（3）敷铜板的选用主要依据产品的技术要求、工作环境、工作频率，同时兼顾经济效益。

2．印制电路板

（1）印制电路板（PCB）的特点。使用印制电路板制造的产品具有可靠性高，一致性、稳定性好，机械强度高，耐振动，耐冲击，体积小，重量轻，便于标准化，便于维修以及用铜量小等优点，其缺点是制造工艺复杂，单件或小批量生产不经济。

（2）印制电路板的分类。

① 按印制电路基材的性质可分为有机印制电路板和无机印制电路板。

② 按印制电路板基材的强度可分为刚性印制电路板、柔性印制电路板和刚柔结合印制电路板。

③ 根据印制电路板的导电结构可分为单面印制电路板、双面印制电路板和多层印制电路板。

④ 特殊类型印制电路板：陶瓷印制电路板、单面多层印制电路板、多层布线印制电路板、金属基印制电路板和载芯片印制电路板等。

3．印制电路板的生产工艺

印制电路板大都采用腐蚀铜箔来制取。现以单面 PCB 生产为例介绍印制电路板的生产工艺。单面 PCB 生产工艺流程图如图 3-6 所示。

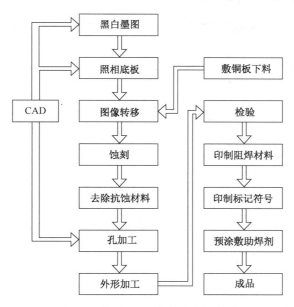

图 3-6　单面 PCB 生产工艺流程图

（1）电子 CAD。使用微机设计出 PCB 板图。

（2）表面清洗。敷铜板用酸洗去污后抛光，再涂感光剂。

（3）光化学法图像转移。把 PCB 板图转移到敷铜板上。

（4）蚀刻。用化学方法去掉不要的铜箔。

（5）孔加工。

（6）印制阻焊材料。

（7）印制标记符号。

（8）预涂敷助焊剂。

链接 4　磁性材料

1．磁性材料分类

各种物质在外界磁场的作用下，都会呈现出不同的磁性。工程上实用的磁性材料都是强磁性材料。磁性材料按其特性不同可分为软磁材料和硬磁材料，按其电阻率高低可分为金属磁性材料和非金属磁性材料。

（1）金属磁性材料又分为软磁、硬磁材料等。

① 软磁材料的主要特点是磁导率高，剩磁弱。在较弱的外磁场作用下，能产生较强的磁感应强度，且随外界磁场的增强，很快达到磁饱和状态。当外界磁场去掉后，它的磁性就基本消失。常用的软磁材料有电工纯铁、硅钢板、铁镍合金等，可用来制作电动机、变压器、电磁铁的铁芯。

② 硬磁材料的主要特点是矫顽力大，剩磁强。这一类材料在外界磁场的作用下，不容易产生较强的磁感应强度。当外界磁场去掉后，能在较长时间内保持较强的磁性。磁性材料主要用于制造永磁铁，在测量仪表、仪器、永磁电机及通信装置中应用广泛。常用的硬磁材料有钨钢、铬钢、镍铝、镍钴等合金。

（2）非金属磁性材料即为铁氧体磁性材料，它是一种具有铁磁性能的金属氧化物，它的电阻率很高，密度小、防锈、防腐性能好，且具有较高的介电性能，在高频电路中常使用。

非金属磁性材料按磁化性质和用途可分为软磁材料、硬磁材料、旋磁材料、矩磁材料等。

硬磁性铁氧体在电声器件中应用广泛，可做扬声器、动圈式传声器的磁体。而软磁铁氧体特别适用于频率在几百赫兹到几百兆赫兹范围内的收音机、电视机中使用，可做变压器、滤波器、磁性天线和偏转线圈等。

常见非金属磁性件及其应用见表 3-6。

表 3-6　常见非金属磁性件及其应用

名　称	外　形	型号举例	应用举例
螺纹磁芯		ZL-4×8	1．中周磁芯 2．可调电感磁芯 3．振荡线圈磁芯
帽形		M-M6	1．收音机或电视机伴音中周磁芯 2．可调电感磁帽
工形		G-φ12	1．收音机中周磁芯 2．电视机行线性校正线圈的磁芯
E 形		E-5 E-36	1．变压器磁芯 2．直流变换器磁芯
U 形		U12	电视机行输出变压器磁芯
偏转		PZ-31·2	电视机偏转线圈磁芯
双孔		SK-1	电视机天线阻抗匹配变压器磁芯
环形			1．中频变压器或脉冲变压器磁芯 2．固定电感磁芯
棒形		MX-400Y φ10×20 NX-60-P80×16×5	1．收音机接收天线磁棒 2．固定电感磁芯

2．磁性材料的用途

硬磁材料主要用来储藏和供给磁能，用于各种电声器件和微特电机中。

软磁材料主要用来导磁，用做变压器、扼流圈、电感线圈、继电器的铁芯和磁芯。

常用磁性材料的用途见表 3-7。

表 3-7　常用磁性材料的用途

分　类	名　称	牌　号	主要用途
金属软磁材料	电磁纯铁	DT3～6	用于磁体屏蔽、话筒膜片、直流继电器磁芯等恒定磁场（不适用于交流）
	硅钢片	DQ、QW 系列	适用于电源变压器，音频变压器、铁芯扼流圈、电磁继电器的铁芯，还可作为驱动控制用微电机的铁芯（低频）
	铁镍合金	1J50、1J79 系列	适用于中、小功率变压器、扼流圈、继电器及控制微电机的铁芯
		1J51 1J85～87	中、小功率的脉冲变压器和记忆元件，用于扼流圈、音频变压器铁芯，也可用于录音机磁头
	软磁合金	1J6，1J12，J13，J16	适用于微电机铁芯、中功率音频变压器、水声和超声器件、磁屏蔽等

续表

分　类	名　称	牌　号	主　要　用　途
金属软磁材料	非晶态软磁材料	Fe、Fe-Ni Fe-Co 系列	适用于 50～400Hz 电源变压器、20～200kHz 开关电源变压器
	磁介质（铁粉芯）	Fe	用于制造高频电路中磁性线圈（可达几十兆赫兹）
非金属软磁材料	铁氧体磁性材料（铁淦氧）	锰锌铁氧体	适用于 2MHz 以下的磁性元件，如滤波线圈、中频变压器、偏转线圈、中波磁性天线等的磁芯
		MnO，ZnO，F2O3	高频性能（1～800MHz），用短波天线磁棒及调频中周和高频线圈磁芯
硬磁材料	铝镍钴系（铸造粉末）稀土类永磁、塑性变形永磁	——	用于微电机、扬声器耳机、继电器、录音机、电机等
	永磁铁氧体、塑料、铁氧体	BaM	用于扬声器、助听器、话筒等电声器件的永磁体以及电视显像管、耳机、薄型扬声器、舌簧开关、继电器、磁放大器、伺服电机和磁性信息存储器等

链接 5　辅助材料

在电子整机生产过程中往往用到部件的黏结和进行文字符号的标识，常用的材料主要有黏合剂和漆料。

1．黏合剂

黏合剂简称胶，用于同类或不同类材料的黏结。

（1）黏合剂的特性包括使用性能和施工特性，主要有强度、吸附性、润湿性、固化特性、涂刷性能、工作寿命、耐温性、耐老化、耐介质腐蚀和毒性等。

（2）常用黏合剂特性和应用见表 3-8。

表 3-8　常用黏合剂特性和应用一览表

牌号名称	组　份	固化条件	应　用
502 瞬干胶	单组分	室温下仅几秒至几分钟	金属、陶瓷、玻璃、塑料（除聚乙烯、聚四氟乙烯外），橡胶本身及相互间胶合
Q98-1 硝基胶	单组分	常温 24 小时	织物、木材、纸之间胶合，镀层补涂敷
白胶水	单组分 聚醋酸乙烯树脂	常温 24 小时	织物、木材、纸、皮革自身或相互间胶合
压敏胶	单组分 氯丁橡胶	室温无固化期	轻质金属、纸、塑料薄膜、标牌的胶合
204 耐高温胶	单组分 酚醛、缩醛、有机硅	180℃下 2 小时	各种金属、玻璃钢、耐热酚醛板自身及相互间胶合
环氧胶	多组分 环氧树脂为基体	不同固化剂、不同比例有不同固化条件	柔韧型用于橡胶与塑料，刚性型多作为结构胶用，胶合金属、玻璃、陶瓷、胶木

2．漆料

漆料主要用于书写元器件的文字代号，元器件的防松动和防护，如图 3-7 所示。

（1）点头漆。在元器件或部件安装后检验合格，点上漆作为合格标志。

（2）防护漆。由于电子产品使用地域广，温热环境、工业污染等因素影响，产品会发生锈蚀。采用油漆涂敷，既能防护又能起绝缘作用。

图 3-7　漆料

（3）紧固漆。在电子产品安装、调试后，在产品运输和使用过程中，某些螺母及调谐部分易松动，点上紧固漆后可解决问题。

3.1.3 任务实施

■ 实训 6 材料的识别（一）

一、实训目的

（1）能认识常用的线材；

（2）能认识常用的绝缘材料；

（3）能认识印制电路板材料；

（4）掌握常用材料的基本检测方法。

二、实训器材及设备

（1）放大镜 1 把；

（2）剥线钳 1 把；

（3）废钢锯条 1 把；

（4）万用表 1 块；

（5）各类导线（电线、电缆、漆包线等）若干；

（6）各类绝缘材料（变压器油、开关油、云母片、青壳纸、陶瓷等）若干；

（7）敷铜板及成品 PCB 板若干块。

三、实训步骤

（1）用肉眼和放大镜分别观察各种材料；

（2）用剥线钳剥开电线、电缆的绝缘层，分别用放大镜观察它们的结构组成，了解导体、绝缘体的组合特点；

（3）用万用表测量漆包线的表面电阻，用钢锯条刮掉绝缘漆后，再测量其导电情况；

（4）用万用表测变压器油、开关油的绝缘电阻；

（5）用万用表测量青壳纸、云母片和陶瓷的绝缘电阻；

（6）对光观察各种材质敷铜板的透明度。用钢锯条在敷铜板上刻画出一条深沟，观察敷铜板的厚度。

四、注意事项

（1）用剥线钳处理导线绝缘层时，不要伤害导体，尤其是电缆；

（2）万用表测量绝缘电阻时，量程以×10k 为好；

（3）使用锯条时，注意安全。

五、完成实训报告书

■ 实训 7 材料的识别（二）

一、实训目的

（1）能认识常用的磁性材料；

（2）能认识常用的辅助材料；

（3）掌握常用材料的基本检测方法。

二、实训器材及设备

（1）放大镜 1 把；

（2）永磁体 1 块；

（3）毛笔 1 枝；

（4）万用表 1 块；

（5）各磁性材料（中周磁芯、磁棒、扬声器等）若干；

（6）各类辅助材料（清漆、调和漆、502 瞬干胶、环氧胶等）若干；

（7）塑料棒若干。

三、实训步骤

（1）用肉眼和放大镜分别观察各种材料；

（2）用万用表测量中周磁芯、磁棒、扬声器磁体的电阻；

（3）用扬声器的磁体与中周磁芯、磁棒接触，研究后者的导磁性；

（4）用鼻子嗅嗅清漆、调和漆、502 瞬干胶、环氧胶的气味；

（5）用毛笔分别沾清漆、调和漆，涂在纸上，观察其性状；辨别 502 瞬干胶、环氧胶的
气味；

（6）在两根塑料棒上涂 502 瞬干胶或环氧胶，将塑料棒对接，观察其黏结情况。

四、注意事项

（1）对化学物品操作时注意安全。在嗅化学物品气味时，用手扇着闻，防止中毒；

（2）化学物品不要污染其他物品；

（3）黏结塑料时，黏结面要处理干净。

五、完成实训报告书。

3.1.4 任务评价

第 2 模块实训报告书中有本次任务评价，请认真完成自评、小组评及师评。

 知识技能拓展 纳米材料

"纳米"是英文 Nanometer 的音译，是一种度量单位，1 纳米为百万分之一毫米，也就
是十亿分之一米，约相当于 4～5 个原子串起来那么长。

在 20 世纪 80 年代，以"纳米"来改良材料，作为一种材料的定义把纳米颗粒限制在 1～
100nm 的范围内。其实，自然界中早就存在纳米微粒和纳米固体，例如天体的陨石碎片、人
体和兽类的牙齿都是由纳米微粒构成的。

1．纳米材料的分类

纳米材料按材料物性可分为纳米半导体、纳米磁性材料、纳米非线性光学材料、纳米铁
电体、纳米超导材料、纳米热电材料等。

2．纳米材料在电子技术中的应用

（1）纳米陶瓷材料。运用纳米技术可以在低温下生产质地致密且具有显著超塑性的纳米
陶瓷。所谓超塑性，是指在应力作用下产生异常大的拉伸形变而不发生破坏的能力。纳米陶
瓷克服了传统陶瓷材料质脆、韧性差的缺点，使陶瓷具有像金属一样的柔韧性和可加工性。

（2）纳米半导体材料。目前已经研制成功红、绿、蓝三基色可调谐的纳米发光二极管、
碳纳米管，可用于大规模集成电路、超导线材等领域。

（3）纳米型半导体器件。将硅、有机硅、砷化镓等半导体材料配置成纳米材料，具有许多优异性能。如纳米半导体中的量子隧道效应可使电子输送反常，某些材料的导电率也可显著降低，而起点导热系数随着颗粒尺寸的减小而降低，甚至出现负值。这些特性将在大规模集成电路器件、薄膜晶体管、选择性气体传感器、光电器件等应用领域发挥重要作用。纳米微电子材料可将集成电路进一步减小，研制单原子或单分子构成各种器件。

（4）纳米传感材料。纳米粒子具有高表面积比、高活性、特殊的物理性质及超微小性等特征，是传感器中最有前途的材料。外界环境的改变会迅速引起纳米粒子表面或界面粒子价态和电子运输的变化，利用其电阻的显著变化可做成传感器，其特点是响应速度快、灵敏度高、选择性优良。

（5）纳米磁性材料。纳米粒子属单磁畴区结构的粒子，它的磁化过程完全由旋转磁化进行，即使不磁化也是永久性磁体，因此，用它可以做永久性磁性材料。磁性纳米粒具有单磁畴结构及矫顽力很高的特征，用它来做磁记忆材料不仅音质、图形和性能较好，而且记录密度比 γ-Fe_2O_3 高 10 倍。如图 3-8 所示为铁基纳米晶体大功率开关电源变压器磁芯。

图 3-8　纳米晶体变压器磁芯

装配设备的认识

任务 4.1　认识装配设备

4.1.1　任务安排

随着电子技术的飞速发展，电子元器件日趋集成化、小型化和微型化，印制电路板上的元器件的排列越来越密。对于大批量生产、质量标准要求高的电子产品，自动装接技术取代了手工装接。目前自动装接技术主要有通孔插装技术（THT）和表面贴装技术（SMT）。通孔插装工艺设备主要有自动插件机、浸焊机和波峰焊机等；表面贴装工艺设备主要有焊膏印刷机、贴片机、回流焊机等。

参观电子装接设备任务单见表 4-1。

表 4-1　参观电子装接设备任务单

任务名称	参观电子装接设备		
任务内容	1．认识通孔插装工艺设备 2．认识表面贴装工艺设备		
任务要求	1．能了解通孔插装工艺流程 2．能了解表面贴装工艺流程 3．能掌握各种设备的工作原理 4．能掌握各种设备的工作特点		
技术资料	1．上网查插件机、波峰焊机的知识 2．上网查印刷机、贴片机及回流焊机的知识		
签名		备注	掌握电子电路图的识图方法

4.1.2　知识技能准备

链接 1　通孔插装工艺设备

1．自动插件机

印制电路板上的通孔类元器件的装配工艺流程是：把印制电路板装入夹具中，插入所有需要波峰焊接的元件，进行波峰焊接；接着插入和焊接所有的人工焊接的元件；最后插入和固定所有余下的非焊接的元件。元件的插入有三种方法：专用自动插件机、手工插装和机器人插装，目前企业使用得最多的是自动插件机插装。如图 4-1 所示为自动插件机插装的工艺流程。

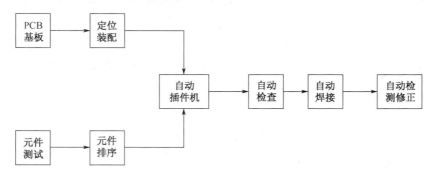

图 4-1　自动插件机插装的工艺流程

　　自动插件机（图 4-2）可以提高印制电路板的插装速度和插装的质量，它由微处理器按照事先编程将待插装在印制电路板上的元器件，通过机械手与其联动机构，插入并固定在印制电路板预制孔中。

　　按照元件插装时的方向不同，自动插件机有水平（轴向）式和立式（径向）两类。水平式插件机适合插装电阻器、跨接线等轴向安装的元件；立式插件机适合插装电容器和二、三极管等径向安装的元器件。

　　自动插件机的插入头只能沿垂直方向移动，由可以旋转的 X－Y 平台把印制电路板定位在自动插件机的插入头之下。自动插件机一般每小时可完成 10 000～32 000 件次的插装。但自动插件机的设备成本高，对印制电路板的尺寸和元器件的形状要求高，有些元器件只能手工插装。

　　2．浸焊设备

　　浸焊设备是将插好元器件的印制电路板浸入熔化的锡锅中，一次完成印制电路板上所有焊点的焊接。它比手工焊接生产效率高，操作简单，投锡料少，适合于批量生产。浸焊包括手工浸焊和机器浸焊两种形式。

　　（1）手工浸焊是由操作工手持夹具将已插好元器件、涂好助焊剂的 PCB 板浸入锡锅中完成焊接。如图 4-3 所示为某超小型手工浸焊炉。

图 4-2　某自动插件机

图 4-3　某超小型手工浸焊炉

手工浸焊的操作流程如图 4-4 所示。

图 4-4　手工浸焊的操作流程

（2）自动浸焊是将插好元器件的印制电路板用专用夹具安装在传送带上，在运动中完成焊接。如图 4-5 所示为自动浸焊机。

① 自动浸焊工艺流程如图 4-6 所示。

② 自动浸焊设备。

a. 普通浸锡机：普通浸锡机上一般带有振动头，当印制电路板浸入锡锅内 2～3s 后，振动头开始振动，使焊锡深入焊接点内部，并抖掉多余焊锡。

b. 超声波焊接机：利用超声波来增强浸焊的效果，增强焊锡渗透性，使焊接更加牢靠。

图 4-5　某自动浸焊机

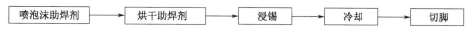

图 4-6　自动浸焊工艺流程

由于浸焊的锡锅内的熔锡表面静止，表面的氧化物易粘在焊点上，造成虚焊，同时温度高容易烫坏元器件和 PCB 板，在现代焊接生产中逐渐被波峰焊取代。

3．波峰焊机

（1）波峰焊概述。波峰焊是目前应用十分广泛的自动化焊接工艺，其焊点的合格率可达 99.97% 以上。波峰焊是将熔化的液化焊料，借助机械或电磁泵的作用，在焊料槽液面形成特定形状的焊料波峰，将插装了元器件的印制电路板置于传送链上，以某一特定的角度、一定的浸入深度和一定的速度穿过焊料波峰而实现焊点焊接的过程。

（2）波峰焊机的组成。波峰焊机由传送装置、涂助焊剂装置、预热装置、锡波喷嘴、锡锅、冷却风扇等组成，如图 4-7 所示。

① 产生焊料波的装置。焊料波的产生主要是依靠喷嘴，喷嘴向外喷焊料的动力源是机械泵或是电流和磁场产生的洛仑兹力。焊料从焊料槽向上打入装有分流用挡板的喷射室，然后从喷嘴中喷出，焊料到达其顶点后，又沿喷射室外边的斜面流回焊料槽，如图 4-8 所示。

图 4-7　波峰焊机

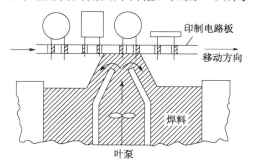

图 4-8　波峰焊原理

由于波峰焊的种类较多，其焊料波峰的形状又有所不同，常用的为单向波峰和双向波峰。

锡缸（焊料槽）由金属材料制成，这种金属不易被焊料所浸润，且不溶解于焊料，其形状因机型的不同而有所不同。

② 预热装置。预热器可分为热风型和辐射型。热风型预热器主要由加热器与鼓风机组成。鼓风机把加热器产生的热量吹向印制电路板，使印制电路板加热到预定的温度。辐射型主要靠热板辐射热量，使印制电路板加热到预定的温度。

预热的一个作用是将助焊剂加热到活化温度，将焊剂中酸性活化剂分解，然后与氧化膜起反应，使印制电路板与焊件上的氧化膜被清除。另一个作用是减小半导体管、集成电路因受热冲击而损坏的可能性（骤然变热半导体器件容易损坏）。同时还有使印制电路板减小经波峰焊后产生的变形，且使焊点光滑发亮的作用。

③ 涂助焊剂的装置。在自动焊接生产线中助焊剂的涂敷方法较多，如波峰式、发泡式、喷射式等，其中应用较多的为发泡式。

发泡式助焊剂涂敷装置采用沙滤芯作为泡沫发生器浸没在助焊剂缸内，且不断地将压缩空气注入多孔瓷管。当压缩空气经多孔瓷管进入焊剂槽时，便形成很多的泡沫助焊剂，并在压力作用下，由喷嘴喷涂在印制电路板上。在印制板离缸前，用刷子刷掉多余的焊剂，如图图 4-9 所示。

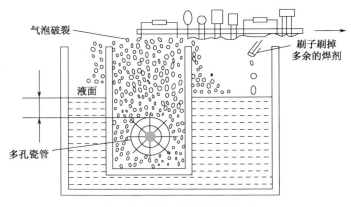

图 4-9　发泡式涂敷焊剂装置

④ 传送装置通常为链带式水平输送线。其速度可随时调节，且传送印制板时应平稳，不产生抖动。

（3）波峰焊常用的工艺流程为：元器件引线成型→插装元器件→印制板装入焊机夹具→涂敷助焊剂→预热→波峰焊→冷却→元件切头→残脚处理→取下印制板→检验→补焊→清洗→检验。

波峰焊主要工艺流程图如图 4-10 所示。

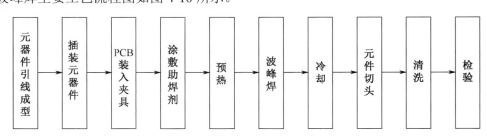

图 4-10　波峰焊主要工艺流程

链接 2　表面贴装工艺设备

印制电路板上的表面安装元器件的装配工艺流程是：把印制电路板固定在带有抽空吸盘、板面有 X-Y 坐标的台面上→把焊锡膏丝网覆盖在印制电路板上，漏印焊锡膏在电极焊盘上→把贴片元器件贴装到印制电路板上，使它们准确定位在各自的焊盘上→用回流焊接设备进行焊接；对焊接完成的印制电路板进行清洗→最后测试印制电路板。

印制电路板回流焊的工艺流程如图 4-11 所示。

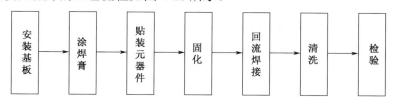

图 4-11　印制电路板回流焊的工艺流程

1．印刷机

锡膏印刷涉及锡膏、模板和印刷机三项要素，其中印刷机最为重要，如图 4-12 所示。

锡膏印刷的工艺流程如图 4-13 所示，在目前的大批量生产中，这一流程都是在锡膏印刷机上自动完成的。

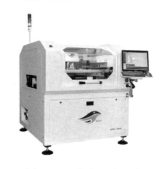

图 4-12　全自动印刷机

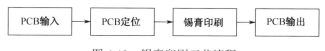

图 4-13　锡膏印刷工艺流程

2．贴片机

全自动贴片机是完全自动化的在线式贴装设备，它通过自动移动的贴装头把表面贴装元器件准确地放置到固定位置，又称表面安装机，如图 4-14 所示，它是表面安装工艺的关键设备。目前贴片机安装表面贴装元器件（SMD）的速度是每小时几千到几万个。

贴片机的种类很多，按其贴装速度及所贴元件种类可分 3 种。

（1）高速贴片机。适合贴装矩形或圆柱形的贴片元件。

（2）低速高精度贴片机。适合贴装 SOP 型集成电路、小型封装芯片载体及无引线陶瓷封装芯片载体等。

（3）多功能贴片机。既适合贴装常规贴片元件，又可以贴各种芯片载体。

3．回流焊机

回流焊机是通过加热熔化预先涂敷在印制电路板焊盘上的焊膏，冷却后实现表面元器件引脚与印制电路板焊盘之间机械与电气连接。与波峰焊相比，回流只需提供用于熔化涂好的焊料的热能，不需预先加热焊料的热量。

企业使用较多的回流焊机是红外热风回流焊机（图 4-15），它由三部分组成。

（1）加热器部分。采用陶瓷板、铝板或不锈钢式红外加热器。

（2）传送部分。采用链条导轨传送 PCB 板，链条的宽度可调节，适合不同尺寸的 PCB 板的焊接。

（3）温控部分。采用计算机来控制炉腔内的温度。

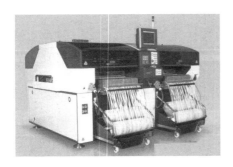

图 4-14　全自动贴片机

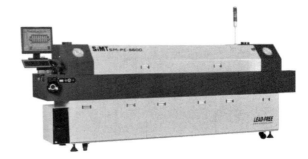

图 4-15　红外热风回流焊机

4.1.3　任务实施

■ 实训 8　参观通孔插装工艺流程

一、实训目的

（1）了解通孔插装的工艺过程；

（2）了解各种通孔插装设备的工作过程；

（3）培养严谨的工作作风。

二、实训器材及设备

（1）表面贴装工艺设备；

（2）照相机；

（3）笔记本。

三、实训步骤

（1）联系电子产品生产企业；

（2）进行实际参观、考察；

（3）听技术人员讲解；

（4）做好笔记、图像记录。

四、注意事项

（1）对通孔插装工艺和设备的知识，事先做好预习；

（2）遵守企业的规章制度。

五、完成实训报告书

对工厂的通孔插装设备进行分类，总结生产设备的特点；分析通孔插装的工艺流程。有条件的学生可制作介绍通孔插装工艺及设备的幻灯片（PowerPoint）。

■ 实训 9　参观表面贴装工艺流程

一、实训目的

（1）了解表面贴装的工艺过程；

（2）了解各种表面贴装工艺设备的工作过程；

（3）培养严谨的工作作风。

二、实训器材及设备

（1）通孔插装工艺设备；

（2）照相机；

（3）笔记本。

三、实训步骤

（1）联系电子产品生产企业；

（2）进行实际参观、考察；

（3）听技术人员讲解；

（4）做好笔记、图像记录。

四、注意事项

（1）对表面贴装工艺和设备的知识，事先做好预习；

（2）遵守企业的规章制度。

五、完成实训报告书。

对工厂的表面贴装设备进行分类，总结生产设备的特点；分析表面贴装的工艺流程。

有条件的学生可制作介绍表面贴装工艺及设备的幻灯片（PowerPoint）。

4.1.4　任务评价

第 2 模块实训报告书中有本次任务评价，请认真完成自评、小组评及师评。

项目 5

电子电路识图

任务5.1 识读电子电路图

5.1.1 任务安排

电子产品生产过程中，使用各类电子电路图。具备一定的识图能力是每个电子工程技术人员应该必备的基本素质。

识读电子电路图任务单见表 5-1。

表 5-1 识读电子电路图任务单

任 务 名 称	识读电子电路图	
任务内容	1. 识读电路的方框图 2. 识读电路的原理图 3. 识读电路的印制电路板图	
任务要求	1. 了解电子电路图的分类 2. 掌握电子电路识图的一般步骤 3. 识读典型的电子产品电路图	
技术资料	1. 上网查电子翻图的方法 2. 上网查电路图绘制的常用软件	
签名		备注	掌握从 PCB 板翻图到电路原理图的方法

5.1.2 知识技能准备

链接 1 电子电路图的分类

电子电路图是用规定的图形、文字符号表示的各种电子元件、器件装置所组成的电路图，它是电子工程人员从事电子产品开发设计、制造、安装、调试和维修的工程语言，实践中使用的电子电路图一般包括方框图、电路原理图、印制电路板图和接线图。

1. 方框图

方框图是用符号或带注释的方框概略地表示系统的基本组成、相互关系和主要特征的一种简图。方框图可表示电路各组成部分的功能关系和信号流程，如图 5-1 所示为红外线开关电路的方框图。

图 5-1 红外线开关电路的方框图

在画方框图时，有如下几点要求。

（1）方框图各部分按信号流程或电路动作顺序从左到右或从上到下排列。

（2）有时为了说明电路各处情况，可在框图间连线上标注其特征参数，如信号电平、波形等。

2．电路原理图

电路原理图是用图形符号按工作顺序排列，详细表示成套装置、设备的各组成部分的连接关系的简图。电路原理图是分析电路工作原理、编制装配图和接线图的依据，也为产品安装、维修提供数据。如图 5-2 所示为红外线开关的电路原理图。在画电路原理图时，应注意所有的图形符号和文字代号必须符合国家标准的规定。

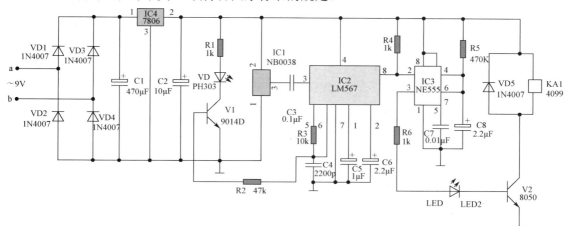

图 5-2　红外线开关的电路原理图

3．印制电路板图

印制电路板是根据电路原理图设计出的一定尺寸的图样板，它上面有粗细不同的铜箔将各种元器件按电路原理图上的要求连接在一起。印制电路板上还印有各种元器件的图形符号和代号，方便装配。运用印制电路板图再结合电路原理图，可以方便地对线路进行检查或寻找故障。如图 5-3 所示为红外线开关的印制电路板图。

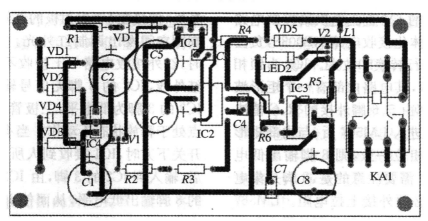

图 5-3　红外线开关的印制电路板图

4．接线图

接线图是表示整机产品内部各装联部件及元器件之间导电连接线实际位置的简图，接线图主要功能是整机进行安装联线、线路检查、线路维修和故障处理。

链接2　电子电路图的识图方法

1．识图的一般步骤

识图就是对各种电子电路图进行分析，了解电路的工作原理、各部分的功能和各元器件的作用，为电子产品设计、安装、检查、维修服务。

识图的大致步骤如下。

（1）了解用途，找出通路。了解电路的用途，结合自己已有的电路知识，就能掌握电路信息的大概，沿着信号流程，在原理图上找出信号通路。

（2）对照单元，各个击破。心中记住常见的单元电路的知识，如直流电源电路、振荡电路、功率放大电路等，把要分析的电路与其对比，划分出所有单元电路。

（3）沿着通路，画出方框图。沿着信号的流程，将每个单元电路用方框图表示，再标注上适当的文字或波形，扼要介绍其功能，最后把所有的单元电路串起来，形成完整的方框图。

（4）分析功能，估算指标。对方框图作进一步分析，真正掌握电路的工作原理和功能，利用合适的分析方法来定量估算电路的主要性能指标。

2．电子电路图的识读

针对某一个电子整机产品，可由大到小识读，即整机电路→板块电路→功能电路→单元电路；也可以由小到识读，即先详细识读每个单元电路，通过反复几次的识读，以达到对整机电路的掌握。印制电路板图是电路原理图的具体表现形式，它一目了然地表明了元器件的实物形状、安装位置和电路的实际走线方式。下面着重介绍单元电路图、整机电路图和印制电路板图的识图方法。

（1）单元电路图识图方法。

单元电路是整机电路的基本组成部分，它一般由各种分立元器件或集成电路组成，是能够完成某一电路功能的最小电路单位，如直流稳压电源电路、OTL功率放大电路、正弦波振荡器电路、计数器电路等。从广义角度上讲，一个集成电路的应用电路也是一个单元电路。

① 单元电路图具有下列一些功能：

a．单元电路图主要用来讲述电路的工作原理。

b．它能够完整地表达某一级电路的结构和工作原理，有时还全部标出电路中各元器件的参数，如标称阻值、标称容量和三极管型号等。

c．它对深入理解电路的工作原理和记忆电路的结构、组成很有帮助。

② 单元电路图具有下列一些特点：

a．单元电路图比较简洁、清楚，识图时排除了其他电路的干扰。单元电路图主要是为了分析某个单元电路工作原理的方便而单独将这部分电路画出的电路，所以在图中已省去了与该单元电路无关的其他元器件和有关的连线、符号，如图5-4所示为某电视机的伴音OTL功率放大器电路图。

电路图中，用+Vcc表示直流工作电压，vi表示输入信号，是这一单元电路所要放大的信号；vo表示输出信号，是经过这一单元电路放大后的信号。通过单元电路图的这样标注，可方便地找出电源端、输入端和输出端，而在实际电路中，这三个端点的电路均与整机电路中的其他电路相连，如果没有+Vcc、vi、vo的标注，就会给初学者识图造成一定的困难。

b．单元电路图采用习惯画法，各元器件之间连线最短，便于分析。而在实际的整机电路图中，由于受整机电路的其他元器件制约，个别元器件画得与该单元电路相距较远，这样电路中的连线很长且弯弯曲曲，造成识图和电路工作原理理解的不便。

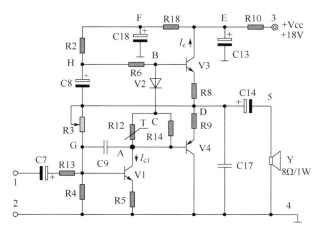

图 5-4 某电视机的伴音 OTL 功率放大器电路图

c. 单元电路图只出现在讲解电路工作原理的书籍中，实用电路图中是不出现的。对单元电路的学习是学好电子电路工作原理的关键，只有掌握了单元电路的工作原理，才能去分析整机电路。

③ 单元电路图识图方法。单元电路的种类繁多，而各种单元电路的具体识图方法有所不同，这里只对共同性的问题说明几点。

a. 有源电路识图方法。所谓有源电路就是需要直流电压才能工作的电路，例如放大器电路。对有源电路的识图首先分析直流通路，此时将电路图中的所有电容器看成开路（因为电容器具有"隔直"特性），将所有电感器看成短路（电感器具有"通直"的特性）。直流电路的识图方向一般是先从右向左，再从上向下。

b. 信号传输过程分析就是信号在该单元电路中如何从输入端传输到输出端，信号在这一传输过程中受到了怎样的处理（如放大、衰减、控制等）。信号传输的识图方向一般是从左向右进行。

c. 元器件作用分析就是电路中各元器件起什么作用，主要从直流和交流两个角度去分析。

d. 电路故障分析就是当电路中元器件出现开路、短路、性能变劣后，对整个电路工作会造成什么样的不良影响，使输出信号出现什么故障现象（如没有输出信号、输出信号小、信号失真、出现噪声等）。在搞懂电路工作原理之后，元器件的故障分析才会变得比较简单。

整机电路中的各种功能单元电路繁多，许多单元电路的工作原理十分复杂，若在整机电路中直接进行分析就显得比较困难，通过单元电路图分析之后再去分析整机电路就显得比较简单，所以单元电路图的识图也是为整机电路分析服务的。

（2）整机电路图识图方法。

整机电路由一个或几个功能电路构成，而功能电路是由一个或几个单元电路组成，完成某一特定功能的电路，如收音机电路、电视机电路和数字钟电路等。如图 5-5 所示为某收音机的整机电路图。

① 整机电路图具有下列一些功能：

a. 表明了整机的电路结构、各单元电路之间的连接方式和整机电路的工作原理。

b. 它给出了电路中各元器件的具体参数（型号、标称值等），为检测和更换元器件提供了依据。例如，更换某个三极管时，可以查阅图中的三极管型号标注。

c. 许多整机电路图中还给出了有关测试点的工作直流电压和信号波形，为检修电路故障提供了方便。如集成电路各引脚的直流电压、信号波形标注等。

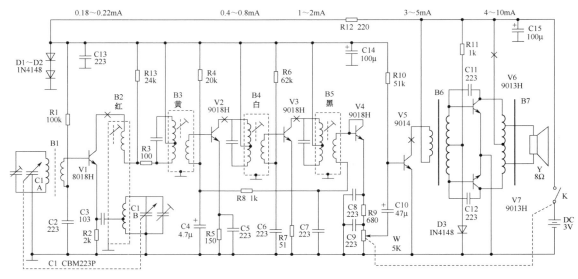

图 5-5　某收音机的整机电路图

　　d. 它给出了与识图相关的有用信息。例如，一些整机电路图中，将各开关件的功能说明集中标注在图纸的某处，识图时可以方便查阅。

　　② 整机电路图与其他电路图相比具有下列一些特点：

　　a. 包括整个机器的所有电路。

　　b. 不同型号的机器，其整机电路中的单元电路变化是十分丰富的，这给识图造成了不少困难，要求有较全面的电路知识。

　　c. 各部分单元电路在整机电路图中的画法有一定规律，了解这些规律对识图是有益的，其分布规律一般情况是：电源电路画在整机电路图右下方；信号源电路画在整机电路图的左侧；负载电路画在整机电路图的右侧；各级放大器电路是从左向右排列的，双声道电路中的左、右声道电路是上下排列的；各单元电路中的元器件相对集中在一起。

　　③ 整机电路图识图方法。

　　a. 整机电路图的分析内容是：各单元电路在整机电路图中的具体位置；单元电路的类型；直流工作电压供给电路分析；交流信号传输分析；对一些较复杂的单元电路的工作原理进行重点分析。

　　b. 对于分成几张图纸的整机电路图可以一张一张地进行识图，如果需要进行整个信号传输系统的分析，则要将各图纸连起来进行分析。

　　c. 一般情况下，在整机电路图中信号传输的方向是从左侧向右侧。

　　d. 直流工作电压供给电路的识图方向是从右向左进行的，而对某一级放大电路的直流电路识图方向是从上而下的。

　　e. 在整机电路分析过程中，对某型号集成电路应用电路的分析有困难时，可以查找这一型号集成电路的识图资料，以帮助识图。

　　（3）印制电路板图识图方法。印制电路板图与维修密切相关，对维修的重要性仅次于整机电路原理图，所以印制电路板图主要是为维修服务的。如图 5-6 所示为某收音机的印制电路板图。

① 印制电路板图功能。印制电路板图是专门为元器件装配和机器维修服务的图，是一种十分重要的维修资料。印制电路板图的主要功能如下：

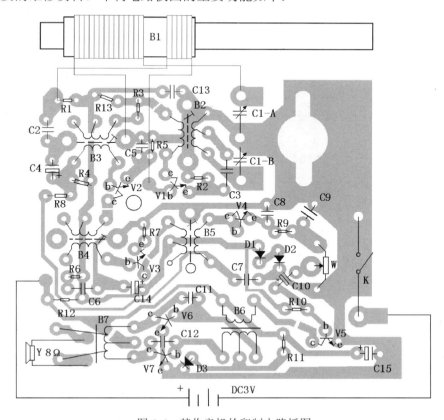

图 5-6　某收音机的印制电路板图

a. 印制电路板图起到电路原理图和实际线路板之间的沟通作用。没有印制电路板图将影响维修速度，甚至妨碍正常检修思路的顺利展开。

b. 印制电路板图将线路板上的情况一对一地画在印制电路板图上。如电路原理图中各元器件在线路板上的分布状况和具体的位置；各元器件引脚之间连线（铜箔线路）的走向。通过印制电路板图可以方便地在实际线路板上找到电路原理图中某个元器件的具体位置。

② 印制电路板图具体有下列一些特点：

a. 从印制电路设计的考虑出发，线路板上的元器件排列、分布不像电路原理图那么有规律。

b. 印制电路板图的各元器件之间连接不用线条而用铜箔线路，铜箔线路排布、走向比较繁杂。有些铜箔线路之间还用跳线导通连接，甚至经常遇到几条铜箔线路并行排列。

c. 整机的印制电路板由几块板子构成时，印制电路板图上就画有各种引线或接插件，它们的走向复杂。

总之，以上特点给印制电路板图的识图造成不便。

③ 印制电路板图识图方法。由于印制电路板图比较"乱"，采用下列一些方法和技巧可以提高识图速度：

a. 尽管印制电路板图的元器件分布、排列没有什么规律，但同一个单元电路中的元器件相对而言是集中在一起的。

b. 根据一些元器件的外形特征可以找到它们。如集成电路、功率放大管、开关件、变压器等。

c. 根据单元电路的特征，可以方便地找到它们。如整流电路中的整流桥，功率放大管上有散热片，滤波电容的容量最大、体积最大等。

d. 电路中的电阻器、电容器最多，寻找起来很不方便，可以先找到与它们相连的三极管或集成电路，再找到它们。举例说明：如图 5-6 所示，如果要寻找电路中的 R7，先找到三极管 V3，因为电路中三极管较少，目标明显。然后，在 V3 的发射极和地之间的电阻即为 R7。

e. 找地线时，可采用下列方法：线路板上大面积铜箔线路是地线；一块线路板上的地线是相连的；一些元器件的金属外壳是接地的，如收音机的中周、功率放大器的散热片等。

f. 观察线路板上元器件与铜箔线路连接情况及铜箔线路走向时，将灯放置在有铜箔线路的一面，在装有元器件的一面可以清晰、方便地观察到铜箔线路与各元器件的连接情况，这样可以省去线路板的翻转。不断翻转线路板不但麻烦，而且容易折断线路板上的引线。

5.1.3　任务实施

■ 实训 10　识读某 OTL 电路图

一、实训目的

（1）了解单元电路的功能和特点；

（2）掌握单元电路的识读方法。

二、实训器材及设备

（1）如图 5-4 所示的某 OTL 功率放大器电路原理图；

（2）如图 5-5 所示的某 OTL 功率放大器印制电路板图；

（3）放大镜 1 把；

（4）12 色水彩笔 1 盒。

三、实训步骤

（1）画出某 OTL 功率放大器方框图，分析其是几级放大器；

（2）分析信号传输过程；

（3）分析元器件作用；

（4）分析、估算性能指标；

（5）分析电路故障；

（6）对照 PCB 板图找到相应的元器件。

四、注意事项

（1）了解单元电路的功能是顺利分析的基础；

（2）相同的信号线、电源线可用相同颜色的水彩笔画出，有利于电路的分析。

五、完成实训报告书

■ 实训 11　识读某收音机电路图

一、实训目的

（1）了解整机电路的某功能和特点；

（2）掌握整机电路的某识读方法。

二、实训器材及设备

（1）如图 5-5 所示的收音机电路原理图；

（2）如图 5-6 所示的收音机印制电路板图；

（3）放大镜 1 把；

（4）12 色水彩笔 1 盒。

三、实训步骤

（1）画出收某音机方框图，分析其有几大功能电路；

（2）分析直流工作电压供给电路；

（3）分析信号传输过程；

（4）分析元器件作用；

（5）分析、估算性能指标；

（6）分析电路故障；

（7）对照 PCB 板图找到相应的元器件。

四、注意事项

（1）了解各单元电路在整机电路图中的具体位置是顺利分析的基础；

（2）相同的信号线、电源线可用相同颜色的水彩笔画出，有利于电路的分析；

（3）一般线路板上大面积铜箔线路是地线。收音机的中周外壳是接地的。

五、完成实训报告书

5.1.4　任务评价

第 2 模块实训报告书中有本次任务评价，请认真完成自评、小组评及师评。

 知识技能拓展　从 PCB 板翻图到电路原理图

有时，有了某个电子产品的 PCB 板，想要弄清楚它的工作原理，却没有电路原理图，在这种情况下，就需要把 PCB 板图转换成电路原理图了。下面介绍转换的方法。

（1）选择体积大、引脚多并在电路中起主要作用的元器件（如集成电路、变压器、晶体管等）作画图基准件，然后从选择的基准件各引脚开始画图，可减少出错。

（2）如果印制板上标有元件序号（如 VD870、R330、C466 等），那么这些序号有特定的规则。一般英文字母后首位阿拉伯数字相同的元件属同一功能单元，画图时应巧加利用。正确区分同一功能单元的元器件，是画图布局的基础。

（3）如果印制板上未标出元器件的序号，为便于分析与校对电路，最好自己给元器件编号。制造厂在设计印制板排列元器件时，为使铜箔走线最短，一般把同一功能单元的元器件相对集中布置。找到某单元起核心作用的器件后，只要顺藤摸瓜就能找到同一功能单元的其

067

他元件。

（4）正确区分印制板的地线、电源线和信号线。以电源电路为例，电源变压器次级所接整流管的负端为电源正极，与地线之间一般均接有大容量滤波电容，该电容外壳有极性标志。也可从三端稳压器引脚找出电源线和地线。工厂在印制板布线时，为防止自激、抗干扰，一般把地线铜箔设置得最宽（高频电路则常有大面积接地铜箔），电源线铜箔次之，信号线铜箔最窄。此外，在既有模拟电路又有数字电路的电子产品中，印制板上往往将各自的地线分开，形成独立的接地网，这也可作为识别判断的依据。

（5）为避免元器件引脚连线过多使电路图的布线交叉穿插，导致所画的图杂乱无章，电源和地线可大量使用端子标注与接地符号。如果元器件较多，还可将各单元电路分开画出，然后组合在一起。

（6）画草图时，推荐采用透明描图纸，用多色彩笔将地线、电源线、信号线、元器件等按颜色分类画出。修改时，逐步加深颜色，使图纸直观醒目，以便分析电路。

（7）熟练掌握一些单元电路的基本组成型式和经典画法，如整流桥、稳压电路和运放、数字集成电路等。先将这些单元电路直接画出，形成电路图的框架，可提高画图效率。

（8）画电路图时，应尽可能地找到类似产品的电路图做参考，会起到事半功倍的作用。

随着科技发展，目前已经有相关的 PCB 翻图软件，只要学习使用，就能更好更快地得到电路原理图。

模块总结

本模块涉及"材料的识别""装配设备的认识"及"电子电路识图"三个项目，又分解为三个任务、六个实训，详细介绍了电子材料、装配设备及电子识图的知识，通过实训强化了理论实践的融合。

模块练习

1. 电子整机中常用的线材有几种？各用在何种场合？
2. 常用绝缘材料有几类？有哪些性能指标？
3. 金属磁性材料有哪些？用在何种场合？举例说明。
4. 简述敷铜板的用途和分类。
5. 在电子整机装配中常用的漆料有哪些？常用的黏合剂有哪些？
6. 通孔插装工艺流程是什么？设备有哪些？
7. 表面贴装工艺流程是什么？设备有哪些？
8. 通常电子电路图可分几类？
9. 电子电路图的识图一般步骤是什么？

第 2 模块　实训报告

项目 3　材料的识别	姓名＿＿＿＿＿　得分＿＿＿＿＿
任务 3.1　材料的识别	学号＿＿＿＿＿　日期＿＿＿＿＿

实训 6　材料的识别（一）

实训目的：

实训器材及设备：

实训步骤：

注意事项：

故障分析及调试记录：

实训体会：

任务评价					
	内容	配分	评分标准		扣分
1	电线、电缆的识别	20 分	不能说出电线、电缆的特征各扣 3 分，不能用万用表测量导线的电阻扣 3 分		
2	漆包线的识别	20 分	不能说出漆包线的特征扣 3 分，不能用万用表测量漆包线的电阻扣 3 分		
3	液体绝缘材料的识别	20 分	不能说出变压器油、开关油的特征各扣 3 分 不能用万用表测量其绝缘电阻扣 3 分		
4	固体绝缘材料的识别	20 分	不能说出青壳纸、云母片和陶瓷的特征各扣 3 分 不能用万用表测量其绝缘电阻扣 3 分		
5	敷铜板的识别	20 分	不能说出敷铜板的特征扣 3 分		
安全文明生产			违反安全文明生产规程扣 5～30 分		
定额工时		2 学时	每超过 10 分钟扣 5 分		
开始时间			结束时间		
自评得分		组评得分		师评得分	

项目 3 材料的识别	姓名_____ 得分_____
任务 3.1 材料的识别	学号_____ 日期_____

实训 7   材料的识别（二）

实训目的：

实训器材及设备：

实训步骤：

注意事项：

故障分析及调试记录：

实训体会：

<table>
<tr><td colspan="5" align="center">任务评价</td></tr>
<tr><td colspan="2" align="center">内容</td><td>配分</td><td>评分标准</td><td>扣分</td></tr>
<tr><td>1</td><td>磁性材料绝缘电阻的识别</td><td>25 分</td><td>不能说出磁性材料的特征扣 3 分，不能用万用表测量其绝缘电阻扣 3 分</td><td></td></tr>
<tr><td>2</td><td>磁性材料导磁性的识别</td><td>25 分</td><td>不能用永磁体研究磁性材料的导磁性扣 3 分</td><td></td></tr>
<tr><td>3</td><td>油漆、胶性状的识别</td><td>20 分</td><td>不能说出油漆、胶的特征各扣 3 分，操作不规范扣 5 分</td><td></td></tr>
<tr><td>4</td><td>塑料棒的黏结</td><td>30 分</td><td>塑料棒的黏结不规范扣 3 分</td><td></td></tr>
<tr><td colspan="3" align="center">安全文明生产</td><td>违反安全文明生产规程扣 5～30 分</td><td></td></tr>
<tr><td align="center">定额工时</td><td colspan="2" align="center">2 学时</td><td colspan="2" align="center">每超过 10 分钟扣 5 分</td></tr>
<tr><td align="center">开始时间</td><td colspan="2"></td><td>结束时间</td><td></td></tr>
<tr><td align="center">自评得分</td><td colspan="2"></td><td>组评得分</td><td>师评得分</td></tr>
</table>

项目 4　装配设备的认识	姓名＿＿＿＿＿得分＿＿＿＿＿
任务 4.1　认识装配设备	学号＿＿＿＿＿日期＿＿＿＿＿

实训 8　参观通孔插装工艺流程
实训目的：
实训器材及设备：
实训步骤：
注意事项：
参观记录：
实训体会：

任务评价				
	内容	配分	评分标准	扣分
1	通孔插装工艺和设备的知识预习	15 分	没能事先预习的扣 5 分，没能准备记录器材的扣 5 分，没分参观小组的扣 5 分	
2	电子产品生产企业实际参观	20 分	不能认真参观的扣 5 分	
3	听技术人员讲解	15 分	不能认真听讲的扣 5 分，扰乱会场的扣 10 分	
4	做好笔记，图像记录	20 分	不做笔记的扣 8 分，有图像记录的加 3 分	
5	实训报告	30 分	不认真完成实训报告书的酌情扣分	
	安全文明生产		违反纪律的扣 10 分	
定额工时	2 学时		不按时交报告的扣 5 分	
开始时间			结束时间	
自评得分		组评得分		师评得分

项目 4　装配设备的认识	姓名＿＿＿＿＿＿得分＿＿＿＿＿＿
任务 4.1　认识装配设备	学号＿＿＿＿＿＿日期＿＿＿＿＿＿

实训 9　参观表面贴装工艺流程

实训目的:

实训器材及设备:

实训步骤:

注意事项:

参观记录:

实训体会:

任务评价				
	内容	配分	评分标准	扣分
1	表面贴装工艺和设备的知识预习	15 分	没能事先预习的扣 5 分，没能准备记录器材的扣 5 分，没分参观小组的扣 5 分	
2	电子产品生产企业实际参观	20 分	不能认真参观的扣 5 分	
3	听技术人员讲解	15 分	不能认真听讲的扣 5 分，扰乱会场的扣 10 分	
4	做好笔记，图像记录	20 分	不做笔记的扣 8 分，有图像记录的加 3 分	
5	实训报告	30 分	不认真完成实训报告书的酌情扣分	
安全文明生产			违反纪律的扣 10 分	
定额工时	2 学时		不按时交报告的扣 5 分	
开始时间			结束时间	
自评得分		组评得分		师评得分

项目 5　电子电路识图	姓名_____ 得分_____
任务 5.1　识读电子电路图	学号_____ 日期_____

实训 10　识读某 OTL 电路图

实训目的:

实训器材及设备:

实训步骤:

注意事项:

识读记录:

实训体会:

任务评价				
内容	配分	评分标准		扣分
1	方框图分析	20 分	不能正确画出方框图的扣 15 分,错误较少的酌情扣分	
2	信号流程分析	25 分	不能正确分析信号流程的扣 15 分,错误较少的酌情扣分	
3	性能指标分析	20 分	不能正确分析性能指标的扣 12 分,错误较少的酌情扣分	
4	元器件作用分析	20 分	不能正确分析元器件作用的扣 12 分,错误较少的酌情扣分	
5	电路故障分析	15 分	不能正确分析电路故障的扣 10 分,错误较少的酌情扣分	
安全文明生产		违反安全文明生产规程扣 5~30 分		
定额工时	2 学时	每超过 10 分钟扣 5 分		
开始时间		结束时间		
自评得分		组评得分	师评得分	

项目 5　电子电路识图	姓名_____得分_____
任务 5.1　识读电子电路图	学号_____日期_____

实训 11　识读某收音机电路图
实训目的:
实训器材及设备:
实训步骤:
注意事项:
识读记录:
实训体会:

任务评价				
	内容	配分	评分标准	扣分
1	方框图分析	20 分	不能正确画出整机方框图的扣 15 分，错误较少的酌情扣分	
2	单元电路的类型分析	25 分	不能指出整机各单元电路类型的扣 15 分，错误较少的酌情扣分	
3	直流供电电压分析	25 分	不能找出各单元电路直流供电电压的扣 15 分，错误较少的酌情扣分	
4	交流信号传输分析	30 分	不能正确分析各单元电路间信号流程的扣 15 分，错误较少的酌情扣分	
安全文明生产		违反安全文明生产规程扣 5~30 分		
定额工时	2 学时	每超过 10 分钟扣 5 分		
开始时间		结束时间		
自评得分		组评得分		师评得分

第 3 模块　工艺及装联

模块描述

在电子组装技术中，所需各种材料、器件及设备并非取之即用的，在组装之前必须对所用材料器件进行预加工，然后通过焊接、组装等过程才能来完成电子产品的装配。本模块主要介绍了对导线和电子元件进行预加工的方法，同时对通孔焊接工艺、基本部件组装以及表面贴装技术、PCB 设计制作等作了较为详细的描述。通过预加工实训、焊接工艺作品、操作波峰焊机、补拆装电路板实训、参观贴片机和回流焊机及 PCB 生产线等实训，强化了本模块所涉知识的理解与技能水平的形成。

知识目标

- ➢ 了解预加工工艺；
- ➢ 理解通孔焊接工艺过程；
- ➢ 了解基本安装工艺；
- ➢ 了解部件组装方法；
- ➢ 理解表面贴装技术工艺过程；
- ➢ 理解 PCB 设计制作方法。

技能目标

- ➢ 会进行导线的预加工；
- ➢ 会进行元器件成型。

预加工工艺认识

任务6.1 了解预加工工艺

6.1.1 任务安排

电子产品在生产过程中如果能做好导线和元器件成型加工，对提高生产效率和保证装联质量将有着至关重要的作用。同时任何电子产品都存在热量的散发问题，高频电子产品还出现外界信号的干扰、机内感性器件的磁感应干扰等，因而一些组合件如散热件、屏蔽件对整机电路有着很重要的作用，为此对电子产品的组合件的加工要合理，以做到尽量减少对电路的影响。另外电子产品在安装、焊接、调试、检验和维修过程中，为了便于识别产品，读懂电路原理图、电气连接图，就有必要在一些相关的器件、部位打印标记。电子产品生产过程中需要清洁，以减少焊接过程中助焊剂残渣等对电路的影响。

按工艺要求施行预加工任务单见表6-1。

表6-1　按工艺要求施行预加工任务单

任 务 名 称	按工艺要求施行预加工	
任务内容	1. 进行导线和器件成型加工 2. 进行组合件加工、打印标识和清洁	
任务要求	1. 会对导线和电缆进行预加工 2. 熟练掌握常用元器件成型的加工要求 3. 能对组合件进行加工、器件部位的打印标记和清洁	
技术资料	1. 到电子及汽车电子生产企业观察导线和元器件的预加工工艺 2. 到相关企业了解和观察组合件加工及器件部位的打印标记和清洁	
签名	备注	掌握常用导线的预加工和元器件的成型

6.1.2 知识技能准备

链接 1　导线加工工艺

1. 绝缘导线的加工

正确的导线加工，对提高生产效率和保证装联工作的质量有着极其重要的作用。一般的塑料导线按下列工序加工：下料（剪裁）、剥头、捻头（多股芯线）、浸锡、清洗和打印标记。

（1）下料（剪裁）。导线下料前应仔细检查其外观是否符合图纸所要求的牌号、规格及颜色，并将导线尽量拉平直，然后剪切。根据导线的编号逐一下料并分开捆扎和做好标记。下料常用工具有斜口钳、剪刀、钢皮尺、卷尺、侧刀、专用剪切设备及导线自动剪切机，后两种机械特别适用于批量大且加工长度在 500mm 以下的导线下料。下料长度要符合公差要求，允许有 5%～10%的正误差，不允许有负误差，如无特殊公差要求，则可按表 6-2 选择长度公差。

表 6-2 长度公差的选择

长度（mm）	50	50～100	100～200	200～500	500～1000	1000 以上
公差（mm）	3	5	+5～+10	+10～+15	+15～+20	30

（2）剥头。剥头就是剥去导线端头的绝缘层，使芯线暴露，供焊接或装联用。剥头长度就是端头剥去绝缘层的长度。具体剥头尺寸根据不同的使用场合，工艺文件图应有明确的规定，如无特殊要求，可按表 6-3 选择剥头长度。剥头形式则根据导线绝缘层材料的结构不同而不同。一般有刃截法和热截法两种，主要是对内绝缘层或外护套层的导线而言，原则上要和端头芯线根部保留一定的距离，以防湿热的条件下绝缘性能变差。

表 6-3 剥头长度选择

芯线截面积（mm^2）	1 以下	1.1～2.5
剥头长度（mm）	8～10	10～14

常用剥头工具有剪刀、剥线钳、电阻丝及专用剪剥机，前两种是刃截法，后两种为热截法。其中剪刀最易剥伤芯线；电阻丝切割较安全，它对纤维绝缘层的剥线最为有效（除玻璃纤维外）；剥线钳使用方便，工作效率较高，但对特粗和特细的导线不适合；导线剪剥机下料和剥头一次完成，适用于大批量生产。

（3）捻头。多股芯线剥头必须进行绞合，以防止芯线松散。这样便于机械紧固、焊接时单股芯线也不至于离开主体，造成毛刺，可使焊接头有一个良好的外形，对焊接质量有一定的保证作用。捻头时，首先将剥头后的多股芯线理直，不用工具而用手指使其顺时针方向捻合在一起，成为一定角度的螺旋体。数量多时，可用工具夹住散芯线，一边转动导线，一边把工具夹持部位由根部移至芯线头部，并保证使角度为 30°～45° 适中，松紧均匀。同时，捻头时用力要均匀，不宜过大，否则易将芯线捻断。如图 6-1 所示为多股铜芯线捻头的几种情况。

捻头工具：小截面积（0.35mm^2 以下）芯线可以用镊子，粗芯线可以使用平口钳，大量生产可用绞线机。

（4）浸锡。为了给焊接创设一个良好的条件，防止绞合后的芯线松散和氧化，以提高焊接质量，必须将绞合后的芯线全部浸镀一层铅锡合金。如氧化严重的芯线则应在捻头之前就先清除芯线上的污垢和氧化层。芯线在空气中暴露的时间不宜过长，一般在剥头、捻头之后紧接着浸锡，否则会使芯线再次被氧化。

锡锅的温度应控制在 280℃～300℃，芯线应先沾中性焊剂（酒精松香焊剂），再浸到熔融的焊料中 1～3s，时间长短视截面大小而定。一般以焊料浸透而不损伤绝缘层为度。另外，在浸锡过程中，浸锡层与绝缘层之间应留有大于 3mm 的间隙，不能触到绝缘层端头。浸锡过程如图 6-2 所示。

（5）清洗。由于浸锡后在绝缘端头和芯线表面上残留焊剂残渣，这些残留焊剂或多或少都带有一些腐蚀性，因此要求较高的产品必须进行清洗。常用酒精浸刷，或用小型高频超声波机清洗（100～500kHz）。如果焊剂的残留物不多，产品的要求不高，就可不清洗，但不允许用机械方式刮擦，以防损伤芯线。

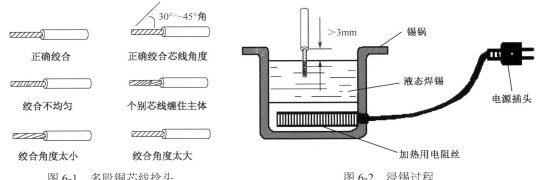

图6-1 多股铜芯线捻头　　　　　　　图6-2 浸锡过程

（6）打印标记。为了方便操作，当导线较多时，必须加标记以示区别。一般标记多打印在导线端子、元器件、组件板、各种接线板、机箱分箱的面板及机箱分箱的插座、接线柱附近。当导线较多时则在绝缘层的两个端头，距端头约8～15mm打印上印字标记或色环标记。标记应和文件指定的编号相同。

打印标记的制作方法及要求：按图纸要求的标记进行打印和书写。手写时要求一笔完成，中间停顿容易引起结膜写不出来，字体大小要保持一致，不允许草写。打印时印字要清楚，印字方向要一致，用力适当和平稳，更不能滑移，允许歪斜和笔画连接，不断迹、不空心，两个字以上组成的标记要求在同一直线上，元件标记不能遮住原有主要标称值。如图6-3所示为导线的印字标记。

导线的色环标记一般在导线绝缘头的10～20mm处开始，色环宽度为2mm，色环间距为2 mm，各色环宽度、色度要均匀一致，如图6-4所示。色环读法是从线端开始向后顺序读出的。用少数颜色排列组合可构成多种色标。例如，用红、黑、黄三种颜色可以组成29种色环。

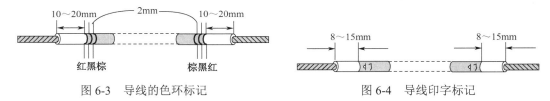

图6-3 导线的色环标记　　　　　　图6-4 导线印字标记

（7）为保证导线的加工质量满足要求，应做到以下几点：①导线的牌号、规格、颜色和长度应符合图纸和工艺的规定；②芯线不允许断股和损伤；③有丝包内绝缘层的导线，端头不应露出丝包层；④绝缘端头应整齐，不允许有烫伤和收缩现象；⑤多股芯线的绞合应均匀，松紧适中，无单股分离；⑥芯线浸锡应透而匀，表层光洁无毛刺，焊锡应浸到根部，线头上应无焊料堆积和焊剂残留；⑦导线标记应正确、清晰，导线外表清洁无伤痕。

除以上加工过程外，另有一些导线还需进行导线端头的处理。如对有棉纱编织物做护层的端头处理。由于导线芯线与棉纱编织层之间应留有绝缘层（橡胶、聚氯乙烯等），其长度为3～5mm，为防止编织层松散可采用绑扎、胶黏或用绝缘套管加以紧固。如图6-5所示为棉线绑扎好的线头形状。

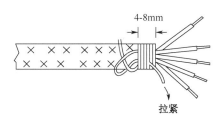

图6-5 用棉线绑扎的线头

2. 屏蔽导线与电缆的加工

屏蔽导线是指在单根或多根绝缘导线外套上一层铜或铝制作的金属屏蔽的导线。常用于和同轴电缆连接单元电路间的信号。

电缆在结构上有较好的高频特性、绝缘性能和化学防护性能。为适应连接上的需要，电缆端头多数要用专用零件和专用插头进行连接，故在设备中成为独立的构件或套件。因此，电缆加工包括装配和焊接等内容，比一般导线加工要复杂得多。

（1）屏蔽导线不接地端头的加工方法见表 6-4。

表 6-4　屏蔽导线不接地端头的加工方法

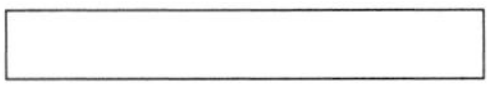	按设计要求截取一段屏蔽导线并尽量拉平直，截取长度允许有正误差 5%～10%
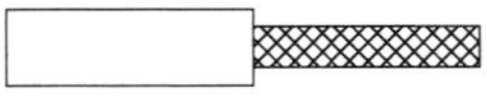	用热截法或刀截法剥去一段屏蔽导线的外绝缘层
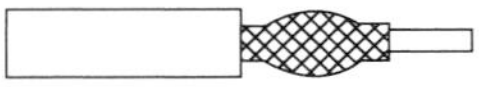	取出芯线：松散屏蔽层的铜编织线，左手拿住外绝缘层，右手推屏蔽编织线，使之成为如图样式
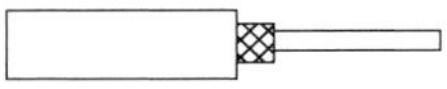	剪断松散的编织线
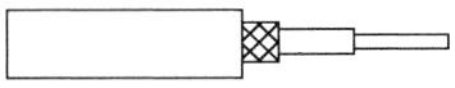	按要求截去芯线的外绝缘层（屏蔽导线的内绝缘层）
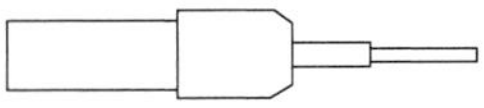	套上热收缩套管并加热，使套管套牢
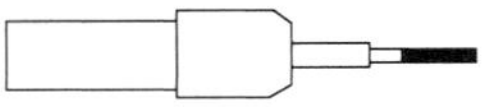	将裸露的芯线浸锡

（2）屏蔽导线接地端的加工处理方法见表 6-5。

表 6-5　屏蔽导线接地端的加工处理方法

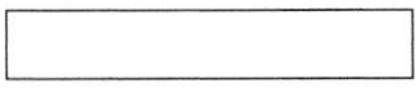	按设计要求截取一段屏蔽导线并尽量拉平直，截取长度允许有正误差 5%～10%
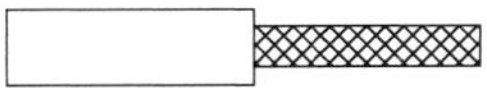	将屏蔽导线的外绝缘层去掉一段
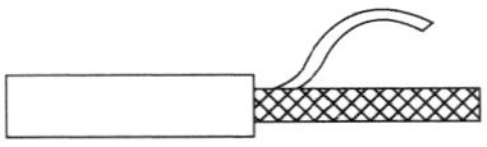	从铜编织套中取出芯线，操作时可用镊子在铜编织线上拨开一个小孔，弯曲屏蔽层，从孔中抽出芯线
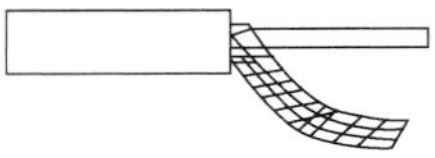	另外还可以用剪刀将编织网线剪掉一点，然后拧紧
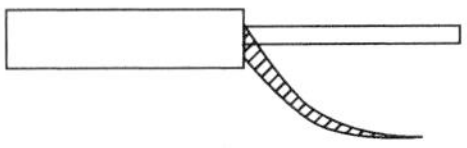	铜编织去掉一部分并拧紧
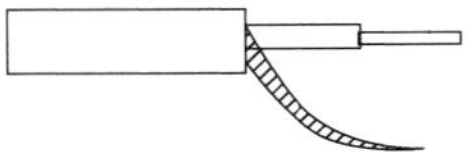	去掉部分芯线外绝缘层
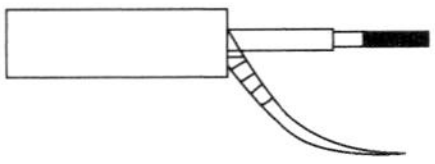	在拧紧的铜编织线和芯线上浸锡

（3）低频电缆的加工方法。

低频电缆线，如常用的音频电缆线都焊接在接头座上，尤其是对移动式电缆，如耳机话筒等电缆线，必须注意接线端的固定。立体声耳机插头接线可说明低频电缆的加工（表 6-6）。

表 6-6　低频电缆的加工

	剥去 8～15mm 的外绝缘层
	拉出芯线，用镊子在铜编织线上拨开一个小孔，弯曲屏蔽层，从孔中抽出芯线
	芯线剥头，拧紧并上锡，同时屏蔽层也剪到适当的长度
	插头各接线端上锡，芯线加套管
	焊接各端头
	将插头夹线口用钳子固定，注意一定要夹住外层护套，并将屏蔽层压入，最好装上插头外壳

3．导线的连接

（1）单股铜芯线的直接连接。

① 用电工刀剖剥塑料硬线绝缘层，如图 6-6 所示。

② 电工刀按 45° 倾斜角着力切入，如图 6-7 所示。

图 6-6　用电工刀剖剥绝缘层

图 6-7　电工刀着力切入方式

③ 电工刀去除绝缘层。按 25° 均匀用力，紧靠内芯线切除部分绝缘层，如图 6-8 所示。

④ 切除剩下的另一半边绝缘层，如图 6-9 所示。

图 6-8　去除部分绝缘层

图 6-9　切除另一半边绝缘层

⑤ 将两导线芯线作 X 形交叉，如图 6-10 所示。

⑥ 相互绞绕 2～3 圈，如图 6-11 所示。

图 6-10　芯线 X 形交叉

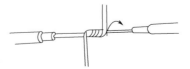

图 6-11　相互绞绕芯线

⑦ 再将两芯线线头扳直，将扳直的两芯线头向两边各密绕 6 圈，如图 6-12 所示。

⑧ 切除余下线头并钳平余下线头末端，如图 6-13 所示。

图 6-12　线头扳直，两边密绕　　　　图 6-13　切除余下线头并钳平线头末端

⑨ 浸锡，如图 6-14 所示。

⑩ 在连接处用一段热缩套管套上，如图 6-15 所示，加热后，管套收缩封住连接处。

图 6-14　浸锡　　　　　　　　　　　图 6-15　管套密封

（2）多股铜芯线的直接连接。

连接过程见表 6-7①～⑧，步骤如下：①先将剥去绝缘层的芯线头散开并拉直，再把靠近绝缘层 1/3 线段的芯线绞紧，然后把余下的 2/3 芯线头按图示分散成伞状，并将每根芯线拉直；②把两伞骨状线端隔根对叉，必须相对插到底；③捏平叉入后的两侧所有芯线，并应理直每股芯线和使每股芯线的间隔均匀，同时用钢丝钳钳紧叉口处消除空隙；④先在一端把邻近两股芯线在距叉口中线约 3 根单股芯线直径宽度处折起，并成 90°；⑤接着把这两股芯线按顺时针方向紧缠 2 圈后，再折回 90° 并平卧在折起前的轴线位置上；⑥接着把处于紧挨平卧前邻近的 2 根芯线折成 90°，并按步骤⑤方法加工；⑦把余下的 3 根芯线按步骤⑤方法缠绕至第 2 圈时，把前 4 根芯线在根部分别切断，并钳平；接着把 3 根芯线缠足 3 圈，然后剪去余端，钳平切口不留毛刺；⑧另一侧按步骤④～⑦方法进行加工。

表 6-7　多股铜芯线的直接连接

步骤	操作方法	步骤	操作方法
①	{} $\frac{1}{3}L$　L	⑤	
②		⑥	
③		⑦	
④		⑧	

（3）多股铜芯线的 T 字形连接。以 7 股铜芯线为例说明多股铜芯导线的 T 字形连接方法，如图 6-16 所示。（a）将分支芯线散开并拉直，再把紧靠绝缘层 1/8 线段的芯线绞紧，把剩余 7/8 的芯线分成两组，一组 4 根，另一组 3 根，排齐。用螺丝刀把干线的芯线撬开分为两组，再把支线中 4 根芯线的一组插入干线芯线中间，而把 3 根芯线的一组放在干线芯线的前面。（b）把 3 根线芯的一组在干线右边按顺时针方向紧紧缠绕 3～4 圈，并钳平线端；把 4 根芯线的一组在干线的左边按逆时针方向缠绕 4～5 圈。（c）钳平线端。

（a）　　　　　　（b）　　　　　　（c）

图 6-16　多股铜芯线的 T 字形连接

图 6-17　不等径铜芯线的对接

（4）不等径铜芯线的对接。把细导线线头在粗导线线头上紧密缠绕 5～6 圈，弯折粗线头端部，使它压在缠绕层上，再把细线头缠绕 3～4 圈，剪去余端，钳平切口，如图 6-17 所示。

（5）单股线与多股线的 T 形分支连接。单股线与多股线的 T 形分支连接如图 6-18 所示。（a）在离多股线的左端绝缘层口 3～5mm 处的芯线上，用螺丝刀把多股芯线分成较均匀的两组（如 7 股线的芯线 3、4 分）。（b）把单股芯线插入多股芯线的两组芯线中间，但单股芯线不可插到底，应使绝缘层切口离多股芯线约 3mm 的距离。接着用钢丝钳把多股芯线的插缝钳平钳紧。（c）把单股芯线按顺时针方向紧缠在多股芯线上，应使圈圈紧挨密排，绕足 10 圈；然后切断余端，钳平切口毛刺。

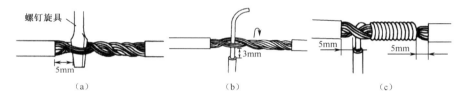

（a）　　　　　　　　（b）　　　　　　　　（c）

图 6-18　单股线与多股线的 T 形分支连接

（6）软线与单股硬导线的连接。先将软线拧成单股导线，再在单股硬导线上缠绕 7～8 圈，最后将单股硬导线向后弯曲，以防脱落，如图 6-19 所示。

图 6-19　软线与单股硬导线的连接

4．线扎成型加工

一般电子设备的结构都比较复杂，机内导线的分布纵横交错、长短不一。为使机内导线在满足技术要求的前提下，走线合理化、秩序化，常将导线预先制成线扎（又称线束）固定在机壳内，这样能使安装简便，走线整齐、连接牢固可靠，便于检修查找。同时导线与机座之间的分布参数可以相对稳定，使产品的一致性较好。

整机装配中的线扎方法有线绳绑扎、黏合剂结扎、线扎搭扣绑扎、塑料线槽布线、塑料胶带绑扎等。

（1）线绳绑扎是用棉线、尼龙线等扎线捆扎导线，捆扎距离和密度根据线扎大小确定，在分支处要多捆几圈。它是一种比较稳固的扎线方法，比较经济，但工作量较大，效率不高，已逐步被淘汰。这些线可放在温度不高的液态石蜡中浸一下，以增加绑扎线的涩性，使线扣不易松脱。绑扎方法有连续结和点结两种。

用一条绑扎线先打一个起始结，再打若干个中间结，最后打一个结束结，这种方法叫连续结。几种线绳绑扎法见表 6-8。

表 6-8　几种线绳绑扎法

连续结	起始结	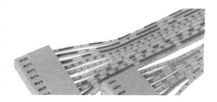
	中间结	
	结束结	
点结		

（2）黏合剂结扎。导线数量不多，且形成的线扎主要是进行平面形布线时，可采用黏合剂将导线黏结成型。其方法是：将待黏合导线拉直排齐，然后用毛笔将黏合剂溶液涂在导线束上，经过 2～3min，待黏合剂凝固后便可获得一束黏合成型的线扎。如图 6-20 所示为用该法制成的排线。

图 6-20　黏合剂结扎

（3）线扎搭扣绑扎。线扎搭扣绑扎十分方便，线束比较美观，更换导线也方便，整机产品装配中很常用。线扎搭扣式样很多，如图 6-21 所示为各种不同的搭扣图样。捆扎导线时，根据线束大小选择合适搭扣；捆扎既可用手工拉紧，也可用专用工具紧固，但不可拉得太紧，以免损坏搭扣；搭扣的布置距离应均等；线扎捆扎完毕后，应将搭扣多余长度剪掉。

图 6-21　线扎搭扣部分图样

（4）塑料线槽布线排线比较省事，更换导线也十分容易，但成本较高，一般用在对机柜、机箱、控制台等大型电子装置上，线槽固定在机壳内部，线槽的两侧有很多出线孔，将准备好的导线一一排在槽内，可不必绑扎，如图 6-22 所示。导线排完后盖上盖板即可。

（5）塑料胶带绑扎简单易行，制作效率比线绳绑扎要高，效果比线扎搭扣好，成本比塑料线槽低，在洗衣机等家电设备中普遍采用，如图 6-23 所示。

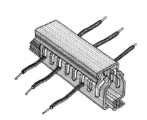 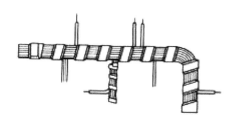

图 6-22　塑料线槽布线　　　　　　　　图 6-23　塑料胶带绑扎

链接 2　元器件成型工艺

在组装电子整机产品的印制电路板部件时，元器件引脚成型有利于提高装配质量和生产效率，使安装到印制电路板上的元器件整齐美观。在自动化焊接时可以避免元器件脱落、虚焊、减少元器件的热损坏，还可以起到防振、防变形、提高整机的可靠性的作用。因此元器件引脚成型是必不可少的工艺流程之一。

1．元器件引线的加工方法

（1）手工成型。元器件引脚手工成型主要使用无刻纹尖头钳、平口钳或镊子进行操作。主要步骤见表 6-9。

表 6-9　元器件引脚手工成型

基本步骤	图示（镊子）	图示（尖嘴钳）
用镊子或尖嘴钳将引脚校直		
夹住引脚根将引脚弯曲		
逐步弯成直角		
成型后形状		

（2）成型元器件需要折弯时，尺寸应符合工艺要求，可用手工和专用模具（图 6-24）折弯，为防止元器件根部损伤，折弯时应离根部至少 2mm，其折弯半径不得小于 1.5 mm。

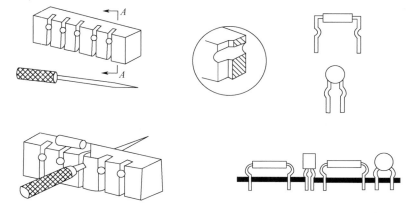

图 6-24　模具引脚成型

（3）元器件引线成型期间要注意保持成型后元器件型号、规格、标记朝向最易查看的位置，以便于检查与维修。

2．元器件引线的加工基本要求

对于手工插装和手工焊接元器件，一般把引线加工为如图 6-25 所示的形状。

对于采用自动焊接的元器件，最好把引线加工成如图 6-26 所示的形状。

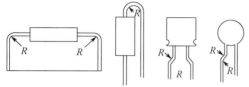

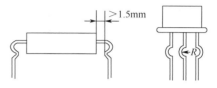

图 6-25　手工插装元器件引脚成型　　图 6-26　采用自动焊接的元器件引线加工

对于受热易损坏的元器件，其引线可加工为如图 6-27 所示的形状。将引线增长，提高散热能力。

集成电路引脚一般采用专用设备进行成型。对于双列直插式集成电路，引脚之间距离可利用平整的台面或其边缘来手工调整。集成电路引脚加工如图 6-28 所示。

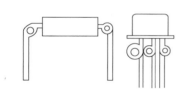

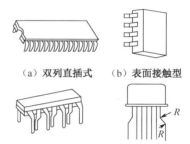

（a）双列直插式　　（b）表面接触型

图 6-27　受热易损坏的元器件引线加工　　图 6-28　集成电路引脚加工

链接 3　组合件加工工艺

1．散热器件的装配

电子整机中使用的电子电器元件通过电流时，要产生热量。对一些大功率晶体管、大功率电阻则必须采用一定的散热措施进行散热，才能保证整机的正常运行。整机装配中有自然散热和强迫通风散热两种形式。这里简单介绍常见的散热器及其装配工艺。

散热器结构形式很多。为减轻重量、减小体积、增加有效散热面积，常用铝合金材料制成多叉型和层状散热片，平板型的较少。目前普遍应用且形成系列的有平板型、铝型材型、叉指型、辐射状型、针状型等。

（1）平板型散热器。平板型散热器是一种最简单的散热器，它由 1.5～3mm 厚的金属板制成，一般是正方形或长方形的铝板或铝合金板。中小功率器件可直接安装在金属板上，而且大多竖直安装，以节省空间和减少热阻，如图 6-29 所示。

（2）铝型材型散热器。铝型材型散热器是用铝合金挤压成型的具有平行筋片的铝型材做成的散热器。这种散热器很少对安装表面再进行机械加工，因此制造简单、选用方便，且散热能力强，适用于大、中功率元器件的散热，如图 6-30 所示。

（3）叉指型散热器。叉指型散热器用铝板冲制而成，工艺简单，生产效率高，结构可形式多样。可做为大、中功率元器件的散热，如图 6-31 所示。

图 6-29　平板型散热器

图 6-30　铝型材型散热器

图 6-31　叉指型散热器

（4）辐射状型散热器。辐射状型散热器的肋片对外有张角，克服了铝型材散热器在辐射方面的不足，因此对流、辐射作用较好，适用于柱状元器件的散热。安装时应使其内孔与散热元器件接触良好，尽量降低接触热阻，如图 6-32 所示。

（5）针状型散热器。针状型散热器是一种在金属平板上均匀布置的圆柱形或圆锥形针柱的散热器。由于这些针状小柱的存在，使得散热面积增加了许多，大大增强了其散热能力。另外，由于这种散热器像一块带针柱的金属板，可任意切割，使用十分方便，是一种新型散热器，如图 6-33 所示。

图 6-32　辐射状型散热器

图 6-33　针状型散热器

目前，铝型肋片散热器、铝型材型散热器和叉指型散热器已标准化，被广泛使用，使用时可参考相关手册。

2．屏蔽件的工艺要求

随着电子技术的飞速发展，电子整机产品已逐渐向微型化方向发展，电路的复杂度进一步提高，各种不同功能电路相互靠得很近，相互间产生干扰的可能性不断增加，为了防止和抑制相互间的干扰，电子整机产品在制造中应采用屏蔽措施，安装屏蔽件。屏蔽件的装配方式有多种，不同的装配有不同的工艺要求。

（1）螺装、铆装、胶装（黏结）、卡装、销装和键装等加工特点及要求。

屏蔽件装配前要求接触面平整，装配时使用的各种方式要紧固好，不得松动，以减少接触电阻。这种装配方式简单，但连接点易造成松紧不匀，可能会导致屏蔽效果不稳定、干扰大等缺点，因此它适用于频率低于 100kHz 的低频场合，如图 6-34 所示为螺装的几种形式。

（2）焊接加工特点及要求。

焊接是将屏蔽板框直接焊接在印制电路板上，相连接的缝隙也用焊料焊接，因而屏蔽效果较好、抗干扰性能好、抗振性也强，适用于 300MHz 的高频场合。装配时要注意焊点、焊缝应光滑无毛刺，如图 6-35 所示。

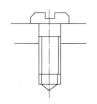
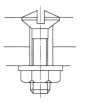
图 6-34　螺装的几种形式

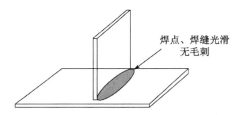
焊点、焊缝光滑无毛刺
图 6-35　焊接加工

（3）屏蔽盒盖弹性嵌装。

屏蔽盒盖之间嵌装时，用力要均匀，防止硬性撬开或掰开相联屏蔽盖，降低紧密配合的效果，影响屏蔽性能。

链接 4 打印标识工艺

电子产品在安装、焊接、调试、检验和维修过程中，为了便于识别产品，读懂电路原理图、电气连接图，就有必要在一些相关的器件、部位打印标记。

（1）打印标记部位。

通常在电子产品的机箱面板、元器件附近或元器件上、组件板上、各种印制电路板上和绝缘导线端头处进行打印标记。

（2）标记要求。

标记应在明显容易看到的位置，不能被其他器件和导线所遮盖，并与设计的图纸标记一致。标记的读取方向要与机座或机箱的边线平行或垂直，在同一面上，读数方向要统一。标记字体要按国家标准 GB/T14091-1993 及无线电专业标准要求一致，字体端正、笔画清晰、排列整齐、间隔均匀，字体为：长仿宋体，字号为：7 种，高度为：20、14、7、5、3.5、2.5。对于小型同类元器件上打印标记时可只记序号，如电阻 R5 只需标出 5，且在数字右下方加点表示读数的方向，如图 6-36 所示。

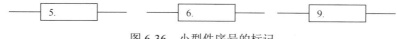

图 6-36 小型件序号的标记

（3）绝缘导线端线的标记。

较为复杂的电子产品中，电路内部有很多导线，如只用导线的塑胶的颜色已不能区分清楚的情况下，通常需在导线两端作印字标记。具体印字标记方法及要求在前面链接 1 中已描述，这里不再赘述。

（4）手工打印标记。

在电子产品中的机箱内和底座上，一般使用手工打印标记。使用时，一般要用有弹性的印章。打印前，要先清除打印标记位置上的灰尘和油渍。在墨板上均匀地覆盖一薄层油墨，然后将印章沾上油墨。打印时，印章要对应位置适当用力压下，为防止油墨过多或过少，可先在没用的工件上试印一下。如标记不清晰，则需重新打印。

（5）丝网漏印标记。

在电子产品的面板、机壳及电路板上做标记时，可用丝网漏印的方法进行，印刷出产品的设计所需要的文字、符号及其标记。丝网漏印主要有如下几个过程。

① 丝网制板（用来漏印图形文字的母板）。用照相机将需做漏印的文字、符号和标记等按 1：1 大小制成负片；负片曝光制成正片；正片放在涂有感光胶的丝网上再次曝光。（此次曝光要掌握好时间，不能太长，也不能太短，太长会使未感光部分不易被冲洗掉，造成丝网孔不干净，已感光部分的感光胶也易脱落，造成图文不清晰，影响漏印质量；太短则会使图文的边缘产生毛刺。）最后，将未感光部分冲洗干净，感光部分则附着在丝网上，形成漏印的图文图样。丝网制板过程如图 6-37 所示。

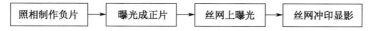

照相制作负片 → 曝光成正片 → 丝网上曝光 → 丝网冲印显影

图 6-37 丝网制板过程

② 漏印。漏印可用手工或在漏印机上半自动进行，从质量上考虑，尽量使环境温度保持在 20℃左右。

③ 套色。套色一般在一些塑料面板、机壳的漏印里需要，有几种颜色就要做几个完全相同的丝网板。使用时用封网胶把每次套色时不需要的图文涂抹掉，再进行漏印。

④ 干燥。漏印好的面板、机壳需自然风干 30min 后，才可用塑料带封口并装入包装箱。

链接 5 清洁工艺

电子产品生产过程中需要用到清洁：焊接前对导线、元器件引脚、印制电路板等需要进行清洁；而对于采用锡铅焊接法的焊接点，需要用到助焊剂，而助焊剂的作用是清除焊件表面的氧化膜，在焊接过程中一般并不能充分发挥，而是经反应后的残留渣渍会影响焊接件的电性能，尤其是使用的一些活性较强的助焊剂时，其残留渣渍危害更大。因此，焊接后一般要对焊接点进行清洁。

1. 焊接前的清洁

（1）导线的清洁。导线在浸锡前如端头本身不光洁或有氧化层和污物时必须先清洁后进行浸锡，浸过锡的端头时间长了也会出现导线松散、氧化等情况，此时还必须重新进行清洁。

清洁方法：用刀具或镊子对导线裸露部分进行刮脚，去除氧化层或污物，然后进行浸锡。

（2）元器件引脚的清洁。元器件在使用前是长时间裸露在外的，引脚会附着一层氧化层或污物，在使用前必须对引脚进行清洁。元器件引脚的清洁一般在引脚成型前进行。

清洁方法：用刀具、钢锯条或镊子进行刮脚，刮脚时用力适当且均匀，边刮边旋转元器件，直致除净氧化层或污物，然后浸锡。已浸锡的元器件长期不使用也会存在氧化层或污物，在使用前也需清洁。

（3）印制电路板的清洁。印制电路板在制作好以后不一定立即使用，长期暴露在外的印制电路板会在其焊盘处产生氧化层或污物，而印制电路板是组成电路的基板，对电路功能起关键的作用，因此在使用前必须进行必要的检查和清洁工作。

清洁方法：用小刀将氧化层或污物轻轻刮去，用砂纸磨去氧化层或污物，再用无水酒精进行擦洗，最后擦干即可。

2. 焊接后清洁方法分类及操作方法

由于焊接过程中使用了助焊剂，而其清洁也是要针对残留助焊剂而言，因此所使用的清洁材料只能对助焊剂的残留物有较强的溶解能力和去污能力，而对焊接点无腐蚀作用。为保证焊接点质量，不允许采用机械方法。目前广泛采用的方法有两种：液相清洁法和气相清洁法。

液相清洁法是使用可以溶解助焊剂残留物和污物的液体溶液（如去离子水、无水酒精、汽油等），溶解、中和和稀释残留的助焊剂和污物以达到清洁的目的。使用液相清洁法需经常更换清洁液，才能保证清洁质量，这是液相清洁法的不足之处。液相清洁法可分为手工清洁法、滚刷法和宽波溢流法等。

6.1.3 **任务实施**

■ **实训 12 导线的预加工练习**

一、实训目的

（1）根据导线和电缆线的加工工艺，进行导线的加工；

（2）根据导线和电缆线的加工工艺，进行电缆线与插头的连接。

二、实训器材及设备

（1）尺子一把；

（2）剪刀一把；

（3）剥线钳一把；

（4）电烙铁一把；

（5）十字旋具一把；

（6）焊锡若干；

（7）导线若干；

（8）同轴电缆一根；

（9）连接插头一只。

三、实训步骤

（1）导线的加工步骤。

① 裁剪。使用尺子和剪刀将导线裁剪成所需尺寸的导线。

② 刃截法加工端头。使用剪刀或剥线钳在导线的规定长度处剥头。

③ 热截法加工端头。将电烙铁预热后加热导线，待四周绝缘层切断后即可剥去，不损伤端头。

④ 捻头。

⑤ 浸锡（搪锡）。

（2）家用闭路电视连线的制作。

① 取一根屏蔽的同轴电缆，将电缆的护套层剥去 10～20mm。

② 将露出的电缆屏蔽层向后翻，均匀压在护套的四周。

③ 旋开连接插头，将插头内的金属圆环紧套在屏蔽层上，对金属圆环周围的屏蔽层进行修剪、整理，使金属圆环与电缆的地线良好接触。

④ 将暴露的电缆绝缘层剥去 8～10mm，露出同轴电缆的芯线。

⑤ 将插头的塑料后环套入电缆线。

⑥ 松开插头连接孔外侧的螺钉，将电缆的芯线插入连接孔，并使插头的金属连接孔紧套在金属圆环上，拧紧外侧的紧固螺钉，使电缆的芯线、地线分别与插头的芯线、地线良好接触。

⑦ 套上插头的塑料前环，并将其与塑料后环旋紧。

四、注意事项

（1）裁剪或剥线钳处理导线绝缘层时，不要伤及芯线。

（2）用电烙铁进行热截法加工端头时，烙铁温度不宜太高，并注意端头平整，不能烫伤其他绝缘层。

（3）对同轴电缆进行处理时要注意分层剥离，不要伤害屏蔽层和芯线。

五、完成实训报告书

■ 实训 13　元器件成型练习

一、实训目的

（1）根据元器件成型的加工工艺，对电阻器引脚进行成型加工。

（2）根据元器件成型的加工工艺，对二极管、发光二极管引脚进行成型加工。

（3）根据元器件成型的加工工艺，对电解电容器、瓷片电容器引脚进行成型加工。

（4）根据元器件成型的加工工艺，对三极管引脚、集成电路引脚进行成型加工。

（5）根据元器件成型的加工工艺，对开关引脚、插座引脚进行成型加工。

二、实训器材及设备

（1）尖头钳一把；

（2）平口钳一把；

（3）镊子一把；

（4）剪刀一把；

（5）钢锯条一条；

（6）电烙铁一把；

（7）焊锡若干。

三、实训步骤

（1）引出线的校直。

引线用无刻纹尖头钳、平口钳或镊子进行的简易手工校直，或使用专用设备校直。在校直过程中，不可用力拉扭元器件引出线。校直后的元器件不允许有伤痕。

（2）折弯成型元器件。

成型元器件需要折弯时，尺寸应符合工艺要求，可用手工和专用模具折弯，为防止元器件根部损伤，折弯时应离根部至少 2mm，其折弯半径不得小于 1.5mm。

四、注意事项

元器件引线成型期间要注意保持成型后元器件型号、规格、标记朝向最易查看的位置，以便于检查与维修。

五、完成实训报告书

6.1.4 任务评价

第 3 模块实训报告书中有本次任务评价，请认真完成自评、小组评及师评。

通孔焊接工艺认识

任务7.1　了解通孔焊接工艺

7.1.1　任务安排

电子产品的生产离不开焊接，而焊接方式又有很多。不同的焊接使用工具各不相同。电子产品制造主要使用钎焊中的锡焊，锡焊的焊接工具也很多，最方便的手工焊接工具是电烙铁。手工焊接的质量直接关系到电子产品的可靠性，因此对焊接的要求和质量的把握是至关重要的。手工焊接只适用于小批量生产和维修加工，随着电子产业的高速发展，对于生产批量大、质量要求高的电子产品，为提高工效，降低成本和确保质量，就需要自动化的焊接系统。因此会操作波峰焊接机是提高电子产品生产效率的关键。按工艺要求施行通孔焊接任务单见表7-1。

表7-1　按工艺要求施行通孔焊接任务单

任务名称	按工艺要求施行通孔焊接		
任务内容	1．了解焊接的基础知识 2．手工焊接工艺作品 3．通孔插装及波峰焊接 4．对焊接质量进行评价		
任务要求	1．手工焊接工艺作品 2．能操作波峰焊接机		
技术资料	1．上网搜集尽可能多的焊接工具及材料 2．上网查波峰焊接机的使用与维护		
签名		备注	会操作和使用波峰焊接机

7.1.2　知识技能准备

链接 1　焊接的基础知识

1．焊料

电子产品生产和装配中经常要用焊料，焊料是一种易熔金属，它的熔点低于被焊件，焊料熔化时，将被焊接的两种相同或不同的金属结合处填满，待冷却凝固后，把被焊金属连接到一起，形成导电性能良好的整体。一般要求焊料具有熔点低、凝固快的特点，熔融时应该有较好的润湿性和流动性，凝固后要有足够的机械强度。根据焊料中金属的含量，有锡铅焊料、银焊料、铜焊料等多种。目前在一般电子产品的装配焊接中，主要使用铅锡焊料，一般俗称为焊锡。

焊锡种类较多，不同成分的焊锡用途各不相同，表 7-2 为常见焊锡的特性及用途。

表 7-2　常见焊锡特性及用途一览表

名称	牌号	主要成分（%）			熔点（℃）	抗拉强度（MPa）	用途及焊接对象
		锡	锑	铅			
10　锡铅焊料	HiSnPb10	89～91	≤0.15	余量	220	4.3	仪器、器皿、医药卫生物品
39　锡铅焊料	HiSnPb39	59～61	≤0.8		183	4.7	电子、电气制品
50　锡铅焊料	HiSnPb50	49～51			210	3.8	计算机、散热器、黄铜制品
58-2 锡铅焊料	HiSnPb58-2	39～41			235		工业及物理仪表等
68-2 锡铅焊料	HiSnPb68-2	29～31	1.5～2		256	3.3	电缆护套、铅管等
80-2 锡铅焊料	HiSnPb80-2	17～19			277	2.8	油壶、容器、散热器
90-6 锡铅焊料	HiSnPb90-6	3～4	5～6		265	5.9	黄铜和铜制品
73-2 锡铅焊料	HiSnPb73-2	24～26	1.5～2			2.8	铅制品
45　锡铅焊料	HiSnPb45	53～57			200		

一般焊接采用称作共晶焊锡的锡铅合金（HiSnPb39），其中含锡量约为 60%～61%，含铅量约为 38%～39%。此种共晶焊锡的特点是：①熔点较低，只有 183℃；②机械强度最高；③流动性好，有最大的漫流面积；④凝固温度区间最小，有较好的工艺性。

手工烙铁焊接经常使用管状焊锡丝。将焊料制成管状，内部是优质松香添加一定活化剂组成的助焊剂。由于松香很脆，拉制时容易断裂，造成局部缺少焊剂的现象，而多芯焊丝则能克服这个缺点。焊料成分一般是含锡量为 60%～65%的铅锡合金。焊锡丝直径有 0.5、0.8、0.9、1.0、1.2、1.5、2.0、2.3、2.5、3.0、4.0、5.0mm；还有扁带状、球状、饼状等形状的成型焊料。

用再流焊设备焊接 SMT 电路板要使用膏状焊料。膏状焊料俗称焊膏，由于当前焊料的主要成分是铅锡合金，故也称铅锡焊膏或焊锡膏。焊膏应该有足够的黏性，可以把 SMT 元器件黏附在印制电路板上，直到再流焊完成。焊锡膏由焊粉和糊状助焊剂组成。

2．助焊剂

金属与空气接触以后，表面会生成一层氧化膜。温度越高，氧化就越厉害，这层氧化膜会阻止液态焊锡对金属的润湿作用。助焊剂就是用于清除氧化膜、保证焊锡润湿的一种化学溶剂，它仅仅起到清除氧化膜的作用，因此不要企图用助焊剂清除焊件上的各种污物。

不同的焊接要求，需要采用不同的助焊剂，具体分类及成分见表 7-3。

表 7-3　助焊剂的分类及主要成分

无机系列	酸	正磷酸（H_3PO_4）
		盐酸（HCl）
		氟酸
	盐	氯化物（$ZnCl_2$、$NH4C_1$、$SnCl_2$ 等）
有机系列	有机酸（硬脂酸、乳酸、油酸、氨基酸等）	
	有机卤素（盐酸苯胺等）	
	胺基酰胺、尿素、$CO(NH_4)_2$、乙二胺等	
松香系列	松香	
	活化松香	
	氢化松香	

在电子焊接中，常常将松香溶于酒精制成"松香水"，松香同酒精的比例一般以 1：3 为宜，也可以根据使用经验增减；但不宜过浓，否则使用时流动性会变差。

现在推广使用的氢化松香焊剂，是从松脂中提炼而成，常温下性能比普通松香稳定，加热后酸价高于普通松香，因此有更强的助焊作用。

链接 2　手工焊接工艺

1．焊接工具的选用

金属的焊接方式很多，有加压焊、熔焊（母材熔化）、钎焊（母材不熔化而焊料熔化）等。不同的焊接，使用工具各不相同。电子产品制造主要使用钎焊中的锡焊，锡焊的焊接工具也很多，最方便的手工焊接工具是电烙铁。

常用的电烙铁有内热式与外热式两类，以内热式居多。各类电烙铁中，又有普通电热丝式、感应式、恒温式、吸锡式、储能式等各种形式和规格。如图 7-1 所示为外热式电烙铁外形与烙铁芯，如图 7-2 所示为内热式电烙铁外形与烙铁芯。

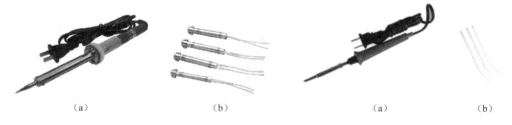

（a）　　　　　　　（b）　　　　　　　（a）　　　　　　　（b）

图 7-1　外热式电烙铁外形与烙铁芯　　　　图 7-2　内热式电烙铁外形与烙铁芯

焊接温度和保温时间直接与电烙铁的额定功率有关，电烙铁的额定功率越大，使焊料和工件达到焊接温度所需时间越短，保温时间也可以相应减少。一般手工焊接通常选用 25～35W 内热式电烙铁。熔点较高的焊料和较大尺寸工件引脚情况下，可使用 75W 或 100W 以上额定功率的电烙铁。

电烙铁的工作部位是烙铁头。烙铁头通常采用热容量较大、导热性能好、便于加工成型的紫铜材料。为适应焊接点工件形状、大小等需要，常将烙铁头加工成凿式、尖锥式、圆斜式等多种形状。不同形状适用条件不尽相同，烙铁头分类及适用场合见表 7-4。

表 7-4　烙铁头分类及适用场合

烙铁头形状分类	烙铁头形状特点	适用场合
B 型	圆头或尖嘴	一般焊接，无论大小焊点均可使用
C 型	马蹄形	多焊锡量的焊接，焊接面积大，粗端子的环境
D 型	一字形	多焊锡量的焊接，焊接面积大，粗端子的环境
K 型	刀形	在电路板上焊接不太密集的焊点

注：B 型和 C 型烙铁头适用于大多数情况，其他的形状是 SMT 工艺的产物，适合焊接高密度的焊点和小而怕热的元件，多用于微型电子产品的维修工作。

选择合适的烙铁头形状，掌握好烙铁头的尖棱、面与工件的相互接触关系，常常是提高焊接速度和质量的关键。另外，长时间不进行焊接操作时，最好切断电源，以防烙铁头"烧死"，"烧死"后，吃锡面应再行清理并上锡。

2．保证焊接质量的因素

（1）焊接温度与保温时间。

焊接的温度应比焊料熔点高，一般以 240～260℃较为合适。可根据松香发烟情况判断实际温度，焊剂冒烟情况与焊接温度的关系见表 7-5。

表 7-5 焊剂冒烟情况与焊接温度的关系

观察现象				
	烟细长，冉冉上升，持续时间长	烟稍大，持续时间较长，烟升感缓慢	烟大，持续时间较短，烟升感快	烟很大，持续时间短，可闻轻微爆裂声，烟向上直冲
估计温度	<200℃	230～250℃	300～350℃	>350℃
焊接	达不到焊接温度	PCB 及小型焊点	一般焊点	不宜进行焊接

同样的烙铁，加热不同热容量的焊件时，要想达到同样的焊接温度，可以用控制加热时间来实现，焊接保温时间过短或过长，都不合适。例如，用小容量烙铁焊接大容量焊件时，无论停留时间多长，焊接温度也上不去，因为烙铁和焊件在空气中要散热；若加热时间不足，将造成焊料不能充分浸润焊件，导致夹渣焊、虚焊等；若过量加热，除可能造成元器件损坏外，还会导致焊点外观变差、助焊剂被碳化、印制板上铜箔脱落等现象。

焊料的锡、铅比例及焊剂的质量与焊接温度和保温时间之间是密切相关的。不同规格的焊料与焊剂，所需焊接温度与保温时间存在明显差异。在焊接实践中，必须区别对待，确保焊接质量。高质量的焊点，焊料与工质（元器件引脚和印制版焊盘等）之间浸润良好，表面光亮；如果焊点形同荷叶上的水珠，焊料与工件引脚浸润不良，则焊接质量就很差。焊点质量与浸润的关系如图 7-3 所示。

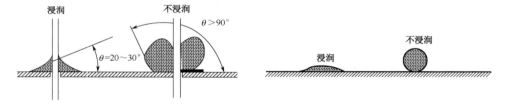

图 7-3 焊点质量与浸润的关系

（2）焊点质量要求。

焊点是电子产品中元件连接的基础，焊点质量出现问题，可导致设备故障，一个似接非接的虚焊点会给设备造成故障隐患。因此，高质量的焊点是保证设备可靠工作的基础。焊点质量检验主要包括三个方面：电气接触良好、机械结合牢固、光洁整齐的外观，保证焊点质量最关键的一点就是必须避免虚焊，典型焊点外观如图 7-4 所示。

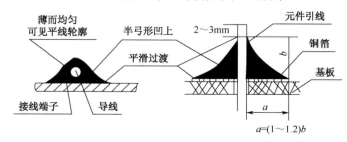

图 7-4 典型焊点的外观

① 可靠的电气连接。

锡焊是靠焊接过程中形成合金层来实现电气连接的,如果焊料、焊件没有充分浸润,而是依靠堆锡形成的电气连接,起初不会发现焊点质量问题,但随着条件改变和时间的推移,接触层渐渐氧化,电路时通时断,甚至干脆不通,造成设备故障。在焊接过程中,可通过元件处理、烙铁温度、焊接时间的掌握来达到要求。

② 足够的机械强度。

要保证足够的机械强度,应保证足够的连接面积,焊锡应流满整个焊盘,并充分冷却凝固、避免裂纹,另外利用打弯元件引脚,实行钩接、绞合、网绕后再焊接,也是增加机械强度的有效措施。

③ 光洁整齐的外观。.

良好的外表是焊接质量的反映,表面有金属光泽是焊接温度合适、生成合金层的标志。其共同要求有:表面光泽平滑,无裂纹、针孔、夹渣;焊料的连接面呈半弓形凹面,浸润角小于 90°;引脚露出焊料高度为 2～3mm。

3. 手工焊接的工艺流程和方法

(1)焊接基本操作包括拿烙铁手势、焊锡丝的拿法及操作步骤三个方面。

常见的拿烙铁方法有三种,如图 7-5 所示。反握法动作稳定,长时间操作不易疲劳,适用于大功率电烙铁操作;正握法适用于中等功率电烙铁或带弯头电烙铁的操作;握笔法操作灵活方便,一般在操作台上焊接印制电路板等焊件时多用握笔法。

焊锡丝一般有两种拿法:连续焊接拿法和断续焊接拿法。如图 7-6 所示。

(a)反握法　　　(b)正握法　　　(c)握笔法　　　　　(a)连续焊接时拿法　　　　(b)断续焊接时拿法

图 7-5　烙铁拿法　　　　　　　　　　　　图 7-6　焊锡丝的拿法

(2)五步施焊法。

① 准备:准备好被焊工件、电烙铁、烙铁架等,并放置于便于操作的地方,烙铁加温到工作温度并吃好锡,一手握好烙铁,一手抓好焊料(通常是焊锡丝),烙铁与焊料分居于被焊工件两侧,如图 7-7(a)所示。

② 加热被焊件:烙铁头均匀接触被焊工件,包括工件引脚和焊盘。不要施加压力或随意拖动烙铁,如图 7-7(b)所示。

③ 加焊锡:当工件被焊部位升温到焊接温度时,送上焊锡丝并与工件焊点部位接触(不要直接接触烙铁),焊锡丝熔融并在被焊件表面浸润,送锡要适量,如图 7-7(c)所示。

④ 移去焊料:熔入适量焊料后,迅速移去焊锡丝,如图 7-7(d)所示。

⑤ 移开烙铁:移去焊料后,在助焊剂(市售焊锡丝内一般含有助焊剂)还未完全挥发、焊点最光亮、流动性最强的时候,迅速移去烙铁,否则将留下不良焊点。烙铁撤离方向与焊锡留存量有关,一般情况下,将烙铁朝 45°角方向撤离,如图 7-7(e)所示。

(3)三步施焊法。

① 准备。右手拿电烙铁,烙铁头上应熔化少量焊锡,左手拿焊料,烙铁头和焊料同时移向焊接点,处于随时可焊接状态,如图 7-8(a)所示。

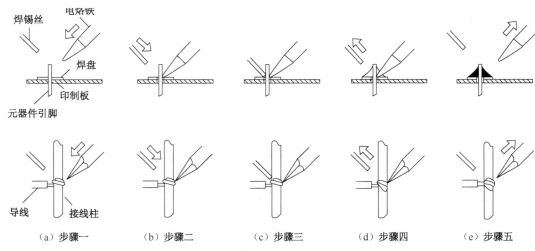

图 7-7　五步施焊法

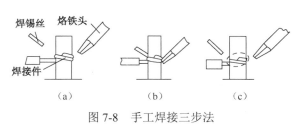

图 7-8　手工焊接三步法

② 同时加热被焊件和焊料。在焊接点两侧，同时放上烙铁头和焊料。加热焊接部位并熔化适量焊料，形成合金，如图 7-8（b）所示。

③ 撤离。当焊料的扩散范围达到要求后，迅速移开烙铁头和焊料，如图 7-9（c）所示。焊料的撤离应略早于烙铁头。

另外，焊接环境空气流动不宜过快。切忌在风扇下焊接，以免影响焊接温度。焊接过程中不能振动或移动工件，以免影响焊接质量。

4．焊接操作的注意事项

（1）保持烙铁头的清洁。

处于高温状态下的烙铁头，其表面容易被氧化和积聚杂质，形成隔热层，影响正常焊接，因此要随时除去杂质。可用湿布或湿海绵擦烙铁头上的杂质，随时使烙铁头上挂锡。

（2）采用正确的加热方法。

一是要靠增加接触面积加快传热，应该根据焊接形状选用不同的烙铁头，使用一段时间后，要用锉刀修整烙铁头，使烙铁头与焊接形成面接触而不是点接触，这样能大大提高效率。二是要靠焊锡桥提高烙铁头的加热效率。所谓焊锡桥，就是靠烙铁上保留的少量焊锡作为加热时烙铁头与焊接之间传热的桥梁。还要注意，加热时让焊件上需要焊锡浸润的部分均匀受热，而不是仅加热焊件的一部分。加热方法如图 7-9 所示。

（3）烙铁头的温度要适当。

烙铁头的温度过高，熔化焊锡时焊锡中的焊剂会迅速挥发，并产生大量烟气，其颜色很快变黑，不利于焊接；烙铁头的温度过低，则焊锡不易熔化，会影响焊接质量。一般烙铁头的温度控制在使焊剂熔化较快又不冒烟时的温度。另外，焊接环境空气流动不宜过快，切忌在风扇下焊接，以免影响焊接温度。

（4）焊接时间要适当。

焊接的整个过程从加热被焊部位到焊锡熔化并形成焊点，一般在几秒钟之内完成。如果是印制电路板的焊接，一般以 2～3s 为宜。焊接时间过长，焊料中的焊剂完成挥发，失去助焊作用，使焊点表面氧化，造成焊点表面粗糙、发黑、不光亮等缺陷。同时焊接时间过长，温度过高还容易烫坏元器件或印刷板表面的铜箔。若焊接时间过短，又达不到焊接温度，焊锡不能充分熔化，影响焊剂的润湿，易造成虚假焊。

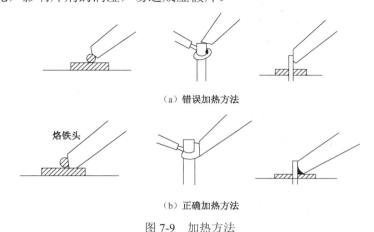

（a）错误加热方法

烙铁头

（b）正确加热方法

图 7-9　加热方法

（5）焊料、焊剂要适当。

手工焊接使用的焊料一般采用焊锡丝，因其本身带有一定量的焊剂，焊接时已足够使用，故不必再使用其他焊剂。焊接时还应注意焊锡的使用量，不能太多也不能太少。焊锡使用太多，焊点太大，影响美观，焊接可靠性变差，而且多余的焊锡会流到元器件引脚的底部，可能造成引脚之间的短路或降低引脚之间的绝缘；焊锡使用过少，易使焊点的机械强度降低，焊点不牢固。

（6）焊点凝固过程中不要触动焊点。

焊点形成并撤离烙铁头以后，焊点上的焊料尚未完全凝固，此时即使有微小的振动也会使焊点变形，引起虚焊。因此在焊点凝固过程中不要触动焊接点上的被焊元器件或导线。在焊锡凝固之前不要移动焊件。用镊子夹住焊件时，一定要等焊锡凝固后再移去镊子。

（7）注意烙铁头的撤离。

烙铁头撤离要及时，而且撤离时的角度和方向对焊点形成有一定的关系。如图 7-10 所示为不同的烙铁头撤离方向对焊料量的影响。如图 7-10（a）所示，当烙铁头沿斜上方撤离时，烙铁头只带走少量焊料，它可形成圆滑的焊点；如图 7-10（b）所示，当烙铁头垂直向上撤离时，可形成拉尖的焊点；如图 7-10（c）所示，当烙铁头以水平方向撤离时，烙铁头可带走大部分焊料；如图 7-10（d）所示，被焊工件竖直放置，烙铁头向下撤离时，可带走大部分焊料；如图 7-10（e）所示，被焊工件竖直放置，烙铁头向上撤离时，焊料基本不被带走。可见，掌握烙铁头的撤离方向，能控制焊料量和焊点的大小，从而使焊点、焊料量符合要求。

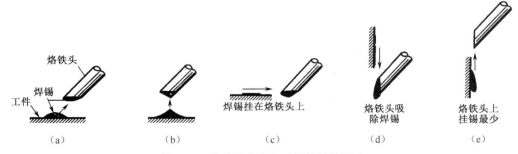

| （a） | （b） | （c） | （d） | （e） |

焊锡挂在烙铁头上　　烙铁头吸除焊锡　　烙铁头上挂锡最少

烙铁头　焊锡　工件

图 7-10　烙铁撤离方向对焊料量的影响

5．导线和接线端子的焊接

导线焊接在电子装配中占有一定的比例，实践表明其焊点失效率高于印制电路板，针对常见的导线类型，例如单股导线、多股导线、屏蔽线，导线连接采用绕焊、钩焊、搭焊等基本方法。需要注意的是：导线剥线长度要合适，上锡要均匀；线端连接要牢固；芯线稍长于外屏蔽层，以免因芯线受外力而断开；导线的连接点可以用热缩管进行绝缘处理，既美观又耐用。导线弯曲形状如图 7-11（a）所示。

（1）导线与接线端子的焊接。

① 绕焊：把经过镀锡的导线端头在接线端子上缠一圈，用钳子夹紧后进行焊接，如图 7-11（b）所示。导线绝缘皮与焊面之间应有一定距离，一般取 1～3mm 为宜。

② 钩焊：将导线端子弯成钩形，勾在接线端子上并用钳子夹紧后施焊，如图 7-11（c）所示。

③ 搭焊：把经过镀锡的导线搭到接线端子上施焊，如图 7-11（d）所示。这种连接最方便，但强度可靠性差。

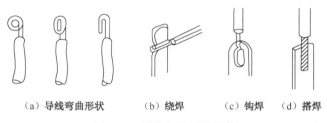

（a）导线弯曲形状　　（b）绕焊　　（c）钩焊　（d）搭焊

图 7-11　导线与端子的焊接

（2）导线与导线的焊接。

导线之间的焊接以绕焊为主，如图 7-12 所示，主要操作步骤如下：①去掉一定长度的绝缘层；②端头镀锡，并穿上合适的热缩管；③绞合，焊接；④拉直，加热并收缩热缩管。

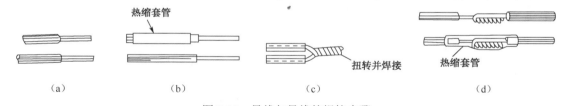

（a）　　　　　　　　（b）　　　　　　　　（c）　　　　　　　　（d）

图 7-12　导线与导线的焊接步骤

（3）导线与片状焊件的焊接。

将元件或导线插入焊片孔内绕住，然后再用电烙铁焊好，如图 7-13 所示。

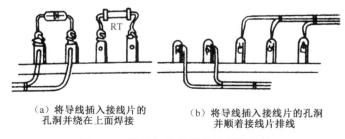

（a）将导线插入接线片的　　　　（b）将导线插入接线片的孔洞
　　孔洞并绕在上面焊接　　　　　　并顺着接线片排线

图 7-13　导线与片状焊件的焊接方法

6．印制电路板上的焊接

印制电路板是电子整机的主要组成部件之一，也是电子产品生产的主要工艺流程之一。印制电路板质量的好差，直接影响了产品的质量，焊接质量的好差是决定主板质量好差的关键因素。

（1）印制电路板上一般元件的焊接。

印制电路板在焊接之前应进行检查，对照印制板图，用万用表查看其有无断路、短路、孔金属化不良等问题。焊接前，将印制电路板上所有的元器件做好焊前准备工作（成型、镀锡）。焊接时，一般工序应先焊较低的元件，后焊较高的和要求比较高的元件。印制板上的元器件要排列整齐，同类元器件要保持高度一致。晶体管装焊一般在其他元件焊好后进行，要特别注意：每个管子的焊接时间不要超过 6s，并使用钳子或镊子夹持引脚散热，防止烫坏管子。用松香做助焊剂的，需要清理干净。焊接结束，须检查有无漏焊、虚焊现象。

（2）集成电路的焊接。

集成电路由于引脚数目较多、焊盘较小、焊接时间较长，因此在焊接时应防止集成电路温升过高以及引脚之间搭焊，正确的方法是将烙铁头修得较为尖细，焊接过程中可以焊完一部分引脚，待集成电路冷却后再继续焊接。如果条件允许的话，可以使用集成块管座，这样就可以避免焊接过程中烧坏集成电路了。

MOS 电路特别是绝缘栅型，由于输入阻抗高，稍有不慎就可能因静电而使其内部击穿，为此，在焊接这一类电路时，还应该注意：①如果事先已将各引脚短路，焊接前不要拿掉引脚间的短接线；②焊接时间在保证浸润的前提下，尽可能短，每个焊点最好不超过 3s；③最好使用 20W 内热式电烙铁，其烙铁头应接地。若无保护地线，应拔下烙铁的电源插头，释放静电后利用余热进行焊接。

（3）有机材料铸塑元件引脚的焊接。

用有机材料铸塑制作的各种开关、接插件不能承受高温，在对其引脚施焊时，如不注意控制加热时间，极易造成塑性变形，导致元件失效。因此，在元件预处理时，尽量清理好接点，争取一次镀锡成功，镀锡和焊接时加助焊剂要少，防止进入电接触点。焊接过程中，烙铁头不要对接线片施加压力，防止已受热的塑件变形。

链接 3　通孔插装及波峰焊接工艺

1. 长脚插焊与短脚插焊

在通孔电路板上插装、焊接有引脚的元器件，大批量生产的企业中通常有两种工艺过程：一是"长脚插焊"，二是"短脚插焊"。

所谓"长脚插焊"，如图 7-14（a）所示，是指元器件引脚在整形时并不剪短，把元器件插装到电路板上后，可以采用手工焊接，然后手工剪短多余的引脚；或者采用浸焊、高波峰焊设备进行焊接，焊接后用"剪腿机"剪短元器件的引脚。"长脚插焊"的特点是，元器件采用手工流水线插装，由于引脚长，在插装过程中传递、插装以后焊接的过程中，元器件不容易从板上脱落。这种生产工艺的优点是设备的投入小，适合于生产那些安装密度不高的电子产品。

"短脚插焊"如图 7-14（b）所示，是指在对元器件整形的同时剪短多余的引脚，把元器件插装到电路板上后进行弯脚，这样可以避免电路板在以后的工序传递中脱落元器件。在整个工艺过程中，从元器件整形、插装到焊接，全部采用自动生产设备。这种生产工艺的优点是生产效率高，但设备的投入大。

无论采用哪种方法对元器件引脚进行整形，都应该按照元器件在印制板上孔位的尺寸要求，使其弯曲成型的引线能够方便地插入孔内。为了避免损坏元器件，整形必须注意以下两点：一是引线弯曲的最小半径不得小于引线直径的 2 倍，不能"打死弯"。二是引线弯曲处距离元器件本体至少在 2mm 以上，绝对不能从引线的根部开始弯折。对于那些容易崩裂的玻璃封装的元器件，引线整形时尤其要注意这一点。

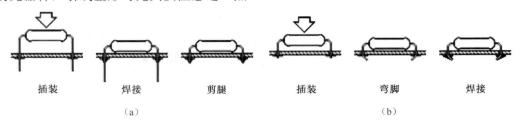

| 插装 | 焊接 | 剪腿 | 插装 | 弯脚 | 焊接 |

（a） （b）

图 7-14 "长脚插焊"与"短脚插焊"

2. 自动焊接技术简介

第 1 模块中已详细描述，本模块不再赘述。

链接 4 焊接质量的评价

1. 焊接质量分析

焊接质量分析以外观分析为主，通过焊点外观，分析焊接过程中存在的问题。

（1）外观检查。

① 颜色和光亮。表面应有特殊的光泽和颜色，如果颜色和光泽发灰发白，焊点表面不平或呈渣状和有针孔，就说明焊接质量不好。

② 润湿角度（θ）。用熔锡与固体金属面的接触角度能（即润湿角 θ）既直观又方便地判断焊点的优劣。良好焊接的 θ 为 20°左右，90°为界限。如果超过 90°则称为润湿不足，就可能产生虚假焊，说明焊接质量不好。

③ 焊锡量。焊点的焊锡量应当适量，焊点以中心为界，左右形状相似，隐约可见芯线轮廓，焊点的下部连线轮廓应为半弓形，并非焊锡越多，焊点强度就越大。如果焊锡堆积越多，有可能掩盖焊点内部焊接不良的现象；焊锡过少，在低温环境下容易变脆而脱焊，同样焊接质量也不好。

除用目测检查焊点是否合乎上述标准外，还应检查焊点是否有以下焊接缺陷：漏焊、焊料拉尖、焊料引起的导线间短路（即桥连）、导线及元器件绝缘层的损伤、焊料的飞溅。除目测外还要用手指触、镊子拨动、拉线等方法，检查有无导线断线、焊盘剥离等缺陷。

如图 7-15 所示为两种典型的良好焊点的外观，它们的外形以焊接导线为中心，均匀、呈裙形拉开；焊料的连接呈半弓形凹面，焊料与焊件交界处平滑，润湿角较小；表面有光泽且平滑、无裂纹、针孔、夹渣。装配焊接经过检验合格后应打上合格标记，常用的焊接检验标记有检验漆、检验章和合格章。

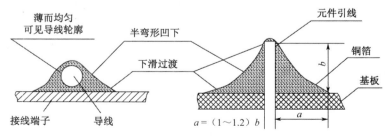

图 7-15 典型的良好焊点外观示意图

（2）常见的焊点缺陷及分析。

造成焊点缺陷的原因有很多，常见的焊点缺陷及分析见表 7-6。

表 7-6 常见的焊点缺陷及分析

缺 陷	焊点形状	外 观 特 征	主 要 危 害	产 生 原 因
焊料过多		焊料面呈凸形	浪费焊料，且可能包藏缺陷	焊丝撤离过迟
焊料过少		焊料未形成平滑的过渡面	机械强度不足	（1）焊丝撤离过早 （2）助焊剂不足 （3）焊接时间太短
针孔		目测或低倍放大镜可见有孔	强度不足，焊点容易腐蚀	焊盘孔与引线间隙太大
拉尖		出现尖端	外观不佳，容易造成桥接现象	（1）助焊剂少，而加热时间过长 （2）烙铁撤离角度不当
冷焊		表面呈豆腐渣状颗粒，有时可有裂纹	强度低，导电性不好	焊料未凝固时焊件抖动
过热		焊点发白，无金属光泽，表面较粗糙	焊盘容易剥落，造成元器件失效	烙铁功率过大，加热时间过长
气泡		引线根部有时有焊料隆起，内部藏有空洞	暂时导通但长时间容易引起导通不良	（1）引线与孔间隙过大或引线浸润性不良 （2）双面板堵孔焊接时间长，孔内空气膨胀
虚焊		焊料与焊件交界面接触过大，不平滑	强度低，不通或时通时断	（1）焊件清理不干净未镀好锡或被氧化 （2）印制板未清洁好，助焊剂质量不好
不对称		焊锡未流满焊盘	强度不足	（1）焊料流动性差 （2）助焊剂不足或质量差 （3）焊件未充分加热
松动		元器件引线可移动	导通不良或不导通	（1）焊锡未凝固前引线移动或造成空隙 （2）引线未处理好（浸润差或不浸润）
松香焊		焊点中夹有松香渣	强度不足，导通不良，有可能时通时断	（1）焊剂过多或失效 （2）焊接时间不足，加热不足 （3）表面氧化膜未去除

桥接	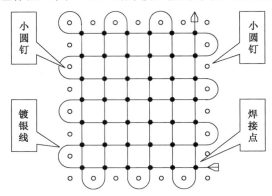	相邻导线搭接	电气短路	（1）烙铁撤离角度不当 （2）焊锡过多

7.1.3　任务实施

■ 实训 14　手工焊接工艺作品

一、实训目的

（1）通过对一些工艺作品（图 7-16）的焊接，熟练掌握电烙铁的使用方法；

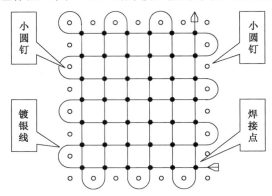

图 7-16　工艺作品焊接训练图

（2）能正确了解电烙铁温度对焊接的影响。

（3）初步了解电烙铁焊接对焊接材料及焊接面的要求。

二、实训仪器和器材

（1）电烙铁一把。

（2）焊锡丝若干。

（3）松香若干。

（4）烙铁架一个。

（5）工艺作品模型两只。

三、实训步骤

（1）按工艺作品模型制好工艺作品。

（2）观察工艺作品材料，分析是否可进行锡焊。

（3）处理作品焊接面，保证其可焊性。

（4）焊接。

四、注意事项及要求

（1）注意电烙铁使用安全。

（2）焊接时注意工艺作品的外形不被破坏。

（3）保证工艺作品表面的光洁度和饱满性。

五、完成实训报告书

■ **实训** 15　**操作波峰焊接机**

一、实训目的

（1）掌握波峰机的构造和工作原理。

（2）掌握波峰机的开机、关机操作和参数调试。

（3）基本掌握分析改进焊接质量的方法。

二、实训仪器和器材

（1）波峰焊接机一台。

（2）焊料（焊条）足量。

（3）助焊剂足量。

（4）插装好的统一印制板多块。

三、实训步骤

（1）观察波峰焊机外形，了解波峰焊机基本结构及各功能区。

（2）加入焊料，注意加入方法及焊料量。

（3）加入助焊剂并注意加入方法及加入量。

（4）仔细调整波峰焊机的参数：预热温度、锡炉温度、传送速度、波峰高度及仰角，同时观察与要焊接的板材、板厚和板的面积大小的关系。

（5）操作结束后要对波峰焊机进行维护保养，注意保养的方法与过程。

四、实训注意事项

（1）整个操作过程中要注意安全。

（2）注意在锡融化前是不能开波峰焊机的。

（3）调试好后，要记下各项参数的值，以便摸索出最快的调整方法。

（4）注意波峰焊接结束后，应该如何对波峰焊机进行保养。

五、完成实训报告书

7.1.4　任务评价

第 3 模块实训报告书中有本次任务评价，请认真完成自评、小组评及师评。

知识技能拓展　无铅焊接技术

在焊料的发展过程中，锡铅合金一直是最优质的、廉价的焊接材料，无论是焊接质量还是焊后的可靠性都能够达到使用要求。但是，随着人类环保意识的加强，"铅"及其化合物对人体的危害及对环境的污染，越来越被人类所重视。由于铅对人体有害，对环境危害较大，欧盟于 2002 年 10 月完成的 WEEE（Waste Electronics and Electrical Equipment）废弃电子电机设备指令。2003 年 2 月 13 日公告危害物质禁用法令（Restrict of Hazardous Substance，简称 RHS），RHS 法令正式实施的日期是 2006 年 7 月 1 日。从这一天起，"无铅电子组装"在欧洲、中国同时起步，使用无铅焊料、无铅元器件、无铅材料已成为电子产品制作中的主流。

目前电子产品的无铅化需要解决的三个问题是：①焊料的无铅化；②元器件和印制电路板的无铅化；③焊接设备的无铅化。

（1）焊料的无铅化。

103

到目前为止，全世界已报道的无铅焊料成分有近百种，但真正被行业认可并被普遍采用是 Sn-Ag-Cu 三元合金，也有采用多元合金，添加 In、Bi、Zn 等成分。现阶段国际上是多种无铅合金焊料共存的局面，给电子产品制造业带来成本的增加，出现不同的客户要求不同的焊料及不同的工艺，未来的发展趋势将趋向于统一的合金焊料。

这类焊料需具有以下特点：①熔点高，比 Sn-Pb 高约 30℃；②延展性有所下降，但不存在长期劣化问题；③焊接时间一般为 4s 左右；④拉伸初期强度和后期强度都比 Sn-Pb 共晶优越；⑤耐疲劳性强；⑥对助焊剂的热稳定性要求更高；⑦高 Sn 含量，高温下对 Fe 有很强的溶解性。

（2）元器件及 PCB 板的无铅化。

在无铅焊接工艺流程中，元器件及 PCB 板镀层的无铅化技术相对要复杂，涉及领域较广，这也是国际环保组织推迟无铅化制程的原因之一，在相当时间内，无铅焊料与 Sn-Pb 的 PCB 镀层共存，而带来"剥离（Lift-Off）"等焊接缺陷，设备厂商不得不从设备上克服这种现象。另外对 PCB 板制作工艺的要求也相对提高，PCB 板及元器件的材质要求耐热性更好。

（3）焊接设备的无铅化。

解决无铅焊料带来的焊接缺陷及焊料对设备的影响，预热、锡炉温度升高，喷口结构，氧化物，腐蚀性，焊后急冷，助焊剂涂敷，氮气保护等。

① 无铅焊接要求的温度曲线分析如图 7-17 所示。

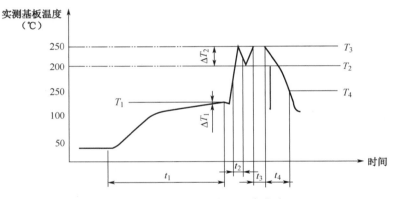

图 7-17　无铅焊接要求的温度曲线

② 通过上述曲线图和金属材料学知识可知，为了获得可靠、最佳的焊点，温度 T_2 最佳值应大于无铅锡的共晶温度，锡液焊接温度控制在 250±20℃（比有铅锡的温度要求更严），一般有高可靠要求的军用产品，$\Delta T<30℃$；对于普通民用产品，建议温差可放宽到 $\Delta T_2<50℃$（根据日本松下的要求）；预热温度 T_1 比有铅焊要稍高，具体数值根据助焊剂和 PCB 板工艺等方面来定，但 ΔT_1 必须控制在 50℃以内，以确保助焊剂的活化性能的充分发挥和提高焊锡的浸润性；焊接后的冷却从温度 T_3（250℃）降至温度 T_4（100～150℃），建议按 7～11℃/s 的降幅梯度控制；温度曲线在时间上的要求主要是预热时间 t_1、浸锡时间 t_2、t_3 及冷却时间 t_4，这些时间的具体数值的确定要考虑元器件、PCB 板的耐热性及焊锡的具体成分等多方面因素，通常 t_1 在 1.5 分钟左右，t_2+t_3 在 3～5s 之间。

（4）设备的结构及控制要求。

① 回流焊设备的结构和应用（模块一已叙述）。

② 控制系统。

控制系统发展的方向主要是数字化控制及管理。控制系统要求对运输速度、助焊剂涂敷均匀度、预热温度、锡炉温度、冷却速度等精确控制外，还应该对生产过程中所有的工艺参数（运输速度，助焊剂涂敷厚度、浓度、宽度、角度，预热温度，锡炉温度，冷却速度，氮气浓度等）均实现数字化控制，便于参数的重复利用。无铅波峰焊均以数字化控制为核心目标，采用人机界面或工业控制计算机对生产过程进行监控，不但能监控 PCB 参数、机器参数、PID 参数、温度参数，还支持参数设定、打开、保存，方便参数的重复利用，最大限度地减少机种更换时调整参数的时间。在全电脑控制的机型上，随机自带了无铅焊接非常关心的温度曲线测试及分析功能，能测试并分析 3 条温度曲线的预热时间、预热斜率、预热温度、波峰 1 时间、波峰 2 时间、波峰 1 温度、波峰 2 温度、跌落时间、跌落温度、冷却时间、冷却斜率、超出时间等，并支持温度曲线测试、打印功能，无铅焊接所关心的所有参数都能一目了然。

控制系统发展的另一个方向是客户成本概念。客户成本是指客户在生产过程中生产一定数量的产品所消耗的材料、时间、能源等。无论是生产焊料的厂家，还是生产设备的厂家，推出的产品既要符合焊接工艺，又要兼顾最终用户的成本投入，随着技术的发展，无铅焊接工艺逐步走向成熟。

基本安装工艺认识

任务8.1 了解常用组装工具的使用

8.1.1 工作任务单

电子产品整机外壳与面板的装配是电子产品生产的后续过程，在外壳与面板的装配过程中必须使用一些组装工具，这些组装工具按用途可分为钳口工具、剪切工具和紧固工具等。

常用组装工具的使用任务单见表 8-1。

表 8-1 常用组装工具的使用任务单

任 务 名 称	常用组装工具的使用		
任务内容	常用组装工具：钳口工具、剪切工具、紧固工具		
任务要求	能用常用组装工具拆卸电视机外壳		
技术资料	上网查其他一些电子组装工具		
签名		备注	了解常用组装工具的使用方法

链接 1　钳口工具

（1）尖嘴钳。尖嘴钳外形如图 8-1 所示。它主要用于焊接弯绕导线和元器件引线、引线成型、布线、夹持小螺母、小零件等，尖嘴钳一般都带有塑料绝缘套柄，为确保使用者的人身安全，严禁使用塑料套破损、开裂的尖嘴钳带电操作；不允许用尖嘴钳装拆螺母、敲击他物。尖嘴钳的头部是经过淬火处理的，不要在锡锅或高温地方使用，以保持钳头硬度及防止尖嘴钳端头断裂，不宜用它夹持弯绕较硬、较粗的金属导线及其他硬物。

（2）平嘴钳。平嘴钳的外形如图 8-2 所示。它主要用于拉直裸导线或将较粗的导线及较粗的元器件引线成型。在焊接晶体管及热敏元件时，可用平嘴钳夹住引脚引线，以便于散热。

图 8-1　尖嘴钳　　　　　　　　图 8-2　平嘴钳

（3）圆嘴钳。圆嘴钳的外形如图 8-3 所示。由于钳嘴呈圆锥形，可以方便地将导线端头、

（4）镊子。镊子有两种，如图 8-4 所示。其主要作用是用来夹持物体。端部较宽的医用镊子可夹持较大的物体，而头部尖细的普通镊子，适用夹持细小物体。在焊接时，可用镊子夹持导线或元器件。对镊子的要求是弹性强，合拢时尖端要对正吻合。

图 8-3　圆嘴钳　　　　　　　　　　　　　　　图 8-4　镊子

链接 2　剪切工具

（1）偏口钳。偏口钳又称斜口钳，其外形如图 8-5 所示，主要用于剪切导线，尤其适合用来剪除弯绕后元器件多余的引线。剪线时，要使钳头朝下，在不变动方向时可用另一只手遮挡，防止剪下的线头飞出伤眼。有普通偏口钳和带弹簧偏口钳两种。

（2）剪刀。剪刀有普通剪刀和剪切金属线材用剪刀两种。剪切金属线材用的剪刀如图 8-6 所示，其头部短而宽，刃口角度较大，能承受较大的剪切力。

图 8-5　偏口钳　　　　　　　　　　　　　　　图 8-6　剪刀

链接 3　紧固工具

紧固工具用于紧固和拆卸螺钉和螺母，它包括螺钉旋具、螺母旋具和各类扳手等。螺钉旋具也称螺丝刀、改锥或起子，常用的有一字形、十字形两种，并有自动、电动、风动等形式。

（1）一字形螺钉旋具。这种旋具用来旋转一字槽螺钉，有木柄、塑料柄、木柄穿芯几种，其外形如图 8-7 所示。选用时应使旋具头部的长短、宽窄及厚薄与螺钉槽相适应。通常取旋具刃口的厚度为螺钉槽宽度的 0.75～0.8，否则容易损坏安装件的表面。使用时应注意不能将旋具斜插在螺钉槽内。

（2）十字形螺钉旋具。这种旋具的旋杆刃口为 "＋" 字形，适用于旋转十字槽螺钉，其外形如图 8-8 所示，选用时应使旋杆头部与螺钉槽相吻合。使用螺钉旋具时，用力要平稳，压和拧要同时进行。

图 8-7　一字形螺钉旋具　　　　　　　　　图 8-8　十字形螺钉旋具

（3）机动螺钉旋具。这种旋具有电动和风动两种，广泛用于流水生产线上小规格螺丝的装卸。小型机动螺钉旋具外形如图 8-9 所示。电动螺钉旋具采用 24V 安全电压供电，电源设有转速调节。使用时应根据紧固对象和紧固件的不同要求，选择相应的旋杆，并调节电动旋具的力矩。机动螺钉旋具设有限力装置，使用中超过规定扭矩时会自动打滑，这对塑料安装件上的装卸极为有利。

（4）螺母旋具。其外形如图 8-10 所示，它用于装卸六角螺母，使用方法与螺钉旋具相同。

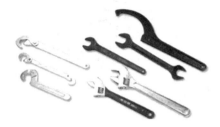

图 8-9　机动螺钉旋具　　　　　　　　图 8-10　螺母旋具

8.1.2　任务实施

■ 实训 16　拆卸电视机外壳

一、实训目的

会使用常用的组装工具对电子整机外壳和面板进行拆卸。

二、实训仪器和器材

（1）常用工具一套；

（2）各种旋具一套；

（3）尖嘴钳一把；

（4）剪刀一把；

（5）镊子一把；

（6）熊猫 21 寸电视机一台。

三、实训步骤

（1）用十字旋具拆下自攻螺钉；

（2）抽出外壳；

（3）拔下与机壳相连接的接插件。

四、注意事项

（1）各种拆卸工具的使用安全；

（2）拆卸过程中对机壳、面板的防护；

（3）各种紧固件拆卸完毕后，抽出外壳过程中的安全问题。

五、完成实训报告书

8.1.3　任务评价

第 3 模块实训报告书中有本次任务评价，请认真完成自评、小组评及师评。

任务8.2 了解连接工艺

8.2.1 任务安排

电子产品的电气连接，是通过对元器件和零部件、整机件按图样装接在规定的位置上，也就是对各种构件通过各种连接方式，组成一个新的构件，直至最终组合成一台整机产品。整个组合过程中所用的连接方式很多，如黏结、螺接、铆接等。

辨识常用接插件任务单见表 8-2。

表 8-2 辨识常用接插件任务单

任 务 名 称	辨识常用接插件
任务内容	1. 了解黏结工艺 2. 了解螺装工艺 3. 了解接插件的连接 4. 能辨识常用接插件
任务要求	1. 了解黏结三要素及所需材料 2. 了解常用的五种螺装方法 3. 掌握拧紧方法 4. 掌握螺装连接注意事项
技术资料	1. 组织到企业参观电子产品连接工艺 2. 上网查特殊电子产品连接方法及要求
签名	备注

8.2.2 知识技能准备

链接 1 黏结工艺

黏结又称作胶接，目前在电子产品生产过程中使用很广泛，特别是在异型材料的连接，如金属、陶瓷、玻璃等连接中是其他如焊接、螺接、铆接等所不能达到的。在一些不能承受机械力、热影响的地方黏结更有其独到之处。

形成良好的黏结的三要素是：选择合适的黏合剂（第 1 模块中已描述）、处理黏结表面、正确的固化方法。忽视任何一步都不能获得牢固的黏结。

链接 2 螺装工艺

螺装是螺纹连接方式的简称，属可拆卸的固定连接。经多次拆装，零件损坏率最低，甚至不损坏任何零件，并且便于调整装配零件之间的位置和更换装配中的零件。一直以来，在电子产品装配中运用很广泛。

1．螺装的选用

（1）十字槽螺钉紧固强度高，外观美观，有利于采用自动化装配。

（2）面板应尽量少用螺钉紧固，必要时可采用半沉头螺钉，以保持面板平整。

（3）要求结构紧凑，连接强度高，外形平滑时，应尽量采用内六角螺钉或螺栓。

（4）安装部位是瓷件、胶木件等易碎零件或铝件、塑料件等较软材料时应使用大平面垫圈。

（5）连接件中被拧入件的材料是铝、塑料等较软材料或金属薄板时，可采用自攻螺钉。常用的几种螺接方法如图 8-11 所示。

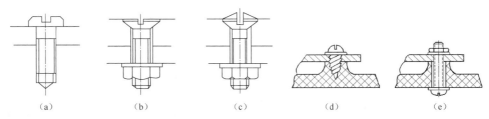

图 8-11　常用的几种螺接方法

2．拧紧方法

拧紧长方形工件的螺钉组时，需从中央开始逐渐向两边对称扩展。拧紧方形工件和圆形工件的螺钉组时，应按对称交叉的顺序进行。无论装配哪一种螺钉组，都应先按顺序装上螺钉，然后分步逐渐拧紧，以免发生结构变形和接触不良现象。

3．螺纹连接时应注意的事项

（1）要根据不同情况合理使用螺母、平垫圈和弹簧垫圈。弹簧垫圈应装在螺母与平垫圈之间。

（2）装配时，螺钉旋具的规格要选择适当。操作时应始终保持垂直于安装孔表面的方位旋转，避免摇摆。

（3）拧紧或拧松螺钉、螺帽或螺栓时，应尽量用扳手或套筒使螺母旋转，不要用尖嘴钳松紧螺母。

（4）最后用力拧紧螺钉时，切勿用力过猛，以防止滑帽。

（5）已锈死的螺栓、螺钉在拆卸前应用煤油或汽油除锈，并用木槌等进行击打振动，然后才能进行拆卸。

4．螺纹连接的防松动

螺纹连接一般都具有自锁性，在受静载荷和工作温度变化不大时，不会自动松脱。但当受到振动、冲击载荷作用时，或工作温度变化很大时，螺纹间摩擦力就会出现瞬间减小甚至为零的现象，如果这种现象重复多次，就会使连接逐渐松脱。为防止紧固件松动和脱落，可采用如下几种措施。

（1）双螺母防松动。它利用两个螺母互锁达到止松作用，一般在机箱接线板上用得较多。

（2）弹簧垫圈防松动。它是利用弹簧垫圈的弹性形变，使螺纹间轴向张紧而起到防松动作用。其特点是结构简单，使用方便，常用于紧固部位为金属的元件。

（3）沾漆防松动。在安装紧固螺钉时，先将螺纹连接处沾上硝基磁漆，再拧紧螺纹，通过漆的黏合作用，增加螺纹间的摩擦力，防止螺纹的松动。

（4）点漆防松动。它靠在露出的螺钉尾上点紧固漆来防止松动，涂漆处不少于螺钉半周及两个螺纹高度。这种方法常用于电子产品的一般安装件。

（5）开口销防松动。所用的螺母是带槽螺母，在螺杆末端钻有小孔，螺母拧紧后槽应与小孔相对，然后在小孔中穿入开口销，并将其尾部分开，使螺母不能转动。这种方法多用在有特殊要求零件的大螺母上。

螺纹连接的防松动方法如图 8-12 所示。

链接 3　接插件连接工艺

1．常用开关器件

常用开关器件有：波段开关（图 8-13）、扳手开关（图 8-14）、按钮开关、拨盘开关、琴键开关等（图 8-15），这些开关都属于机械式开关。每一种开关又有很多类别，如波段开关，按所用材料来分，有瓷质、纸胶板、玻璃丝板的；从形式上分，有椭圆形、拨动式的；在结构上又有不同位数、刀数、层数的。

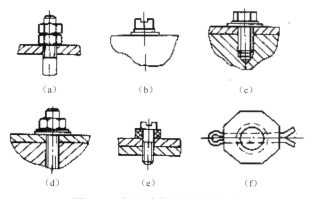

（a） （b） （c）

（d） （e） （f）

图 8-12 螺纹连接的防松动方法

图 8-13 波段开关

（a） （b）

图 8-14 扳手开关

（a） （b） （c）

图 8-15 其他开关

（2）常用接插件

为便于组装、维修、置换，在无线电整机设备中，在分立元器件或集成电路与印制线路板之间、基板与机屉之间、机屉与机架面板之间、机柜与机柜之间，多采用各类接插件进行电气连接，其外形如图 8-16 所示。

（a）直流电源插件 （b）音频插件 （c）直针插件

（d）排针插件 （e）并口插件 （f）航空插件

图 8-16 常用接插件

接插件的分类方法很多，按其外形和用途可分为：圆形、矩形插头座；印制电路板插头座；耳机、电源用插头和插座、插塞和插孔；高频插头座；橡胶插头座等。

8.2.3　任务实施

■　实训 17　辨识常用接插件

一、实训目的
通过对常用接插件的辨别，能正确地选用接插件。
二、实训仪器和器材
各种不同的接插件若干。
三、实训步骤
（1）在所给器件中正确选出接插件；
（2）观察接插件的插孔数目、间距、各接插件引出线的颜色，并能初步判别各接插件引脚功能；
（3）正确观察接插件上的标记；
（4）能正确判断插座所对应的插件；
（5）记录所观察的数据。
四、实训注意事项
（1）不能随意拨动插件中连接的金属片；
（2）插座与插件相连接时注意标记正确。
五、完成实训报告书

8.2.4　任务评价

第 3 模块实训报告书中有本次任务评价，请认真完成自评、小组评及师评。

任务 8.3　了解拆装工艺

8.3.1　任务安排

电子产品生产过程中，难免会产生一些焊点的漏、缺、少、多、虚等问题，在操作过程中应予以补焊。同时在焊接过程中有时也会误将一些导线、元器件等焊接在不应焊接的接点上，在调试、例行试验、检验，尤其是产品维修过程中，常需要更换一些元器件和导线，所以需要拆除原焊点。拆除原焊点的过程称为拆焊。

拆焊旧显示器的主板任务单见表 8-3。

表 8-3　拆焊旧显示器的主板任务单

任 务 名 称	拆焊旧显示器的主板
任务内容	1. 了解补焊工艺 2. 了解拆焊工艺
任务要求	1. 能对不良焊点进行补焊 2. 能对较大型器件焊点进行补焊 3. 能对"三高"产品电路补焊 4. 会对错装器件进行拆焊 5. 会在调试、检验、检测及维修过程中进行拆焊
技术资料	参观电子装配企业，观察补、拆焊工艺过程

签名		备注	

8.3.2 知识技能准备

链接 1 补焊工艺

在进行手工或自动化焊接过程中，在大批量元器件焊接结束后，会有一小部分焊点的焊锡量过多或过少，或存在有漏焊、虚焊、搭锡、漏锡等现象，这些焊点将会导致接触不良或为虚焊的前兆，如不进行补焊处理，将对电路的性能造成影响，甚至不能工作；对于电路中的一些大功率器件、变压器、各接线柱、开关、插座、散热器件、引线的焊点等位置，为增加其机械强度，都需进行补锡；对一些高频、高压、高密度安装的"三高"电子产品电路部分，需检查有无可能会引起电磁干扰、高压放电的问题存在，对可能会出现的不良焊点或电路需及时排除。对不良焊点或要求较高的焊点重新焊接的过程称为补焊。补焊是手工焊接的重复，因此在补焊过程中只要按手工焊接操作程序，重新对不良焊点进行焊接即可。

链接 2 拆焊工艺

1. 拆焊

拆焊仍然需要对原焊料进行加热，使其熔化，故拆焊中最容易造成元器件、导线和焊点的损坏，还容易引起焊盘及印刷导线的剥落等，造成整个印制电路板的报废。因此掌握正确的拆焊方法显得尤为重要。

（1）分点拆焊。

对于一般电阻、电容、晶体管等引脚不多的元器件，可以采用电烙铁直接进行分点拆焊。如图 8-17 所示，将印刷板竖起来夹住，一边用电烙铁加热待拆元器件的焊点，一边用镊子或尖嘴钳夹住元器件的引线，轻轻地将其一边拉出来，需要注意的是这种方法不宜在一个焊点上多次使用，因印刷导线和焊盘经过反复加热以后很容易脱落，造成印刷板的损坏。

（2）其他拆焊方法。

当需要拆下多个焊点（如多个引脚的集成电路或中周等）的元器件时，采用上述方法就不适合了。这种情况下一般可采用以下几种方法。

① 针孔拆焊。如图 8-18 所示，用口径合适的医用注射针头套在待拆元器件引脚上，一边用烙铁加热，一边将针头慢慢旋转套入，直到引脚与印制板的焊盘完全分离。

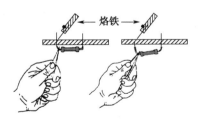

图 8-17　分点拆焊示意图

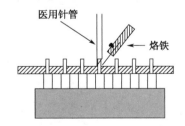

图 8-18　针孔拆焊示意图

② 采用专用工具。采用如图 8-19（a）所示的专用烙铁头等专用工具，可将所有焊点同时加热熔化后取出，这种方法速度快，但需要制作专用工具，有时要使用较大功率的烙铁；同时，拆焊后通孔焊盘的焊孔容易堵死，重新焊接时还必须清理；对于不同的元器件，需要不同种类的专用工具，有时并不是很方便。

③ 用铜编织线进行拆焊。将铜编织线的一部分沾上松香焊剂，然后放在将要拆焊的焊

点上，再将电烙铁放在编织线上加热焊点，待焊点上的焊料熔化后，就被编织线吸去，如焊点上的焊料一次没有被吸完，则可以进行第二、三次，直至吸完。当铜编织线吸满焊料后，就不能再用，需要将吸满焊料的部分剪去，如图 8-19（b）所示。这种方法简单易行，且不易烫坏印制板，在没有专用工具和吸锡烙铁时，是一种值得推荐的好方法。其缺点是拆焊后的板面较脏，需用酒精等溶剂擦拭干净。

④ 采用吸锡器进行拆焊。将被焊的焊点加热，使焊料熔化，然后把吸锡器的压杆手柄压下。将吸嘴对准熔化的焊料，然后放松压杆，焊料就被吸入吸锡器内，如图 8-19（c）所示。

⑤ 用热风枪进行拆焊。热风枪同时对所有焊点进行加热，待焊点熔化后取出元器件。对于表面安装元件，用热风枪拆焊的效果最好。用热风枪拆焊的优点是拆焊速度快、使用方便、不易损伤元器件和印制电路板上的铜箔，如图 8-19（d）所示。

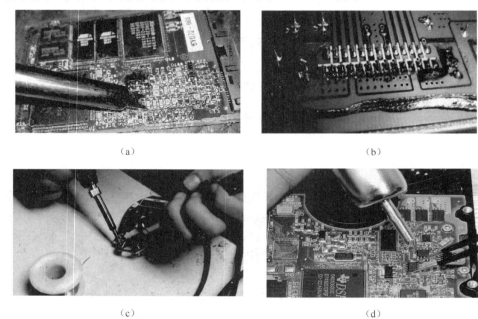

（a）   （b）

（c）   （d）

图 8-19　几种拆焊方法

8.3.3　任务实施

■ 实训 18　拆焊旧显示器的主板

一、实训目的

（1）会用电烙铁对两引脚焊点进行拆焊；

（2）能对三个及以上引脚焊点进行拆焊；

（3）能借用热风枪拆焊贴片元件；

（4）会用电烙铁拆焊散热片和屏蔽盒。

二、实训器材和工具

（1）电烙铁一把；

（2）镊子一把；

（3）空心针头一组；

（4）吸锡器一把；

（5）热风枪一台；

（6）旧显示器主板一块；

（7）其他工具一套。

三、实训步骤

（1）从显示器上拆下主板；

拆卸时一定要注意安全，注意面板和机壳的拆卸、接插件的拆卸（可以事先拆好）；

（2）用镊子拆焊通孔两引脚元器件；

（3）用针孔或吸锡器辅助拆焊多引脚器件；

（4）使用热风枪拆焊贴片元器件；

（5）借助其他工具用电烙铁拆焊散热片和屏蔽盒。

四、实训注意事项

（1）整个操作过程中，注意对原焊盘的保护，尽量减少对原焊盘的损坏；

（2）拆焊过程中，电烙铁等工具的使用一定要按规范进行，防止安全隐患。

五、完成实训报告书

8.3.4 任务评价

第 3 模块实训报告书中有本次任务评价，请认真完成自评、小组评及师评。

部 件 组 装

任务 9.1　组装 PCB 板

9.1.1　任务安排

印制电路板装配是指将变压器、集成电路、电阻、电位器、电容、二极管、晶体三极管、导线等装接到印制电路板上。它是电子整机装配的关键部件的装配，其质量的好坏将直接影响到整机电路性能和安全使用性能。

印制电路板装配主要包括把元件插入印制电路板以及焊接两道工序。插入元件由手工或高速专用的机械来完成。前者简单易行，但效率低，误装率高；后者安装速度快，误装率低，但设备成本高，引线要求严格。

在 PCB 板上插装好元器件是印制电路板的第一道工序，第二道工序主要是将插装好的元器件用电烙铁或其他装接工具装接起来，从而形成一个完整的电路。此时焊接质量的好坏将对电路的性能起到决定性的作用，因此这一工序应仔细完成。

插装焊接黑白小电视机任务单见表 9-1。

表 9-1　插装焊接黑白小电视机任务单

任 务 名 称	插装焊接黑白小电视机	
任务内容	1. 电子组装级别 2. PCB 板组装工艺流程 3. PCB 板元器件的插装	
任务要求	1. 了解电子组装级别 2. 掌握手工插装、手工焊接的工艺流程 3. 了解自动插装、自动焊接的工艺流程 4. 手工插装 5.5 英寸黑白电视机	
技术资料	上网查其他电子部件组装工艺及流程	
签名		备注

链接 1　电子设备组装级别

电子产品整机装配的主要内容包括产品单元的划分，元器件的布局，元器件、线扎、零部件的加工处理，各种元器件的安装、焊接，零部件、组合件的装配及整机总装。在装配过程中根据装配单元的尺寸大小、复杂程度和特点的不同，可将电子产品的装配分成不同的等级，我们称之为电子产品的组装级别。电子产品的组装级别见表 9-2。

表 9-2　电子产品的组装级别

组装级别	特点
第 1 级（元件级）	组装级别最低，结构不可分割，主要为通用电路元件、分立元件、集成电路等
第 2 级（插件级）	用于组装和互连第 1 级元器件。如装有元器件的电路板及插件
第 3 级（插箱板级）	用于组装和互连第 2 级组装的插件或印制电路板部件
第 4 级（箱柜级）	通过电缆及连接器互连第 2、3 级组装，构成独立的有一定功能的设备

［注1］：在不同的等级上进行组装时，构件的含义会改变。例如，组装印制电路板时，电阻、电容、晶体管等元件是组装构件，而组装设备的底板时，印制电路板则为组装构件。

［注2］：对于某个具体的电子设备，不一定所有组装级别都具备，而是要根据具体情况来考虑应用到哪一级。

链接 2　PCB 板组装工艺流程

印制电路板装配依据元件的引脚不同，有两种装配技术：通孔插装技术（THC）和表面安装技术（SMT）。由于印制电路板上装配元器件数量多、工作量大，因此电子整机厂的产品批量生产时采用流水线进行印制电路板装配。根据产品生产的性质、批量、设备等情况的不同，生产流水线有这样几种形式。

（1）手工插装、手工焊接。每个工位只负责装配几个元件，这种方式只适用于小批量生产。

（2）手工插装、自动焊接。其生产效率和质量都较高，适用于大批量生产。

（3）大部分元器件由机器自动插装、自动焊接。这种形式适用于大规模、大批量生产。

如果是产品样机试制或学生整机安装实习时，常采用手工插装、焊接来完成印制电路板的装配。其操作过程为：待装元件准备——引线成型、浸锡——插装——焊接——剪切引线——检验。

链接 3　PCB 板元器件插装

元器件插装到印制电路板上，无论是卧式安装还是立式安装，这两种方式都应该使元器件的引线尽可能短一些。在单面印制板上卧式装配时，小功率元器件总是平行地紧贴板面；在双面板上，元器件则可以离开板面约 1～2mm，避免因元器件发热而减弱铜箔对基板的附着力，并防止元器件的裸露部分同印制导线短路。

插装元器件还要注意以下原则：

（1）要根据产品的特点和企业的设备条件安排装配的顺序。如果是手工插装、焊接，应该先安装那些需要机械固定的元器件，如功率器件的散热器、支架、卡子等，然后再安装靠焊接固定的元器件。否则，就会在机械紧固时，使印制板受力变形而损坏其他已经安装的元器件。如果是自动机械设备插装、焊接，就应该先安装那些高度较低的元器件，如电路的"跳线"、电阻一类元件，后安装那些高度较高的元器件，如轴向（立式）插装的电容器、晶体管等元器件，对于贵重的关键元器件，如大规模集成电路和大功率器件，应该放到最后插装，安装散热器、支架、卡子等，要靠近焊接工序，这样不仅可以避免先装的元器件妨碍插装后装的元器件，还有利于避免因为传送系统振动丢失贵重元器件。

（2）各种元器件的安装，应该尽量使它们的标记（用色码或字符标注的数值、精度等）朝上或朝着易于辨认的方向，并注意标记的读数方向一致（从左到右或从上到下），这样有利于检验人员直观检查；卧式安装的元器件，尽量使两端引线的长度相等对称，把元器件放在两孔中央，排列要整齐；立式安装的色环电阻应该高度一致，最好让起始色环向上以便检查安装错误，上端的引线不要留得太长以免与其他元器件短路，如图 9-1 所示。有极性的元器件，插装时要保证方向正确。

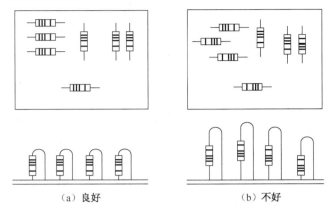

（a）良好　　　　　　　　（b）不好

图 9-1　元器件的插装

（3）当元器件在印制电路板上立式装配时，单位面积上容纳元器件的数量较多，适合于机壳内空间较小、元器件紧凑密集的产品。但立式装配的机械性能较差，抗振能力弱，如果元器件倾斜，就有可能接触临近的元器件而造成短路。为使引线相互隔离，往往采用加套绝缘塑料管的方法。在同一个电子产品中，元器件各条引线所加套管的颜色应该一致，便于区别不同的电极。因为这种装配方式需要手工操作，除了那些成本非常低廉的民用小产品之外，在档次较高的电子产品中不会采用。

（4）在非专业化条件下批量制作电子产品的时候，通常是手工安装元器件与焊接操作同步进行。应该先装配需要机械固定的元器件，先焊接那些比较耐热的元器件，如接插件、小型变压器、电阻、电容等；然后再装配焊接比较怕热的元器件，如各种半导体器件及塑料封装的元件。

9.1.2　任务实施

■ **实训 19　插装黑白小电视机**

一、实训目的
（1）通过插装黑白电视机电路熟练掌握 PCB 板元器件插装，以提高综合运用的技能。
（2）了解一般电子产品装配的工艺流程，看懂电路图及装配图。
二、实训器材及设备
（1）电烙铁一把；
（2）焊锡丝若干；
（3）镊子一把；
（4）5.5 英寸黑白电视机套件一套；
（5）其他辅助器材若干。
三、实训步骤
（1）对所插装的元器件进行检测；
（2）对所插装的元器件进行引脚处理；
（3）安装元器件：先小件后大件；
（4）图附录 B-12、附录 B-13 为 5.5 英寸黑白电视机原理图和印制板装配图。

四、注意事项

（1）安装过程中注意用电安全和焊铁使用安全；

（2）各种元器件的安装，应该尽量使它们的标记朝上或朝着易于辨认的方向，并注意标记的读数方向一致；卧式安装的元器件，尽量使两端引线的长度相等对称，把元器件放在两孔中央，排列要整齐；立式安装的色环电阻应该高度一致，最好让起始色环向上以便检查安装错误，上端的引线不要留得太长以免与其他元器件短路。有极性的元器件，插装时要保证方向正确。

（3）立式装配的元器件，各引线应加套管，所加套管的颜色应该一致，便于区别不同的电极。

（4）由于训练是手工操作，因此在装配过程中应先装配需要机械固定元器件，后装不需固定的元器件。

五、完成实训报告书

■ 实训 20　焊接黑白小电视机

一、实训目的

（1）能独立使用电烙铁进行手工焊接；

（2）了解一般电子产品装配的工艺流程，看懂电路图及装配图。

二、实训器材及设备

（1）电烙铁一把；

（2）焊锡丝若干；

（3）镊子一把；

（4）5.5 英寸黑白电视机套件一套；

（5）其他辅助器材若干。

三、实训步骤（实训用黑白电视机原理图和装配图见附录 B）

（1）电源部分焊接，焊接结束后通电调试；

（2）场输出焊接，焊接结束后通电调试；

（3）音频功放部分焊接，焊接结束后通电调试；

（4）信号处理部分焊接，焊接结束后通电调试。

元件检测完毕后即可进行焊接。IC1 处可焊一个 28 个引脚 IC 插座，等通电调试时再插上 D5151。全部元件焊好后即可通电调试。W7、W6 先预调在一半阻值处，D5151 各脚功能及参考电压值见表 9-3，如 IC1 各脚电压与表 9-3 大致相符方可进行下一步装配。

表 9-3　D5151 各引脚功能及参考电压值

引脚号	功能	参考电压（V）	引脚号	功能	参考电压（V）
①	图像中频输入 1	4.8	⑮	同步解调线圈 2	6.5
②	RF AGC 调整	5.6	⑯	电源电压 Vcc2	9.2
③	RF AGC 输出	2.1	⑰	行激励输出	0.94
④	IF AGC 滤波	6	⑱	行频调节	5.1
⑤	视频输出	3.3	⑲	行 AFC 输出	5.4
⑥	同步分离输入	6.7	⑳	电源电压 Vcc1	9.4
⑦	伴音中频输入	3.1	㉑	地	0

续表

引脚号	功能	参考电压	引脚号	功能	参考电压
⑧	伴音中频偏置	3.1	㉒	行逆程脉冲输入	3.2
⑨	伴音中频输出	4.7	㉓	同步分离输出	0.8
⑩	伴音鉴频输入	4.7	㉔	场同步调节	4.7
⑪	音频输出	3.2	㉕	场锯齿波反馈	3
⑫	调谐 AFT 输出	4.0	㉖	场激励输出	3.3
⑬	AFT 移相网络	3.6	㉗	X 射线保护	0
⑭	同步解调线圈 1	6.5	㉘	图像中频输入 2	4.8

（5）行输出级焊接，焊接结束后通电调试；

（6）视放级焊接，焊接结束后通电调试；

（7）高频头及前置中放焊接，焊接结束后通电调试；

（8）电视机的总调试。

四、注意事项

（1）喇叭插入机壳后用热熔胶封固。

（2）电源线与电源变压器初级焊接前应套上黄腊套管或热塑套管，焊接后将套管移至焊接处绝缘，并用热熔胶封固于机壳上端靠近拉杆天线一面的塑壳上，以便机芯顺利进壳。

（3）偏转线圈调试完毕后，除用螺丝紧固外，仍需用热熔胶作简单封固。

五、完成实训报告书

9.1.3 任务评价

第 3 模块实训报告书中有本次任务评价，请认真完成自评、小组评及师评。

任务 2 组装面板机壳

9.2.1 任务安排

小型电子产品中面板和机壳的组装相对而言对所用工具要求不是很高（微小型除外），装配过程中应按要求进行，不能出现对面板、机壳的损伤现象。小型黑白电视机体积小，但面板、机壳上的部件数目可不少，因此在安装过程中有一定的难度，稍微不注意就可能将连接导线拉断或损坏显像管。在装配过程中一定要遵循先里后外、先小件后大件的原则小心操作。

组装小型黑白电视机面板和机壳任务单见表 9-4。

表 9-4 组装小型黑白电视机面板和机壳任务单

任 务 名 称	组装小型黑白电视机面板和机壳	
任务内容	1. 观察收音机面板、机壳的组装 2. 5.5 英寸黑白电视机面板、机壳的组装	
任务要求	1. 掌握收音机面板和机壳的组装方法 2. 能正确安装小型黑白电视机面板和机壳	
技术资料	上网搜索一些常用电子产品面板和机壳，并了解其组装方法	
签名		备注	

9.2.2　知识技能准备

链接 1　面板、机壳加工工艺

电子产品中，面板是一个重要的组成部分，用于电子产品操作和控制各器件，有些电子产品还兼有显示和外观装饰的功能。机壳构成了产品的骨架主体，同时也决定了产品的外观造型，并且起着保护整机内部件的作用。当前，面板和机壳已全面塑型化。

面板、机壳的加工应考虑到它们在整机产品中的作用，从材料的机械强度、色质、防电、防火、有毒成分的释放量等方面来考虑。同时，作为整机的一个主要部件之一，还应从设计、制造上加以重视，如采用新技术、新工艺，使面板、机壳的造型和色彩等都能符合现代化的要求。

链接 2　面板、机壳组装工艺

1．面板、机壳的装配要求

为满足整机产品质量的要求，面板、机壳在装配时要注意以下几点。

（1）凡与面板、机壳接触的工作台面，均应放置橡胶垫，以防装配过程中划伤其表面。搬运面板、机壳应轻拿轻放，不得碰压。

（2）为保证面板、机壳的表面整洁，不得随意撕下其表面的保护膜。因保护膜在整个装配过程中对面板、机壳有很重要的保护作用，可以防止产生擦痕。

（3）面板与机壳间的插入、嵌装处应紧密无空隙。

（4）面板上所安装的各部件要紧固无松动，部件的可动部分要灵活、可靠。

2．面板、机壳的装配工艺

（1）面板、机壳内部要预留有槽口及成型孔，以用来安装印制电路板及其他部件，如扬声器、显像管、变压器等。装配时应遵循先里后外、先小后大的原则。

（2）面板、机壳上使用自攻螺钉时，尺寸要适当，用手动或机动旋具操作时应与工件相垂直，扭力矩的大小要适中，以防止面板、机壳被螺钉穿透或出现开裂等现象。

（3）面板、机壳装配结束后还须按要求将商标、装饰件等粘贴至指定位置，并尽可能端正、牢固。

（4）机框、机壳合拢时，除用卡扣嵌装外，还需用自攻螺钉紧固，紧固同样要使紧固件垂直、牢固。

9.2.3　任务实施

■ 实训 21　观察收音机的面板、机壳的组装

一、实训目的

通过观察收音机面板与外壳的组装，了解一般电子产品面板和机壳的组装工序。

二、实训器材及设备

（1）收音机套件一套；

（2）各种装接工具一套。

三、实训步骤

（1）观察收音机面板组装方法和过程；

（2）观察收音机机壳的组装方法和过程；

（3）通过观察记录下收音机面板和机壳组装过程中所必须的工艺要求。

四、注意事项

（1）注意组装收音机时所用工具的选择；

（2）面板安装时注意观察动作，不得损伤面板；

（3）机壳安装过程中各种配件装配时注意使用旋具用力要得当。

五、完成实训报告书

如图 9-2 所示为某收音机面板、机壳的安装。

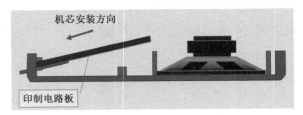 

图 9-2 收音机面板、机壳的安装

■ 实训 22 黑白小电视机的面板、机壳组装

一、实训目的

通过安装黑白小电视机的面板与外壳，能正确掌握电子产品中面板和机壳的组装工序。

二、实训器材及设备

（1）黑白小电视机套件一套；

（2）各种装接工具一套。

三、实训步骤

（1）黑白小电视机机壳的安装：安装扬声器；

（2）黑白小电视机机壳的安装：显像管的安装；

（3）黑白小电视机面板的安装。

四、注意事项

（1）黑白小电视机机壳安装时，扬声器与机壳安装不能有松动；

（2）显像管的安装一定注意规范，不得损坏显像管；

（3）面板安装要按要求进行。

五、完成实训报告书

如图 9-3 所示为小型黑白电视机整机装配后内部结构。

图 9-3 小型黑白电视机整机装配后内部结构

任务 9.3　组装散热件屏蔽件

9.3.1　工作任务单

电子整机中使用的电子电器元件通过电流时，要产生热量，在使用时必须采用一定的散热措施进行散热，才能保证整机的正常运行。而对于一些频率较高的电子产品，在一些主要部分还必须进行屏蔽，以防止高频外泄造成对整机电路的影响。

散热件的组装必须考虑某些零部件在传热、电磁方面的要求，因此，若屏蔽盒的组装不合理，则在实际工作过程中各种干扰可能就会出现，有时甚至不能正常工作。因而应能正确合理地进行屏蔽盒的安装。

组装散热件、屏蔽件任务单见表 9-5。

表 9-5　组装散热件、屏蔽件任务单

任 务 名 称	组装散热件、屏蔽件		
任务内容	1. 观察彩电的散热件和屏蔽盒 2. 组装黑白小电视机的散热件和屏蔽盒		
任务要求	1. 通过观察能初步了解彩电散热件和屏蔽件的装配方法 2. 掌握黑白小电视机散热件的装配工艺 3. 会对黑白小电视机屏蔽件进行加工		
技术资料	上网搜索一些常用电子产品的散热件和屏蔽件资料，并了解其组装方法		
签名		备注	组装黑白小电视机的散热件和屏蔽盒

9.3.2　知识技能准备

链接 1　散热的意义

电子整机中使用的电子电器元件通过电流时，要产生热量。对于一些大功率晶体管、大功率电阻则必须采用一定的散热措施进行散热，才能保证整机的正常运行。整机装配中有自然散热和强迫通风散热两种形式。自然散热是利用整机中发热件或整机与周围环境之间的热传导、对流和辐射进行热量散发，达到散热的目的。为增加热传递的效果，常在发热器件上安装散热器件（简称散热片）。强迫通风散热是利用风机进行抽风或鼓风，以提高整机内空气流动的速度，达到散热的目的，如计算机中开关电源内风机、CPU 上的风扇等。这里简单以晶体管散热器来描述散热的意义。

1．晶体管散热器基本原理

由于晶体管的电流放大能力，集电极电流较大，致使产生较大的集电极耗散功率，使温度增高。对于大功率三极管，当温度不能及时散发后，会引起晶体管的静态工作点偏移、电路的零点漂移量增加，从而会造成整机参数发生严重偏差、噪声增加。严重时会导致晶体管的热击穿，烧毁晶体管。为提高晶体管电路的稳定性和使用寿命，必须降低其结温。晶体管结层上的热量通过不同途径传至周围介质所遇到的各种阻碍，称为热阻。只要增加晶体管的集电极散热能力，即加装散热装置，减少热阻，使管子结面上的热量经内部传导到管壳和引线上，大部分热量直接通过管壳与散热器的接触面，与周围环境发生热交换而散发出去，小部分热量直接经管壳和引线向空间辐射，结温得以降低。整机散热结构的重点放在减小散热途径中的散热器放热热阻和界面热阻（包括外壳接触热阻和绝缘衬垫的传导热阻）上。

2. 晶体管传导散热的措施

（1）大散热器的散热面积，即选用体积大的散热器，以便有效地减小散热器的放热电阻。但这又与整机需小型化相矛盾，随着器件集成度的提高，器件内的功率密度也在增加，散热问题就会限制其密集程度。因此，散热器的选择应是在保证充分的散热前提下尽可能减小散热器的体积和重量。

（2）增大晶体管外壳与散热器的接触面积，尽可能在两者之间不使用衬垫。为保证晶体管外壳与散热器的全面接触，要求高的设备还选用特殊工艺使两者装配面没有间隙；更多的是在接触面上涂上硅脂或硅油以减少热阻。

（3）当晶体管外壳不允许与散热器直接接触时，应选用热阻小、片薄的绝缘片垫，在中间涂上硅脂或硅油，减少绝缘衬垫的传导热阻。

3. 晶体管散热器的类型

散热器结构形式很多。为减轻重量、减小体积、增加有效散热面积，常用铝合金材料制成多叉型和层状散热片，平板型用得较少。目前普遍应用且形成系列的有铝形材型、叉指型、辐射状型、针状型等。

链接 2　散热件装配工艺

在安装中，必须考虑某些零部件在传热、电磁方面的要求。因此，需要采取相应的措施。不论采用哪一种款式，其目的都是为了使元器件在工作中产生的热量能够更好地传送出去。大功率晶体管在机壳上安装时，利用金属机壳作为散热器的方法如图 9-4（a）所示。安装时，既要保证绝缘的要求，又不能影响散热的效果，即希望导热而不导电。如果工作温度较高，应该使用云母垫片；低于 100℃时，可以采用没有破损的聚酯薄膜作为垫片。并且，在器件和散热器之间涂抹导热硅脂，能够降低热阻、改善传热的效果。穿过散热器和机壳的螺钉也要套上绝缘管。紧固螺钉时，不要将一个拧紧以后再去拧另一个，这样容易造成管壳同散热器之间贴合不严，如图 9-4（b）所示，影响散热性能。正确的方法是把两个（或多个）螺钉轮流逐渐拧紧，可使安装贴合严密并减小内应力。

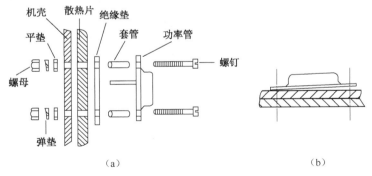

（a）　　　　　　　　　　　　　（b）

图 9-4　功率器件散热器在金属机壳上的安装

链接 3　屏蔽的意义

随着电子技术的发展，电子整机产品日趋微型化，因而导致电路的复杂度不断提高，并逐渐向集成化、混合集成化方向发展，使得整机内组装密度越来越高。因而，各自产生的电场、磁场相互干扰的可能性增加。这些干扰会使整机的技术性能下降或恶化，甚至不能工作。如在装配过程中采用屏蔽技术，用屏蔽将被干扰电路与干扰电路屏蔽开来，就可以削弱甚至消除干扰。由此可见，屏蔽的目的有：一是消除外界对产品的电磁干扰；二是消除产品对外界的电磁干扰；三是减少产品内部的相互电磁干扰。

根据屏蔽的目的不同，可将屏蔽分成三种：①电屏蔽，即电场屏蔽。它的作用就是用接地的金属盒将干扰源与接收器封闭隔离起来，使电路间的干扰减少到最低程度。②磁屏蔽，即对低频交变磁场（4kHz 以下）的屏蔽。用高导磁材料（如钢、铁镍合金）做成屏蔽盒，因屏蔽盒的导磁性能高于空气，使屏蔽盒内或盒外的磁场被屏蔽盒短接，不至于形成干扰。③电磁屏蔽。这是对高频磁场的屏蔽，用一般的金属材料做成屏蔽盒即可满足屏蔽要求。

链接 4　屏蔽件装配工艺

屏蔽件的结构形式有多种，如屏蔽板、屏蔽盒和双层屏蔽盒等。为保证屏蔽质量和效果，应根据不同的结构形式进行合理装配。

（1）屏蔽件须良好接地，一般要求屏蔽件与地之间应有小于 $0.5m\Omega$ 的接地电阻。实际操作时可用多个螺钉或铆钉将屏蔽件与地相连接。

（2）焊接屏蔽盒时，应保证与电路板连接处无缝隙，以减少干扰磁场的泄漏。同时要注意焊点、焊缝光滑、无毛刺。

（3）屏蔽装配的接触面应平整，螺装与铆装点松紧均匀，以免造成屏蔽盒变形，降低与连接面的紧密配合，影响屏蔽效果。

（4）屏蔽盒一般有两部分：盒体和盒盖，二者组装后应紧密无缝隙，装配时，应将两部分的接触面用酒精清洗去掉油垢和灰尘，使两者有良好的电接触。

屏蔽在设计中要认真考虑，在实际安装中更要高度重视。一台电子设备可能在实验室工作很正常，但到工业现场工作时，各种干扰可能就会出现，有时甚至不能正常工作，这绝大多数是由于屏蔽设计安装不合理所致。例如，如图 9-5 所示的金属屏蔽盒，为避免接缝造成的电磁泄漏，安装时在中间垫上导电衬垫，则可以提高屏蔽效果。衬垫通常采用金属编织网或导电橡胶制成。

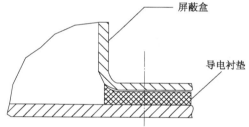

图 9-5　金属屏蔽盒采用导电衬垫防止电磁泄漏

9.3.3　任务实施

■ 实训 23　观察彩电的散热件和屏蔽盒

一、实训目的

（1）观察熊猫彩色电视机的散热件的装配方法，初步了解散热件的安装注意事项及安装工艺要求；

（2）观察熊猫彩色电视机的屏蔽件的装配方法，初步了解屏蔽件的安装注意事项及安装工艺要求；

（3）通过观察，初步了解彩色电视机整机装配过程中所涉及的相关知识，为实际安装作准备。

二、实训器材及设备

（1）熊猫彩色电视机一台；

（2）各种拆卸工具若干。

三、实训步骤

（1）拆下彩电外壳，拆卸时要注意安全，以防损坏显像管或其他部件；

（2）认真观察彩电主电路板，了解哪些是散热装置、哪些是屏蔽装置，并认真记录；

（3）重点画出一些主要散热件和屏蔽件的外形，了解散热件和屏蔽件的结构组成。

四、注意事项

（1）拆卸彩电外壳时要注意安全，以防损坏显像管或其他部件；

（2）观察过程中尽量不要碰触彩电内部器件；

（3）注意认真观察整个操作过程。

五、完成实训报告书

■ 实训 24　组装黑白小电视机的散热件和屏蔽盒

一、实训目的

（1）能正确识别散热件和屏蔽件；

（2）根据实习要求能准确地插装散热件和屏蔽盒；

（3）正确安装（装接面注意平整、焊接面光滑无缝隙等）。

二、实训器材及设备

（1）电烙铁一把；

（2）焊锡丝若干；

（3）黑白小电视机套件一套；

（4）各种装接工具一套。

三、实训步骤

（1）在所装配器件中准确地找出所需安装的散热件和屏蔽件；

（2）准确地插装；

（3）焊接散热件和屏蔽盒；

（4）安装紧固螺钉。

四、注意事项

（1）散热件和屏蔽盒装配过程中注意与印制板接触部分不得过松或过紧；

（2）在安装中，必须考虑某些零部件在传热、电磁方面的要求；

（3）焊接屏蔽盒时，应保证与电路板连接处无缝隙，以减少干扰磁场的泄漏。

五、完成实训报告书

9.2.4　任务评价

第 3 模块实训报告书中有本次任务评价，请认真完成自评、小组评及师评。

表面贴装技术认识

任务 10.1　了解表面贴装技术

10.1.1　任务安排

现代电子系统的微型化、集成化要求越来越高，传统的通孔安装技术逐步向新一代电子组装技术——表面安装技术过渡。表面安装技术又称表面贴装技术（SMT），是将电子元器件直接贴装在基板表面的装接技术，SMT 是集表面安装元件（SMC）、表面安装器件（SMD）、表面安装电路板（SMB）及自动安装、自动焊接、测试技术的一整套完整的工艺技术的总称。

手工装接表面贴装器件只是在一些特殊场合下的应用，如调试、维修等，这种操作最好在一种带有照明灯的放大镜下进行。手工焊接片式元件比焊接通孔元件更具有挑战性，因为表面安装元器件具有更小的引脚间距和更多的引脚数，操作者除了具有相当的技能外，还应配备选用合适的工具。

焊接 SMT 收音机任务单见表 10-1。

表 10-1　焊接 SMT 收音机任务单

任 务 名 称	焊接 SMT 收音机	
任务内容	1．识别、检测表面贴装器件 2．参观贴片机和回流焊机 3．焊接 SMT 收音机	
任务要求	1．熟练识别常用表面贴装器件 2．会对一些常用表面贴装器件进行检测 3．观察描述贴片机工作程序并说明回流焊机的工作原理 4．能用手工焊接的方法组装 SMT 收音机	
技术资料	网上搜索表面贴装器件标称方法及各种回流焊机的工作原理	
签名		备注	微组装技术

10.1.2　知识技能准备

链接 1　表面贴装技术

由于自动化生产的需要，表面贴装器件的产生带动了电子产品生产机械的发展，贴片机和回流焊机的出现使得表面贴装技术得到前所未有的发展，目前在工业生产中已完全取代了手工作业。因此，了解贴片机和回流焊机的工作过程非常重要。

表面安装与通孔安装相比的主要优点是：

（1）高密度：贴片元器件尺寸小，能有效利用印制板的面积，整机产品的主板一般可以减小到其他装接方式的 10%～30%，重量减轻 60%，实现产品微型化。

（2）高可靠：贴片元器件引线短或无引线，重量轻、抗震能力强，焊点可靠性高。

（3）高性能：引线短和高密度安装使得电路的高频性能改善，数据传输速率增加，传输延迟减小，可实现高速度的信号传输。

（4）高效率：适合自动化生产。

（5）低成本：综合成本下降 30% 以上。

链接 2　表面贴装元器件

表面贴装元器件又称为贴片状元件，主要有贴片状电阻、电位器、电容器、电感器、二极管、三极管、集成电路。结构、尺寸、包装形式都与传统元器件不同，其尺寸不断小型化。

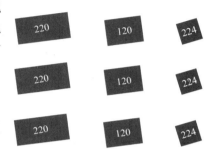

1．表面贴装电阻器

（1）矩形片式电阻器。其外形呈矩形，两端为电极。根据电阻器所用材料和制作工艺的不同，目前有薄膜型（RK）和厚膜型（RN）两种类型，如图 10-1 所示。

（2）圆柱形电阻器外形像无引脚的色环电阻，两端为金属电极，用色环标识电阻值。外形如图 10-2 所示。

图 10-1　矩形片式电阻

图 10-2　圆柱形电阻器

（3）小型贴片排阻由几个单独的电阻器按一定的配置要求连接成一个组合器件，外形如图 10-3 所示。

（4）片状微调电阻器外形如图 10-4 所示。

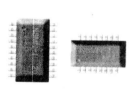

图 10-3　小型贴片排阻（SOP）

图 10-4　片状微调电阻器

2．表面贴装电容器

与普通电容器一样，表面贴装电容器种类繁多，各种不同材料构成的电容器，它的封装形式也各不相同，如图 10-5 所示为钽电容器，如图 10-6 所示为铝电解电容器。

3．表面安装电感器

按照结构和制造工艺的不同，表面安装电感器有绕线式、多层式和卷绕式等多种，如图 10-7 所示。

4．表面贴装半导体器件

表面贴装半导体器件简称 SMD，封装形式有小型塑封型 SOT、小外形封装集成电路 SOP

或 SOIC 等多种。其外形结构如图 10-8 所示。

图 10-5　钽电容器

图 10-6　铝电解电容器

图 10-7　表面安装电感器

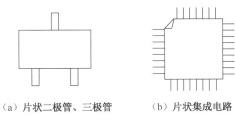

（a）片状二极管、三极管　　（b）片状集成电路

图 10-8　表面贴装半导体器件外形示意图

129

5．表面贴装的元器件应具备的条件

①元件的形状适合于自动化表面贴装；②尺寸、形状在标准化后具有互换性；③有良好的尺寸精度；④适用于流水或非流水作业；⑤有一定的机械强度；⑥可承受有机溶液的洗涤；⑦可执行零散包装，又适应编带包装；⑧具有电性能以及机械性能的互换性；⑨耐焊接热应符合相应的规定。

链接 3　表面贴装材料

表面贴装材料在表面安装技术中起着关键的作用。表面贴装材料种类很多，这里仅对焊膏、助焊剂和清洁剂进行简单介绍。

焊膏是由合金焊料粉末和糊状助焊剂等物质构成的均匀混合的一种膏状体，它是 SMT 工艺中不可缺少的焊接材料，广泛应用于回流焊中。焊膏的成分可分成两个大的部分——即助焊剂和焊粉。

1．焊粉

焊粉的合金成分、颗粒形状和尺寸对焊膏的特性和焊接的质量（焊点的润湿、高度和可靠性）产生关键性的影响。

焊粉的合金成分和配比决定膏状焊料的温度特性（熔点和凝固点），可因此分为高温焊料、低温焊料、有铅焊料和无铅焊料。不同金属成分的焊粉，其性质与用途也不相同，必须慎重选择。合金粉对其中有害杂质（如锌、铝、镉、锑、铜、铁、砷、硫等）的含量有严格的限制。

理想的焊粉应该是粒度一致的球状颗粒。焊粉的形状、粒度大小和均匀程度，对焊锡膏的性能影响很大：如果印制电路板上的图形比较精细，焊盘的间距比较狭窄，应该使用粒度大的焊粉配制的焊锡膏。焊粉中的大颗粒会影响焊膏的印刷质量和黏度，微小颗粒在焊接时会生成飞溅的焊料球导致短路。对不同粒度等级的焊粉的质量要求见表 10-2。

表 10-2　对不同粒度等级的焊粉的质量要求

型号	应多于 80%的颗粒尺寸	应少于 1% 的大颗粒尺寸	应少于 10% 的微颗粒尺寸
1 型	75～105 μm	>150 μm	<20 μm
2 型	45～75 μm	>75 μm	
3 型	20～45 μm	>45 μm	
4 型	20～38 μm	>38 μm	

2．助焊剂

助焊剂在 SMT 焊接中的作用是净化焊接面、提高润湿性、防止焊料氧化、保证工艺优良。适量的助焊剂是组成膏状焊料的关键材料，重量百分含量一般占焊膏的 8%～15%，其主要成分有树脂（光敏胶）、活性剂和稳定剂等。助焊剂的化学活性可分为 3 个等级：非活性（R）、中等活性（RMA，Middle Activated）和全活性（RA，Activated）。中等活性助焊剂的主要成分为松香添加有机活化剂（有机胺、有机卤化物）；而全活性的助焊剂的主要成分是松香添加无机活化剂。

根据助焊剂的成分不同，配制成的焊膏也具有不同的性质和不同的用途：

（1）在向印制电路板上涂敷焊膏时，助焊剂影响焊膏图形的形状、厚度及塌落度。一般，采用模板印刷的焊膏，其助焊剂含量不超过 10%。

（2）在贴放元器件时，助焊剂影响黏度，助焊剂的含量高，黏度就小。

（3）在回流焊过程中，助焊剂决定焊膏的润湿性、焊点的形状以及焊料球飞溅的程度。

（4）焊接完成后，助焊剂残留物的性质决定采用免清洗、可不清洗、溶剂清洗或水清洗工艺。免清洗焊膏内的助焊剂含量不得超过 10%。

（5）助焊剂的成分影响焊膏的存储寿命。

3．不同工艺对焊锡膏的选择

涂敷焊膏的不同方法对焊膏黏度的要求见表 10-3。

表 10-3　涂敷焊膏的不同方法对焊膏黏度的要求

涂敷焊膏的方法	丝网印刷	模板印刷	手工滴涂
焊膏黏度（Pa.s）	300～800	普通密度 SMD：500～900 高密度、窄间距 SMD：700～1300	150～300

4．焊锡膏的保存与使用要求

（1）焊膏通常应该保存在 5～10℃的低温环境下，可以储存在电冰箱的冷藏室内。

（2）一般应该在使用的前一天从冰箱中取出焊膏，至少要提前 2 小时取出来，待焊膏达到室温后，才能打开焊膏容器的盖子，以免焊膏在解冻过程中凝结水汽。假如有条件使用焊膏搅拌机，焊膏回到室温只需要 15 分钟。

（3）观察锡膏，如果表面变硬或有助焊剂析出，必须进行特殊处理，否则不能使用；如果焊锡膏的表面完好，则要用不锈钢棒搅拌均匀以后再使用。如果焊锡膏的黏度大而不能顺利通过印刷模板的网孔或定量滴涂分配器，应该适当加入稀释剂，充分搅拌稀释以后再用。

（4）使用时取出焊膏后，应该盖好容器盖，避免助焊剂挥发。

（5）涂敷焊膏和贴装元器件时，操作者应该戴手套，避免污染电路板。

（6）把焊膏涂敷在印制板上的关键是要保证焊膏能准确地涂敷到元器件的焊盘上。如涂敷不准确，必须擦洗掉焊膏再重新涂敷。擦洗免清洗焊膏不得使用酒精。

（7）印好焊膏的电路板要及时贴装元器件，尽量在 4 小时内完成回流焊。

（8）免清洗焊膏原则上不允许回收使用，如果印刷涂敷的间隔超过 1 小时，必须把焊膏从模板上取下来并存放到当天使用的焊膏容器里。

（9）回流焊的电路板，需要清洗的应该在当天完成清洗，防止焊锡膏的残留物对电路产生腐蚀。

5. 清洗剂

焊接和清洗是对电路组件的高可靠性具有深远影响和相互依赖的组装工艺。在表面组装焊接过程中必须选择合适的助焊剂，以获得优良的可焊性。至今，在板级电路组装中一般仍采用树脂型助焊剂。这类助焊剂焊接后有残渣留在表面组装组件上，对其性能有影响，所以为确保表面组装件的可靠性，焊接后必须进行清洗，以去除焊剂残渣和其他污染物，满足有关标准对离子杂质污染物和表面绝缘电阻的要求。清洗的关键是选择优良的清洗剂。

链接 4　表面贴装工艺过程

1. 贴片元件的手工焊接工艺

（1）焊接贴片元件需要的常用工具。如图 10-9 所示为一些焊接贴片元件的常用工具。

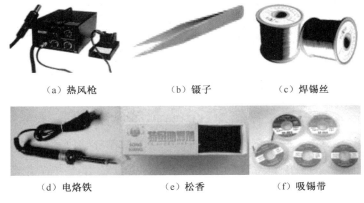

（a）热风枪　　　　（b）镊子　　　　（c）焊锡丝

（d）电烙铁　　　　（e）松香　　　　（f）吸锡带

图 10-9　手工焊接贴片元件的常用工具

除了上面所说的以外，还有电烙铁、焊锡膏、放大镜、酒精以及一些如海绵、洗板水、硬毛刷、胶水等的辅助材料。

（2）贴片元件的手工焊接步骤。

在了解了贴片焊接工具以后，现在对焊接步骤进行详细说明。

① 清洁和固定 PCB（印制电路板）。在焊接前应对要焊的 PCB 进行检查，确保其干净（图 10-10）。对其上面的表面油性的手印以及氧化物等物质要进行清除，避免影响上锡。手工焊接 PCB 时，如果条件允许，可以用焊台之类的固定好从而方便焊接，一般情况下用手固定就好，值得注意的是避免手指接触 PCB 上的焊盘，影响上锡。

② 固定贴片元件。贴片元件的固定是非常重要的。根据贴片元件的引脚多少，其固定方法大体上可以分为两种——单脚固定法和多脚固定法。对于引脚数目少（一般为 2～5 个）的贴片元件，如电阻、电容、二极管、三极管等，一般采用单脚固定法。即先在板上对其的一个焊盘上锡（图 10-11），然后左手拿镊子夹持元件放到安装位置并轻轻抵住电路板，右手拿烙铁靠近已镀锡焊盘，熔化焊锡将该引脚焊好（图 10-12），此时镊子可以松开。而对于引脚多且多面分布的贴片芯片，单脚是难以将芯片固定好的，这时就需要多脚固定，一般可以

采用对脚固定的方法（图 10-13）。即焊接固定一个引脚后又对该引脚对面的引脚进行焊接固定，从而达到整个芯片被固定好的目的。需要注意的是，引脚多且密集的贴片芯片，精准地将引脚对齐焊盘尤其重要，应仔细检查核对。

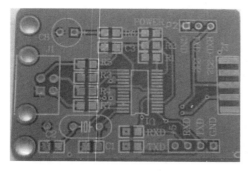

图 10-10　一块干净的 PCB

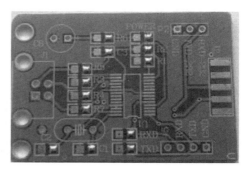

图 10-11　对于引脚少的元件应先单脚上锡

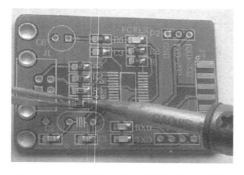

图 10-12　对引脚少的元件进行固定焊接

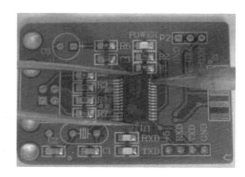

图 10-13　对引脚较多的元件进行对脚或多脚固定焊接

值得强调说明的是，芯片的引脚一定要判断正确，这些细致的前期工作一定不能马虎。

③ 焊接剩下的引脚。元件固定好之后，应对剩下的引脚进行焊接。对于引脚少的元件，可左手拿焊锡，右手拿烙铁，依次点焊即可。对于引脚多而且密集的芯片，除了点焊外，还可以采取拖焊，即在一侧的引脚上足锡，然后利用烙铁将焊锡熔化往该侧剩余的引脚上抹去（图 10-14），熔化的焊锡可以流动，因此有时也可以将板子适当地倾斜，从而将多余的焊锡弄掉。值得注意的是，不论点焊还是拖焊，都很容易造成相邻的引脚被锡短路（图 10-15）。这些都可以修好，需要关心的是应将所有的引脚都与焊盘很好地连接在一起，没有虚焊。

图 10-14　对引脚较多的贴片芯片进行拖焊

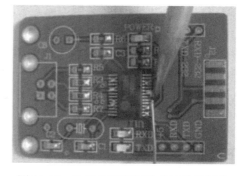

图 10-15　注意焊接时所造成的引脚短路

④ 清除多余焊锡。如何处理掉多余的焊锡呢？一般而言，可以用吸锡带将多余的焊锡

吸掉。吸锡带的使用方法与前面所述拆焊方法相似：向吸锡带加入适量的助焊剂（如松香），然后紧贴焊盘，用干净的烙铁头放在吸锡带上，待吸锡带被加热到将吸附在焊盘上的焊锡融化后，慢慢地从焊盘的一端向另一端轻压拖拉，焊锡即被吸入带中。应当注意的是吸锡结束后，应将烙铁头与吸上了锡的吸锡带同时撤离焊盘，此时如果吸锡带粘在焊盘上，千万不要用力拉吸锡带，而是应再向吸锡带上加助焊剂，或重新用烙铁头加热后，再轻拉吸锡带使其顺利脱离焊盘，并且要防止烫坏周围元器件。如果没有市场上所卖的专用吸锡带，可以采用多股铜导线中的细铜丝来自制吸锡带（图 10-16）。自制的方法如下：将电线的外皮剥去之后，露出其里面的细铜丝，此时用烙铁熔化一些松香在铜丝上就可以了。清除多余的焊锡之后的效果见图 10-17。

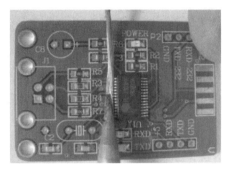
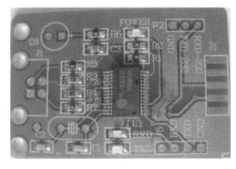

图 10-16　用自制的吸锡带吸去芯片引脚上多余的焊锡　　图 10-17　清除芯片引脚上多余的焊锡后效果图

⑤ 清洗焊接的地方。焊接和清除多余的焊锡之后，芯片基本上就算焊接好了。但是由于使用松香助焊和吸锡带吸锡的缘故，板上芯片引脚的周围残留了一些松香（图 10-17），虽然并不影响芯片工作和正常使用，但不美观，而且有可能造成检查时不方便。常用的清理方法是可以用洗板水，这里采用了酒精清洗，清洗工具可以用棉签，也可以用镊子夹着卫生纸之类进行（图 10-18）。清洗擦除时应该注意的是酒精要适量，其浓度最好较高，以快速溶解松香之类的残留物。其次，擦除的力道要控制好，不能太大，以免擦伤阻焊层以及伤到芯片引脚等。清洗完毕的效果如图 10-19 所示。此时可以用烙铁或者热风枪对酒精擦洗位置进行适当加热，让残余酒精快速挥发。至此，芯片的焊接就结束了。

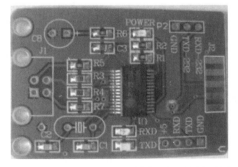

图 10-18　用酒精清除掉焊接时所残留的松香　　图 10-19　用酒精清洗焊接位置后的效果图

焊接贴片元件总体而言是固定——焊接——清理这样一个过程。其中元件的固定是前提，一定要有耐心，确保每个引脚和其所对应的焊盘对准精确。在焊接多引脚芯片时，若引脚被焊锡短路，可以用吸锡带进行吸焊，或者就只用烙铁，利用焊锡熔化后流动的因素将多余的焊锡去除。

2. 表面安装的四种安装方式

通常情况下，电路板上既有表面贴装元器件，也有通孔安装元器件，因此，表面安装有单面表面贴装、双面表面贴装、单面混合安装、双面混合安装等四种形式，如图 10-20 所示。

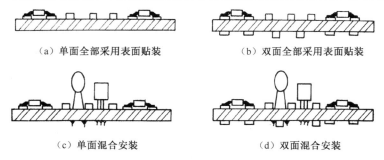

（a）单面全部采用表面贴装　　（b）双面全部采用表面贴装

（c）单面混合安装　　（d）双面混合安装

图 10-20　表面安装的四种安装方式

有两种形式的 PCB 板表面安装流程，如图 10-21 所示为单面表面安装，如图 10-22 所示为双面安装。

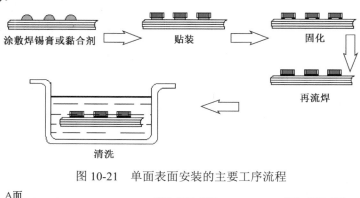

图 10-21　单面表面安装的主要工序流程

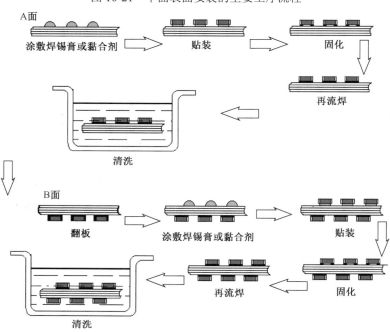

图 10-22　双面表面安装的主要工序流程

3．回流焊

回流焊又称再流焊、重熔焊，是随微电子产品而发展起来的一种新的焊接技术。它是将加工好的粉状焊料用液态黏合剂混成糊状焊膏，再用它将元器件黏结到印制板上，然后加热使焊料再次熔化而流动，从而达到焊接的目的。常用的回流焊加热方法有热风加热、红外线加热和气相加热。回流焊的焊接效率高，焊点质量好，多用于片式元件的焊接，在自动化生产的微电子产品焊接中应用广泛。

目前最常用的是热风回流焊，热风回流焊过程中，焊膏需要经过以下几个阶段：熔剂挥发、焊剂清除焊件表面氧化物、焊膏熔融和再流动、焊膏的冷却和凝固。

（1）预热区：PCB 和元器件预热，达到平衡，同时除去焊膏中的水分、溶剂，以防焊膏发生塌落和焊料飞溅。要保证升温比较缓慢、溶剂挥发较温和、对元器件的热冲击尽可能小，温度升高过快会对元器件造成伤害，如会引起多层陶瓷电容器开裂，同时还会造成焊料飞溅，使在整个 PCB 的非焊接区域形成焊料球以及焊料不足的焊点。

（2）保温区：保证在达到回流温度之前焊料能完全干燥，同时还起到焊剂活化的作用，清除元器件、焊盘、焊粉中的金属氧化物。焊料完全干燥的时间约为 60～120s，根据焊料的性质有所差异。

（3）回流焊区：焊膏中的焊料锡粉开始熔化，再次呈流动状态，替代液态焊剂润湿焊盘和元器件，这种润湿作用导致焊料进一步扩展，对大多数焊料润湿时间为 60～90s。回流焊的温度要高于焊膏的熔点温度，一般要超过熔点温度 20℃才能保证回流焊的质量。

（4）冷却区：焊料随温度的降低而凝固，使元器件与焊膏形成良好的电接触，冷却速度要求与预热速度相同。

10.1.3 任务实施

■ 实训 25 识别、检测表面贴装元器件

一、实训目的

通过实训能基本掌握常用表面贴装元器件的识别。

二、实训器材及设备

（1）片状电阻若干；

（2）矩形贴片电容若干；

（3）片状电感器若干；

（4）片状二极管若干；

（5）片状三极管若干；

（6）片状集成电路两片。

三、实训步骤

（1）能正确熟练识读片状电阻；

（2）能正确识读矩形贴片电容；

（3）能正确识读片状电感器；

（4）熟练识读片状二极管和片状三极管；

（5）能了解片状集成电路的引脚判读。

四、注意事项

（1）能区分清片状电阻和片状电容、片状电感外形；

（2）通过资料查阅各贴片元件的封装形式。

五、完成实训报告书

■ 实训 26　参观贴片机和回流焊机

一、实训目的

（1）掌握 SMT 生产工艺流程；

（2）了解 SMT 元器件的包装规格与包装方式；

（3）了解 SMT 材料锡膏的主要成分与储存和使用要求；

（4）了解表面贴装设备的基本构造和工作原理；

（5）了解表面贴装设备的开机、关机操作。

二、实训器材及设备

（1）SMT 元器件若干；

（2）SMT 材料锡膏若干；

（3）贴片机一台；

（4）回流焊机一台；

三、实训步骤

（1）认识 SMT 元器件的外观与包装方式；

（2）认识锡膏；

（3）观看印刷机实物结构并选择一款产品，由老师示范演示印刷过程；

（4）观看贴片机实物结构并选择一款产品，由老师示范演示贴片过程；

（5）观看回流焊机实物结构并选择一款产品，由老师示范演示回流焊接过程；

（6）SMT 设备操作指导书及其安全规程。

四、注意事项

（1）观看贴片机和回流焊机时应注意安全，不得用手接触机内部件；

（2）观看教师演示时要注意记录；

（3）认真观看 SMT 设备操作指导书及其安全规程。

五、完成实训报告书

■ 实训 27　焊接 SMT 收音机

一、实训目的

通过收音机的安装，能基本了解贴片安装的工艺流程及其注意事项，为今后使用自动贴片机作准备。

二、实训器材及设备

（1）SMT 收音机套件一套；

（2）电烙铁一把；

（3）焊膏（或焊锡丝）若干；

（4）助焊剂若干；

（5）放大镜一只；

（6）镊子等焊接工具若干。

三、实训步骤

（1）涂助焊剂。首先在印制电路板焊盘上涂上一层助焊剂，或在焊盘上预焊上一层薄薄的焊料；

（2）贴片。将元器件贴在印制电路板设定的位置上。手工贴片操作最简单的方法是用镊子借助放大镜仔细将贴片元器件放到设定的位置上。由于片状元件尺寸小，特别是细间距QFP（四边扁平封装）引线很细，用镊子夹持的方法可能对器件有损伤，可选用带有负压吸嘴的手工贴片装置，如吸取球、真空吸笔等；

（3）焊接。片式元件的手工焊接，最好采用恒温或电子控温烙铁。对于两到三个引脚的元器件，如电阻、电容、三极管等，可用ϕ0.5mm的焊锡丝焊接，电烙铁的功率不大于20W。烙铁头则可根据需要进行改制；

（4）调试。

四、注意事项

（1）涂助焊剂时注意助焊剂用量适当；

（2）贴片过程中位置必须放正，不得有偏离；

（3）烙铁焊接时注意掌握加热功当量时间，时间长了容易损坏贴片元件，时间短了则不能很好地连接。

五、完成实训指导书

10.1.4　任务评价

第3模块实训报告书中有本次任务评价，请认真完成自评、小组评及师评。

知识技能拓展　微组装技术

封装也可以说是指安装半导体集成电路芯片用的外壳，它不仅起着安放、固定、密封、保护芯片和增强导热性能的作用，而且还是沟通芯片内部世界与外部电路的桥梁——芯片上的接点用导线连接到封装外壳的引脚上，这些引脚又通过印制电路板上的导线与其他器件建立连接。因此，对于很多集成电路产品而言，封装技术都是非常关键的一环。

芯片的封装技术已经历了好几代的变迁，从双列直插式封装（DIP）、扁平封装（QFP）、柱栅阵列封装（PGA）、球栅阵列封装（BGA）到芯片尺寸封装（CSP）再到MCM，技术指标一代比一代先进，包括芯片面积与封装面积之比越来越接近于 1，适用频率越来越高，耐温性能越来越好，引脚数增多，引脚间距减小，重量减小，可靠性提高，使用更加方便，等等。近年来电子产品朝轻、薄、短、小及高功能发展，封装市场也随信息及通信产品朝高频化、高 I/O 数及小型化的趋势演进。

1．柱栅阵列封装

用 2μm 长、0.4μm 宽的微型金属柱组成格栅，它既可提供电路连接，又控制了电磁干扰，并且有效地节约了部件的总体体积。柱栅阵列封装（PGA）方法使用特别设计的塑料框架，其中放置 200 多个微型格栅，它最终解决了电磁屏蔽和电路连接问题，同时易于使用。

PGA 芯片封装形式在芯片的内外有多个方阵形的插针，每个方阵形插针沿芯片的四周间隔一定距离排列。根据引脚数目的多少，可以围成 2～5 圈。安装时，将芯片插入专门的 PGA 插座。为使 CPU 能够更方便地安装和拆卸，从 486 芯片开始，出现一种名为 ZIF 的 CPU 插座，专门用来满足 PGA 封装的 CPU 在安装和拆卸上的要求。

ZIF（Zero Insertion Force Socket）是指零插拔力的插座。把这种插座上的扳手轻轻抬起，

CPU 就可很容易、轻松地插入插座中。然后将扳手压回原处，利用插座本身的特殊结构生成的挤压力，将 CPU 的引脚与插座牢牢地接触，绝对不存在接触不良的问题。而拆卸 CPU 芯片只需将插座的扳手轻轻抬起，则压力解除，CPU 芯片即可轻松取出。

2. 球栅阵列封装

球栅阵列封装 BGA（Ball Grid Array）封装方式是在管壳底面或上表面焊有许多球状凸点，通过这些焊料凸点实现封装体与基板之间互连的一种先进封装技术。

BGA 封装的芯片与普通封装的芯片相比，具有较高的电气性能，BGA 封装的芯片通过底部的锡球与 PCB 板相连，有效地缩短了信号的传输距离，信号传输线的长度仅是传统 PGA 技术的 1/4，信号的衰减也随之下降，能够大幅提升芯片的抗干扰性能，使之具有更好的散热能力。

BGA 一出现便成为 CPU、南北桥等 VLSI 芯片的高密度、高性能、多功能及高 I/O 引脚封装的最佳选择，其特点如下：

（1）I/O 引脚数虽然增多，但引脚间距远大于 QFP，从而提高了组装成品率；

（2）虽然它的功耗增加，但 BGA 能用可控塌陷芯片法焊接，简称 C4 焊接，从而可以改善它的电热性能；

（3）厚度比 QFP 减少 1/2 以上，重量减轻 3/4 以上；

（4）寄生参数减小，信号传输延迟小，使用频率大大提高；

（5）组装可用共面焊接，可靠性高；

（6）BGA 封装仍与 QFP、PGA 一样，占用基板面积过大。

Intel 公司对这种集成度很高（单芯片里达 300 万只以上晶体管）、功耗很大的 CPU 芯片，如 Pentium、Pentium Pro 采用陶瓷针栅阵列封装 CPGA 和陶瓷球栅阵列封装 CBGA，并在外壳上安装微型排风扇散热，从而达到电路的稳定可靠工作。

BGA 封装比 QFP 先进，更比 PGA 好，但它的芯片面积与封装面积的比值仍很低。Tessera 公司在 BGA 基础上做了改进，研制出另一种称为 μBGA 的封装技术，按 0.5mm 焊区中心距，芯片面积与封装面积的比为 1∶4，比 BGA 前进了一大步。

3. 芯片规模封装

随着全球电子产品个性化、轻巧化的需求蔚然成风，对集成电路封装要求更加严格。

1994 年 9 月，日本三菱电气研究出一种芯片面积/封装面积=1∶1.1 的封装结构，其封装外形尺寸只比裸芯片大一点点。也就是说，单个 IC 芯片有多大，封装尺寸就有多大，从而诞生了一种新的封装形式，命名为芯片尺寸封装，简称 CSP（Chip Size Package 或 Chip Scale Package）。CSP 是一种封装外壳尺寸最接近晶粒（Die）尺寸的小型封装，具有多种封装形式，其封装前后尺寸比为 1∶1.2。它减小了芯片封装外形的尺寸，做到裸芯片尺寸有多大，封装尺寸就有多大。即封装后的 IC 尺寸边长不大于芯片的 1.2 倍，IC 面积只比晶粒（Die）大不超过 1.4 倍。

CSP 有两种基本类型：一种是封装在固定的标准压点轨迹内的，另一种则是封装外壳尺寸随芯尺寸变化的。常见的 CSP 分类方式是根据封装外壳本身的结构来分的，它分为柔性 CSP、刚性 CSP、引线框架 CSP 和圆片级封装（WLP）。柔性 CSP 封装和圆片级封装的外形尺寸因晶粒尺寸的不同而不同；刚性 CSP 和引线框架 CSP 封装则受标准压点位置和大小制约。

CSP 封装适用于引脚数少的 IC，如内存条和便携电子产品。未来则将大量应用在信息家电（IA）、数字电视（DTV）、电子书（E-Book）、无线网络 WLAN/Gigabit Ethernet、ADSL/

手机芯片、蓝牙（Bluetooth）等新兴产品中。

4. 芯片直接贴装技术

芯片直接贴装技术（Direct Chip Attach 简称 DCA），也称为板上芯片技术（Chip-on-Board 简称 COB），是采用黏结剂或自动带焊、丝焊、倒装焊等方法，将裸露的集成电路芯片直接贴装在电路板上的一项技术。倒装芯片是 COB 中的一种（其余两种为引线键合和载带自动键合），它将芯片有源区面对基板，通过芯片上呈现阵列排列的焊料凸点来实现芯片与衬底的互连。

它提供了非常多的优点：消除了对引线键合连接的要求；增加了输入/输出（I/O）的连接密度；以及在印制电路板上所使用的空间很小。与引线键合相比，它实现了较多的 I/O 数量、加快了操作的速度。

5. 系统集成技术

当单芯片一时还达不到多种芯片的集成度时，将高集成度、高性能、高可靠性的 CSP 芯片（用 LSI 或 IC）和专用集成电路芯片（ASIC）在高密度多层互连基板上用表面安装技术（SMT）组装成为多种多样的电子组件、子系统或系统。由这种想法产生出多芯片组件 MCM（Multi-Chip Model）。它将对现代化的计算机、自动化、通信业等领域产生重大影响。MCM 的特点有：

（1）封装延迟时间缩小，易于实现组件高速化；

（2）缩小整机/组件封装尺寸和重量，一般体积减小 1/4，重量减轻 1/3；

（3）可靠性大大提高。

随着 LSI 设计技术和工艺的进步及深亚微米技术和微细化缩小芯片尺寸等技术的使用，人们产生了将多个 LSI 芯片组装在一个精密多层布线的外壳内形成 MCM 产品的想法。进一步又产生另一种想法：把多种芯片的电路集成在一个大圆片上，从而又导致了封装由单个小芯片级转向硅圆片级（Wafer Level）封装的变革，由此引出系统级芯片 SOC（System On Chip）和电脑级芯片 PCOC（PC On Chip）。

随着 CPU 和其他 ULSI 电路的进步，集成电路的封装形式也将有相应的发展，而封装形式的进步又将反过来促成芯片技术向前发展。

139

PCB 设计制作

任务 11.1　设计制作 PCB

11.1.1　**任务安排**

工业生产 PCB 板的过程与传统的手工生产是不同的,它的生产过程需经过打印电路、钻孔、电镀、敷膜、感光、显影、蚀刻等工序来完成。在整个过程中需用到一些机械设备和光学设备。

设计制作 PCB 板任务单见表 11-1。

表 11-1　设计制作 PCB 板任务单

任 务 名 称	设计制作 PCB 板		
任务内容	1. 参观 PCB 板生产车间 2. 手工制作 PCB 板		
任务要求	1. 参观 PCB 板生产车间,了解 PCB 板工业生产过程 2. 了解业余条件下手工制作 PCB 板		
技术资料	上网查一些大型 PCB 厂家生产 PCB 过程		
签名		备注	

11.1.2　**知识技能准备**

知识链接 1　PCB 板知识

印制电路板是实现电路原理图的功能、进行元件固定及其电气连接的载体。印制电路板的设计制作首先应根据其电气性能和使用条件合理地选择元器件,然后根据使用安装条件、元件体积、电气特性进行电路板形状尺寸设计及元件的合理布局,将各元器件的引脚按原理图的电气连接关系绘制连线,最后进行局部处理,直到达到设计要求,即完成印制电路板图的设计。

在 Protel 99SE 中设计完成的印制电路板图若要制作成实际的电路板,可直接将设计好的印制电路图文件拷贝给印制板生产厂商,即可生产出标准的、高质量的电路板。现在市面上出现了一种印制板雕刻机,一万多元一台,与微机相连可将在 Protel 99SE 中设计完成的印制电路板图直接雕刻出来。在业余条件下也有很多手工方法制作电路板,下面将加以介绍。

链接 2　PCB 板制作过程

电子产品的工业生产过程中,是需按照一定的操作规程来制作印制电路板。印制电路板制作方法很多,主要分成加成法和减成法。不同的方法有各自不同的优点,同时使用的场合也不尽相同。

1. 加成法

在绝缘基材表面上,有选择地沉积导电金属而形成导电图形的方法称为加成法。它主要分为以下三类:全加成、半加成和部分加成。全加成法只是用化学沉铜方法形成导电图形的加成法工艺,如其中的 CC-4 法:钻孔→成像→增黏处理(负相)→化学镀铜→去除抗蚀剂;半加成法是在绝缘基片上,用化学沉积金属,结合电镀蚀刻,或者三者并用形成导电图形的加成法工艺,其工艺流程为:钻孔→催化处理和增黏处理→化学镀铜→成像(电镀抗蚀剂)→图形电镀铜(负相)→去除抗蚀剂→差分蚀刻;部分加成法是在催化性敷铜层压板上,采用加成法制造印制板。工艺流程:成像(抗蚀刻)→蚀刻铜(正相)→去除抗蚀层→全板涂敷电镀抗蚀剂→钻孔→孔内化学镀铜→去除电镀抗蚀剂。

2. 减成法

在敷铜箔层压板表面上,有选择性地去除部分铜箔来获得导电图形的方法称为减成法。减成法是目前印制电路板制造的主要方法,其最大的优点是工艺成熟、稳定、可靠。减成法工艺中,印制电路板分为三类:非穿孔镀印制板、穿孔镀印制板和表面安装印制板。如图 11-1～11-5 所示为一组 PCB 板制作过程图。

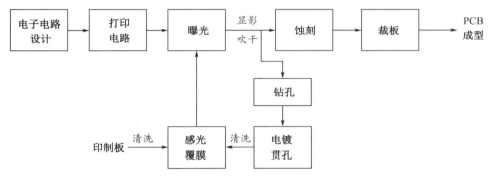

图 11-1   PCB 板制作模型图

图 11-2   钻孔

图 11-3   敷膜

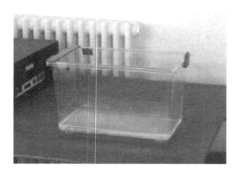

图 11-4　显影

图 11-5　蚀刻

链接 3　PCB 板生产工艺

一般而言，印制电路板有单面板、双面板和多层板之分。在工业生产过程中，不同的电路板有其不同的生产工艺要求。

1．单面印制电路板的生产工艺

单面印制电路板的工艺过程比较简单，通常可以分为下料→丝网漏印→腐蚀→去除印料→孔加工→涂阻焊剂→成品这几个步骤。

2．双面印制电路板的生产工艺

双面印制电路板与单面板相比要复杂得多，主要是双面板实现了两面印制电路的电气连接，所以增加了孔金属化工艺，由于孔金属化工艺方法很多，相应地，双面板的制作工艺也有多种方法。

（1）堵孔法的生产工艺：下料→钻孔→化学沉铜→擦去表面沉铜→电镀铜加厚→堵孔（保护金属化孔）→上感光胶→曝光→显影→腐蚀(酸性)→去膜→洗孔→成型→表面涂敷→检验。

（2）图形电镀法的生产工艺：下料→钻孔→化学沉铜→电镀铜加厚→贴干膜→图形转移（曝光、显影）→二次电镀铜加厚→镀铅锡合金→去保护膜→腐蚀→镀金（需要部分）→成型→热熔→检验。

3．多层印制板的生产工艺

多层印制板的生产工艺较为复杂，包括内层材料处理→定位孔加工→表面清洁处理→内层走线及图形→腐蚀→压层前处理→外内层材料压层→孔加工→孔金属化→制外层图形→镀耐腐蚀可焊金属→去除感光胶→腐蚀→插头镀金→外形加工→热熔→涂助焊剂→成品。

链接 4　PCB 板手工制作

印制电路板还可进行手工制作。手工制作印制板的方法很多，但费时且"工艺"复杂。手工自制印制电路板的方法有：刀刻法、腐蚀法、热转印法等。下面分别介绍一下常用手工制作印制电路板的具体操作。

1．敷铜板的处理

应按实际形状和尺寸裁剪好敷铜板，然后用锉刀修整边角使之平整无毛刺，最后用细砂纸打磨除去敷铜表面的杂质和氧化层。

2．刀刻法制作印制电路板

当制作的印制电路板比较简单，可用刻刀将不需要的敷铜直接剔除掉，这种方法简单快捷但会损伤绝缘基板，适合应急情况下制作简单的印制板。

3．油漆描绘法制作印制电路板

用复写纸将印制电路图复制到已清洁处理的敷铜板上，然后用鸭嘴笔（或尖镊子）沾油漆在敷铜板上先描出所有焊盘，再描出焊盘之间的连线，描涂时焊盘要饱满，走线尽量光滑平直且有足够的宽度。待油漆稍干时（干透后油漆比较脆硬，不好修整），用刀片和直尺对焊盘和连线进行修整，将相邻的焊盘和导线之间清理干净，对残缺的部分还要进行补涂，直到所描涂的印制电路图达到要求为止。

油漆干透以后（可以烘干或用电吹风吹干），将敷铜板放入三氯化铁溶液中进行腐蚀，待敷铜板上裸露的敷铜全部腐蚀掉以后，取出并用清水冲洗干净，按要求钻孔，然后刮去所涂油漆并用细砂纸打磨干净，最后涂抹上松香水。

这种方法制作简单，很容易作出各种形状的焊盘和连线，可制作稍复杂的电路，是较常采用的方法。

4．不干胶刻除法制作印制电路板

用复写纸将印制电路图复制到已清洁处理的敷铜板上，然后在敷铜板上贴一层不干胶（贴平不要有气泡），用刀片和直尺剔除不需要的不干胶（只保留焊盘和连线部分）。达到要求后将敷铜板放入三氯化铁溶液中进行腐蚀，待敷铜板上裸露的敷铜全部腐蚀掉，以后取出并用清水冲洗干净，揭去所有不干胶，按要求钻孔，并用细砂纸打磨干净，最后涂抹上松香水。

这种方法制作简单快捷，但焊盘形状不够圆滑，连线不能做得太细，适合于元件不多、连线较宽的电路制作。

5．配制松香水

手工制作好的印制电路板经打磨清洁后需将敷铜面封闭起来以防止其氧化，通常采用涂刷松香水的方法来进行处理。配制松香水的方法是先将松香碾成粉末状，然后将其溶入无水酒精（乙醇）内即可，松香与乙醇的比例为 1∶5 左右。松香水除了具有将敷铜面封闭起来以防止其氧化的作用外，还具有助焊作用。

6．不干胶剪贴法制作印制电路板

用复写纸将印制电路图复制到广告用不干胶纸上（保留基层），用剪刀修剪出焊盘和连线（同一网络的焊盘和连线应连在一起不要剪断），然后揭去不干胶纸的基层，按照印制电路图的布局在敷铜板上黏结各焊点和连线。达到要求后将敷铜板放入三氯化铁溶液中进行腐蚀，待敷铜板上裸露的敷铜全部腐蚀掉以后取出，并用清水冲洗干净，揭去所有不干胶，按要求钻孔，并用细砂纸打磨干净，最后涂抹上松香水。

这种方法制作简单快捷，焊盘形状及连线圆滑，适合于元件不多，连线较宽的电路制作。

7．热转印法制作印制电路板

热转印纸是一种表面很光滑的纸，如果将用激光打印机打印的热转印纸与不太光滑的材料平贴并加热，揭去热转印纸后其表面的墨粉就会敷在不太光滑的材料表面上，利用这一特性可以制作出质量较高的印制电路板。具体方法为：将设计好的印制电路图（注意一定是镜面图即经翻转后的印制电路图）用激光打印机打印在热转印纸上，或用激光复印机复印在热转印纸上（对比度调高些），然后将热转印纸印有印制电路图的一面朝向敷铜板并与之贴平，用胶带将热转印纸的四周与敷铜板相贴以防止移位，再用电熨斗熨烫转印纸（熨烫时间根据电熨斗的温度和实际情况决定），最后揭去转印纸，印制电路图即被复制到敷铜板上。将敷铜板放入三氯化铁溶液中进行腐蚀，待敷铜板上裸露的敷铜全部腐蚀掉以后，取出并用清水冲洗干净，按要求钻孔，并用细砂纸打磨干净，最后涂抹上松香水。

这种方法可以将在 Protel 99SE 中设计的印制电路板图原封不动地复印在敷铜板上，是业余条件下手工制作印制板效果最好的方法。

8．定位钻孔

按所装元器件位置定孔眼。特别注意对各种变压器、电位器、继电器等器件定位一定要准确，否则会影响安装质量。钻孔时，为使孔眼光洁、无毛刺，所有元件孔径在 2mm 以下的，用高速钻孔。

9．涂助焊剂

钻好孔的印制线路板，用棉球沾上无水酒精，将保护漆擦净，清洗吹干后，均匀涂敷助焊剂，以利于焊接和保护线路铜箔不被氧化。

11.1.3　任务实施

■ 实训 28　参观 PCB 板生产车间

一、实训目的

（1）掌握单面 PCB 板生产的工艺流程；

（2）了解生产过程中各工序操作要求；

（3）了解双层印制板的加工工艺；

（4）了解多层印制板的加工工艺。

二、实训器材及设备

（1）PCB 板生产线一组；

（2）PCB 板生产所需各种材料若干；

（3）防护装置一套。

三、实训步骤

（1）观看单面 PCB 板生产的工艺流程；

（2）观看了解生产过程中各工序操作要求；

（3）察看双层印制板的加工工艺；

（4）观察多层印制板的加工工艺。

四、注意事项

（1）在生产厂房中注意安全；

（2）认真观察 PCB 生产工艺过程，并认真记录。

五、完成实训报告书

■ 实训 29　手工制作 PCB 板

一、实训目的

（1）熟悉 PCB 手工制作常用方法；

（2）掌握 PCB 的制作步骤和技巧。

二、实训器材及设备

（1）敷铜板（80×50）一块；

（2）刻刀一把；

（3）复写纸一张；

（4）封装胶带若干。

三、实训步骤

（1）敷铜板按尺寸要求下料；

（2）敷铜板去油污、打光；

（3）用封装胶带覆盖整个电路板；

（4）拓图，用复写纸将如图 11-6 所示声光"知了声"电路 PCB 板图拓印在封装胶带面上；

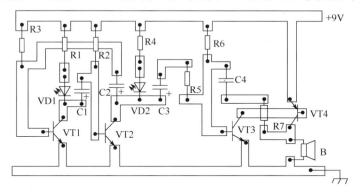

图 11-6　声光"知了声"电路印制板图

（5）用刻刀沿复写纸的图形刻图，揭去需腐蚀的部分；

（6）腐蚀，用已配制好的 $FeCl_3$ 试剂腐蚀；

（7）清洗已腐蚀好的敷铜板，去掉剩余胶带；

（8）钻孔和涂助焊剂。

四、注意事项

（1）注意整个操作过程的规范要求；

（2）注意刻刀使用时的安全；

（3）使用腐蚀剂时注意清洁；

（4）钻孔时应对准位置，不能偏斜。

五、完成实训报告书

11.1.4　任务评价

第 3 模块实训报告书中有本次任务评价，请认真完成自评、小组评及师评。

 知识技能拓展　电子组装检测技术

目前在电子组装测试领域中使用的测试技术种类繁多，常用的有手工视觉检查（Manual Visual Inspection，简称 MVI）、在线测试（In-Circuit Tester，简称 ICT）、自动光学测试（Automatic Optical Inspection，简称 AOI）、自动 X 射线测试（Automatic X-ray Inspection，简称 AXI）、功能测试（Functional Tester，简称 FT）等。由于电子组装行业的复杂性，很难界定哪些手段是组装业所必须的，而哪些是不需要的，每种测试技术的应用领域和测试手段都不尽相同。

1．测试技术介绍

（1）自动光学检查 AOI （Automatic Optical Inspection）。

AOI 是近几年才兴起的一种新型测试技术，但发展较为迅速，目前很多厂家都推出了 AOI 测试设备。当自动检测时，机器通过摄像头自动扫描 PCB，采集图像，测试的焊点与数据库中的合格的参数进行比较，经过图像处理，检查出 PCB 上的缺陷，并通过显示器或自动标志把缺陷显示/标示出来，供维修人员修整。

① 实施目标。实施 AOI 有以下两个主要目标：

a. 最终品质（End quality）。对产品走下生产线时的最终状态进行监控。当生产问题非常清楚、产品混合度高、数量和速度为关键因素的时候，优先采用这个目标。AOI 通常放置在生产线最末端。在这个位置，设备可以产生范围广泛的过程控制信息。

b. 过程跟踪（Process Tracking）。使用检查设备来监视生产过程。典型因素包括详细的缺陷、分类和元件贴放偏移信息。当元件供应稳定时，产品可靠性更显重要。进行低混合度大批量制造时，制造商优先采用这个目标。这经常要求把检查设备放置到生产线上的几个位置，在线地监控具体生产状况，并为生产工艺的调整提供必要的依据。

② 放置位置。虽然 AOI 可用于生产线上的多个位置，但有三个检查位置是主要的：

a. 锡膏印刷之后。如果锡膏印刷过程满足要求，那么 ICT 发现的缺陷数量可大幅度地减少。典型的印刷缺陷包括：焊盘上焊锡不足；焊盘上焊锡过多；焊锡对焊盘的重合不良；焊盘之间的焊锡桥。

在 ICT 上，相对这些情况的缺陷概率直接与情况的严重性成比例。轻微的少锡很少导致缺陷，而严重的情况，如根本无锡，则会在 ICT 上造成缺陷。焊锡不足可能是元件丢失或焊点开路的一个原因。尽管如此，决定哪里放置 AOI 需要认识到元件丢失可能是什么原因下发生的，这些因素必须放在检查计划内。这些位置的检查最直接地支持过程跟踪和特征化。这个阶段的定量过程控制数据包括：印刷偏移和焊锡量信息，而有关印刷焊锡的定性信息也会产生。

b. 回流焊前。检查是在元件贴放在板上锡膏内之后和 PCB 送入回流炉之前完成的。这是一个典型的放置检查机器的位置，因为这里可发现来自锡膏印刷以及机器贴放的大多数缺陷。在这个位置产生的定量的过程控制信息，提供高速贴片机和密间距元件贴装设备校准的信息。这个信息可用来修改元件贴放或表明贴片机需要校准。这个位置的检查满足过程跟踪的目标。

c. 回流焊后。在 SMT 工艺过程的最后步骤进行检查，这是目前 AOI 最流行的选择，因为这个位置可发现全部的装配错误。回流焊后检查提供高度的安全性，因为它可识别由锡膏印刷、元件贴装和回流过程引起的错误。

虽然各个位置可检测特殊缺陷，但 AOI 检查设备应放到一个可以尽早识别和改正最多缺陷的位置。

（2）在线测试仪 ICT（In-Circuit Tester）。

电气测试使用的最基本仪器是在线测试仪（ICT），传统的在线测试仪测量时使用专门的针床与已焊接好的线路板上的元器件接触，并用数百毫伏电压和 10 毫安以内电流进行分立隔离测试，从而精确地测出所装电阻、电感、电容、二极管、三极管、可控硅、场效应管、集成块等通用和特殊元器件的漏装、错装、参数值偏差、焊点连焊、线路板开短路等故障，并将故障是哪个元件或开短路位于哪个点准确告诉用户。针床式在线测试仪优点是测试速度快，适合于单一品种民用型家电线路板极大规模生产的测试，而且主机价格较便宜。但是随着线路板组装密度的提高，特别是细间距 SMT 组装以及新产品开发生产周期越来越短，线路板品种越来越多，针床式在线测试仪存在一些难以克服的问题：测试用针床夹具的制作、调试周期长，价格贵；对于一些高密度 SMT 线路板由于测试精度问题无法进行测试。

基本的 ICT 近年来随着克服先进技术局限的技术而改善。例如，当集成电路变得太大以至于不可能为相当的电路覆盖率提供探测目标时，ASIC 工程师开发了边界扫描技术。边界扫描（Boundary Scan）提供一个工业标准方法来确认在不允许探针的地方的元件连接。额外的电路设计到 IC 内部，允许元件以简单的方式与周围的元件通信，以一个容易检查的格式显示测试结果。

另一个非矢量技术（Vectorlees Technique）将交流（AC）信号通过针床施加到测试中的元件。一个传感器板压在测试中的元件表面，与元件引脚框形成一个电容，将信号耦合到传感器板。没有耦合信号表示焊点开路。

（3）自动 X 射线检查 AXI（Automatic X-ray Inspection）。

AXI 是近几年才兴起的一种新型测试技术。当组装好的线路板（PCBA）沿导轨进入机器内部后，位于线路板上方有一 X-Ray 发射管，其发射的 X 射线穿过线路板后被置于下方的探测器（一般为摄像机）接收，由于焊点中含有可以大量吸收 X 射线的铅，因此与穿过玻璃纤维、铜、硅等其他材料的 X 射线相比，照射在焊点上的 X 射线被大量吸收，而呈黑点产生良好图像，使得对焊点的分析变得相当直观，故简单的图像分析算法便可自动且可靠地检验焊点缺陷。AXI 技术已从以往的 2D 检验法发展到目前的 3D 检验法。前者为透射 X 射线检验法，对于单面板上的元件焊点可产生清晰的图像，但对于目前广泛使用的双面贴装线路板，效果就会很差，会使两面焊点的图像重叠而极难分辨。而 3D 检验法采用分层技术，即将光束聚焦到任何一层并将相应图像投射到一高速旋转的接收面上，由于接收面高速旋转使位于焦点处的图像非常清晰，而其他层上的图像则被消除，故 3D 检验法可对线路板两面的焊点独立成像。

3D X-Ray 技术除了可以检验双面贴装线路板外，还可对那些不可见焊点如 BGA 等进行多层图像"切片"检测，即对 BGA 焊接连接处的顶部、中部和底部进行彻底检验。同时利用此方法还可测通孔（PTH）焊点，检查通孔中焊料是否充实，从而极大地提高焊点连接质量。

（4）功能测试（Functional Tester）。

ICT 能够有效地查找在 SMT 组装过程中发生的各种缺陷和故障，但是它不能够评估整个线路板所组成的系统在时钟速度时的性能。而功能测试就可以测试整个系统是否能够实现设计目标，它将线路板上的被测单元作为一个功能体，对其提供输入信号，按照功能体的设计要求检测输出信号。这种测试是为了确保线路板能按照设计要求正常工作。所以功能测试最简单的方法，是将组装好的某电子设备上的专用线路板连接到该设备的相应电路上，然后加电压，如果设备正常工作，就表明线路板合格。这种方法简单、投资少，但不能自动诊断故障。

2．几种测试技术之间的比较

ICT 测试是目前生产过程中最常用的测试方法，具有较强的故障能力和较快的测试速度等优点。该技术对于批量大、产品定型的厂家而言，是非常方便、快捷的。但是，对于批量不大、产品多种多样的用户而言，需要经常更换针床，因此不太适合。同时由于目前线路板越来越复杂，传统的电路接触式测试受到了极大限制，通过 ICT 测试和功能测试很难诊断出缺陷。随着大多数复杂线路板的密度不断增大，传统的测试手段只能不断增加在线测试仪的测试接点数。然而随着接点数的增多，测试编程和针床夹具的成本也呈指数倍上升。开发测试程序和夹具通常需要几个星期的时间，更复杂的线路板可能还要一个多月。另外，增加 ICT 接点数量会导致 ICT 测试出错和重测次数的增多。

AOI 技术则不存在上述问题，它不需要针床，在计算机程序驱动下，摄像头分区域自动扫描 PCB，采集图像，测试的焊点与数据库中的合格的参数进行比较，经过图像处理，检查出 PCB 上缺陷。极短的测试程序开发时间和灵活性是 AOI 最大的优点。AOI 除了能检查出目检无法查出的缺陷外，AOI 还能把生产过程中各工序的工作质量以及出现缺陷的类型等情况收集、反馈回来，供工艺控制人员分析和管理。

但 AOI 系统也存在不足，如不能检测电路错误，同时对不可见焊点的检测也无能为力。AOI 测试技术在实际应用过程中会存在一些问题：①AOI 对测试条件要求较高，例如当 PCB 有翘曲，可能会由于聚焦发生变化导致测试故障。如果将测试条件放宽，却又达不到测试目的。②AOI 靠识别元件外形或文字来判断元件是否贴错等，若元件类型经常发生变化（如由不同公司提供的元件），这样需要经常更改元件库参数，否则将会导致误判。

AXI 技术是目前一种相对比较成熟的测试技术，其对工艺缺陷的覆盖率很高，通常达 97% 以上。而工艺缺陷一般要占总缺陷的 80%～90%，并可对不可见焊点进行检查，但 AXI 技术不能测试电路电气性能方面的缺陷和故障。尽管如此，AXI 技术在电子通信行业中的应用前景令人看好，例如，上海贝尔、青岛朗讯等都已采用了这一新技术。

3. 测试技术的应用前景展望

从目前应用情况来看，采用两种或以上技术相结合的测试策略正成为发展趋势（图 11-7）。

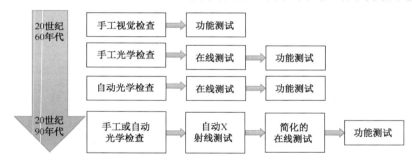

图 11-7　测试技术的发展趋势

因为每一种技术都补偿另一技术的缺点：从将 AXI 技术和 ICT 技术结合起来测试的情况来看，一方面，X 射线主要集中在焊点的质量。它可确认元件是否存在，但不能确认元件是否正确、方向和数值是否正确。另一方面，ICT 可决定元件的方向和数值但不能决定焊接点是否可接收，特别是焊点在封装体底部的元件，如 BGA、CSP 等。

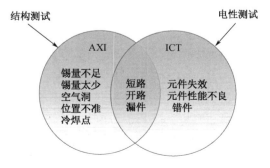

图 11-8　AXI 和 ICT 测试方法检查范围互补图

需要特别指出的是，随着 AXI 技术的发展，目前 AXI 系统和 ICT 系统可以"互相对话"，这种被称为"Aware Test"的技术能消除两者之间的重复测试部分。通过减小 ICT/AXI 多余的测试覆盖面可大大减小 ICT 的节点数量。这种简化的 ICT 测试只需原来测试接点数的 30%就可以保持目前的高测试覆盖范围,而减少 ICT 测试接点数可缩短 ICT 测试时间、加快 ICT 编程并降低 ICT 夹具和编程费用。在过去的两三年里，采用组合测试技术，特别是 AXI/ICT 组合测试复杂线路板的情况出现了惊人的进展，而且进展速度还在加快，因为有更多的行业领先生产厂家意识到了这项技术的优点并将其投入使用。

模块总结

本模块涉及"预加工工艺认识""通孔焊接工艺认识""基本安装工艺认识""部件组装""表面贴装技术认识"及"PCB 设计制作"六个项目，每个项目又分解为若干个任务，共有 18 个实训，详细介绍了导线和器件的预加工、焊接基本知识及通孔焊接工艺、基本安装工艺和技能、部件组装的工艺和技能、贴片元件的装接方法和工艺规范要求及 PCB 板设计制作方法等知识，通过实训强化了理论实践的融合。

模块练习

1. 简述屏蔽导线不接地时端头的加工过程？
2. 常用的线扎方法有哪些？
3. 元器件引脚有哪些预加工方法？
4. 清洁方法的分类有哪几种？印制电路板的清洁常采用哪些方法？
5. 试描述焊接的质量要求。
6. 什么是浸焊？什么是波峰焊？试比较它们的工艺过程。
7. 你了解哪些拆焊的方法？请列写并描述其原理。
8. 为什么要进行屏蔽？它是如何进行分类的？
9. 请找出几种表面贴装元器件，并记下它们的型号、参数及封装类型。
10. 试简述表面贴装工艺流程。
11. 列出工厂制作 PCB 板的工艺流程，并说明每一流程需注意的事项。
12. 试着业余时间内手工制作一块简单的 PCB 板。

第 3 模块　实训报告

项目 6　预加工工艺	姓名＿＿＿＿＿得分＿＿＿＿＿
任务 6.1　了解预加工工艺	学号＿＿＿＿＿日期＿＿＿＿＿

| 实训 12　导线的预加工练习 | |

实训目的：

实训器材及设备：

实训步骤：

注意事项：

故障分析及调试记录：

实训体会：

任务评价					
内容			配分	评分标准	扣分
1	导线的加工	（1）剪截（下料）	5 分	全长：允许误差为 5%～10%，出现负误差扣 5 分	
		（2）刃截法端头加工	10 分	损伤芯线扣 5 分，超长扣 3 分	
		（3）热截法端头加工	10 分	不会使用电烙铁扣 5 分，加热不良扣 3 分	
		（4）捻头	5 分	捻头大于 45° 扣 2 分，折断芯线扣 3 分	
		（5）浸锡（搪锡）	10 分	烙铁伤绝缘层扣 10 分	
2	电缆线与插头的连接		60 分	连接顺序不当可扣 5～15 分；电缆线端头剥离不符合要求可扣 5～10 分；连接线不通扣 20 分；连接线的牢固、可靠性差可扣 5～15 分	
安全文明生产				违反安全文明生产规程扣 5～30 分	
定额工时		2 学时		每超过 10 分钟扣 5 分	
开始时间			结束时间		
自评得分		组评得分		师评得分	

项目 6　预加工工艺	姓名＿＿＿＿　得分＿＿＿＿
任务 6.1　了解预加工工艺	学号＿＿＿＿　日期＿＿＿＿

实训 13　元器件成型练习

实训目的：

实训器材及设备：

实训步骤：

注意事项：

故障分析及调试记录：

实训体会：

任务评价			
内容	配分	评分标准	扣分
1	电阻器引脚成型加工	10 分	1. 能在散乱的电子元器件中找出相应元器件，不能找出扣 10 分	
2	二极管引脚成型加工	10 分		
3	电解电容器引脚成型加工	10 分		
4	瓷片电容器引脚成型加工	10 分	2. 能对各元器件进行引脚成型加工，一项不行扣 10 分	
5	三极管引脚成型加工	10 分		
6	开关引脚成型加工	10 分	3. 能对各元器件的可焊性进行检查，检查错误一次扣 5 分	
7	发光二极管引脚成型加工	10 分		
8	集成电路引脚成型加工	20 分	4. 能对不可焊元器件进行浸锡或搪锡处理，不能处理或处理不当扣 3～5 分	
9	插座引脚成型加工	10 分		
安全文明生产		违反安全文明生产规程扣 5～30 分	
定额工时	2 学时	每超过 10 分钟扣 5 分	
开始时间		结束时间	
自评得分		组评得分	师评得分

项目7　通孔焊接工艺	姓名＿＿＿＿＿得分＿＿＿＿＿
任务7.1　了解通孔焊接工艺	学号＿＿＿＿＿日期＿＿＿＿＿

实训14　手工焊接工艺作品
实训目的：
实训器材及设备：
实训步骤：
注意事项：
故障分析及调试记录：
实训体会：

任务评价				
内容		配分	评分标准	扣分
1	手工焊接及拆焊	焊接常用元器件　40分	出现虚焊、漏焊等焊接缺陷，每处扣5分；焊盘不整洁，每处扣3分；焊盘脱落，每处扣5分	
		焊接特殊元器件　30分	出现虚焊、搭焊等焊接缺陷，每次扣5分；焊盘不整洁，每次扣3分；焊盘脱落，每处扣5分；元件损坏一个，扣10分；片式元器件吹落、吹失扣5分	
		拆焊元器件　20分	出现元器件损坏的，每只扣5分；有散锡、拉丝、锡余留，每处扣3分；焊盘不清洁，每处扣3分；焊盘翘起或脱落，每处扣5分；集成电路引脚损坏，每处扣5分；片式元器件吹落、吹失扣5分	
2	焊接注意事项	10分	违反操作规程，每次扣5分	
	安全文明生产		违反安全文明生产规程扣5～30分	
定额工时	2学时		每超过10分钟扣5分	
开始时间		结束时间		
自评得分		组评得分	师评得分	

项目 7　通孔焊接工艺	姓名_____　得分_____
任务 7.1　了解通孔焊接工艺	学号_____　日期_____

实训 15　操作波峰焊接机

实训目的：

实训器材及设备：

实训步骤：

注意事项：

故障分析及调试记录：

实训体会：

任务评价

	内容		配分	评分标准	扣分
1	操作波峰焊接机	操作前的准备	30 分	1．焊料的加入是否正确，不正确的扣 10 分；加入的量是否符合要求，不符合的扣 10 分 2．助焊剂加入量是否合理，不合理的扣 10 分	
		操作的过程	60 分	能正确调整预热温度、锡炉温度、传送速度、波峰高度及仰角，若有一项不符合要求扣 10 分	
		结束后的处理	10 分	能正确掌握波峰焊机的维护及保养，不满足要求扣 3～10 分	
	安全文明生产			违反安全文明生产规程扣 5～30 分	
定额工时		4 学时		每超过 10 分钟扣 5 分	
开始时间				结束时间	
得分					
自评得分			组评得分		师评得分

项目 8　基本安装工艺	姓名＿＿＿＿＿＿　得分＿＿＿＿＿＿
任务 8.1　了解常用组装工具的使用	学号＿＿＿＿＿＿　日期＿＿＿＿＿＿

实训 16　拆卸电视机外壳

实训目的：

实训器材及设备：

实训步骤：

注意事项：

故障分析及调试记录：

实训体会：

任务评价					
内容			配分	评分标准	扣分
1	拆卸电视机外壳	旋具使用	20 分	旋具使用得当，用错一次扣 10 分。	
		拆自攻螺钉	30 分	正确拆下自攻螺钉，拆错、拆坏一次扣 10 分	
		抽出外壳	30 分	正确抽出外壳，抽出过程不当扣 20 分，导致机内引线拉断得 0 分	
2	拨出与外壳相连接插件		20 分	正确拨出接插件	
安全文明生产				违反安全文明生产规程扣 5～30 分	
定额工时		1 学时		每超过 10 分钟扣 5 分	
开始时间				结束时间	
自评得分			组评得分	师评得分	

项目 8　基本安装工艺			姓名＿＿＿＿＿＿得分＿＿＿＿＿＿		
任务 8.2　了解连接工艺			学号＿＿＿＿＿＿日期＿＿＿＿＿＿		
实训 17　辨识常用接插件					
实训目的：					
实训器材及设备：					
实训步骤：					
注意事项：					
故障分析及调试记录：					
实训体会：					

任务评价					
	内容	配分	评分标准		扣分
1	识别常用接插件	100 分	1．能在散乱的电子元器件中找出相应接插件，不能找出扣 30 分 2．能初步判别各接插件引脚功能得 20 分 3．能正确观察接插件上的标记，判别标记意义得 20 分 4．能正确判断插座所对应的插件得 30 分		
	安全文明生产		违反安全文明生产规程扣 5～30 分		
定额工时		1 学时	每超过 10 分钟扣 5 分		
开始时间			结束时间		
自评得分		组评得分		师评得分	

项目 8 基本安装工艺	姓名_____得分_____
任务 8.3 了解拆装工艺	学号_____日期_____

实训 18 拆焊旧显示器主板

实训目的:

实训器材及设备:

实训步骤:

注意事项:

故障分析及调试记录:

实训体会:

任务评价

		内容	配分	评分标准	扣分
1	拆焊旧显示器主板	选择拆焊工具	15 分	能正确选择拆焊工具,选错一次扣 10 分	
2		二引脚元件拆焊	15 分	能对二引脚元件进行拆焊,损坏焊盘一次扣 5 分	
3		三引脚及以上元件拆焊	25 分	不会对多引脚元件拆焊扣 25 分,拆焊坏一个焊盘扣 5 分	
4		贴片元件拆焊	30 分	热风枪不会用扣 30 分,拆焊过程中损坏贴片元件一个扣 10 分	
5		散热片、屏蔽盒拆焊	15 分	会借助其他工具拆焊散热片、屏蔽盒得 15 分,拆坏焊盘一次扣 5 分	
		安全文明生产		违反安全文明生产规程扣 5~30 分	
定额工时		4 学时		每超过 10 分钟扣 5 分	
开始时间			结束时间		
自评得分			组评得分		师评得分

项目 9　部件组装	姓名＿＿＿＿＿＿得分＿＿＿＿＿
任务 9.1　组装 PCB 板	学号＿＿＿＿＿＿日期＿＿＿＿＿

实训 19　插装黑白小电视机

实训目的：

实训器材及设备：

实训步骤：

注意事项：

故障分析及调试记录：

实训体会：

任务评价				
	内容	配分	评分标准	扣分
1	插装黑白小电视机	电阻元件的插装	25 分	能正确插装电阻元件，引脚成型错误一个扣 2 分，标记不一致扣 3～5 分	
2		二极管、三极管的插装	20 分	元器件引脚处理不正确一次扣 5 分，高低不平、不美观扣 3～5 分	
3		电容、电感元件的插装	20 分	元器件引脚处理不正确一次扣 5 分，高低不平、不美观扣 3～5 分	
4		集成电路插装	15 分	集成电路引脚插接不到位、高低不平整扣 5～10 分	
5		散热片、屏蔽盒插装	20 分	散热片、屏蔽盒插装不正确一次扣 5～10 分，插装过程中损坏印刷线路板一次扣 10 分	

安全文明生产		违反安全文明生产规程扣 5～30 分	
定额工时	4 学时	每超过 10 分钟扣 5 分	
开始时间		结束时间	
自评得分	组评得分	师评得分	

项目 9　部件组装	姓名_____得分_____
任务 9.1　组装 PCB 板	学号_____日期_____

实训 20　焊接黑白小电视机
实训目的：
实训器材及设备：
实训步骤：
注意事项：
故障分析及调试记录：
实训体会：

任务评价				
内容		配分	评分标准	扣分
1	电源部分焊接	15 分	整体焊接工艺美观，调试一次通过得 15 分，焊点不正确一处扣 2 分，调试不通过扣 5 分	
2	场输出焊接	10 分	整体焊接工艺美观，调试一次通过得 10 分，焊点不正确一处扣 2 分，调试不通过扣 5 分	
3	音频功放部分焊接	10 分	整体焊接工艺美观，调试一次通过得 10 分，焊点不正确一处扣 2 分，调试不通过扣 5 分	
4	散热片、屏蔽盒插装信号处理部分焊接	15 分	装接工艺合理，调试一次通过得 15 分，错误一处扣 5 分，调试不通过扣 5 分	
5	行输出极焊接	15 分	整体焊接工艺美观，调试一次通过得 10 分，焊点不正确一处扣 2 分，调试不通过扣 5 分	
6	视放极焊接	10 分	整体焊接工艺美观，调试一次通过得 10 分，焊点不正确一处扣 2 分，调试不通过扣 5 分	
7	高频头及前置中放焊接	10 分	整体焊接工艺美观，调试一次通过得 10 分，焊点不正确一处扣 2 分，调试不通过扣 5 分	
8	电视机的总调试	15 分	调试一次通过，能正确测试数据且正确得 15 分，调试不能通过且查不出故障扣 15 分，其余酌情扣 3～10 分	
安全文明生产			违反安全文明生产规程扣 5～30 分	
定额工时		24 学时	每超过一课时扣 5 分	
开始时间			结束时间	
自评得分		组评得分	师评得分	

注：表格第1～8行左侧合并单元格内竖排文字为"焊接黑白小电视机"。

项目 9　部件组装	姓名_____得分_____
任务 9.2　组装面板机壳	学号_____日期_____

实训 21　观察收音机的面板、机壳的组装

实训目的:

实训器材及设备:

实训步骤:

注意事项:

故障分析及调试记录:

实训体会:

任务评价				
	内容	配分	评分标准	扣分
1	观察收音机面板、机壳的组装	100 分	能认真仔细观察收音机面板机壳的组装,并能正确描述,得 100 分。观察不仔细、关键操作不注意且不能描述,一处扣 15 分	
	安全文明生产		违反安全文明生产规程扣 5～30 分	
定额工时		1 学时		
开始时间			结束时间	
	得分			
自评得分		组评得分		师评得分	

项目9 部件组装	姓名_____ 得分_____
任务9.2 组装面板机壳	学号_____ 日期_____

实训22 组装黑白小电视机的面板机壳

实训目的:

实训器材及设备:

实训步骤:

注意事项:

故障分析及调试记录:

实训体会:

<table>
<tr><td colspan="6" align="center">任务评价</td></tr>
<tr><td colspan="2" align="center">内容</td><td align="center">配分</td><td colspan="2" align="center">评分标准</td><td align="center">扣分</td></tr>
<tr><td rowspan="2">1</td><td rowspan="4">黑白小电视机的面板、机壳组装</td><td>机壳的组装</td><td>70分</td><td colspan="2">机壳组装过程正确,无任何问题得70分,扬声器安装不到位或安装不正确,扣10~20分,显像管安装不到位或不正确扣15~30分,损坏显像管不得分</td><td></td></tr>
<tr><td></td><td></td><td></td><td></td><td></td></tr>
<tr><td rowspan="2">2</td><td>面板的组装</td><td>30分</td><td colspan="2">面板安装正确且无问题得30分,安装不正确或不到位酌情扣5~15分</td><td></td></tr>
<tr><td></td><td></td><td></td><td></td><td></td></tr>
<tr><td colspan="3" align="center">安全文明生产</td><td colspan="2">违反安全文明生产规程扣5~30分</td><td></td></tr>
<tr><td colspan="2" align="center">定额工时</td><td colspan="2" align="center">2学时</td><td colspan="2">每超过10分钟扣5分</td></tr>
<tr><td colspan="2" align="center">开始时间</td><td colspan="2"></td><td>结束时间</td><td></td></tr>
<tr><td colspan="2" align="center">自评得分</td><td colspan="2" align="center">组评得分</td><td align="center">师评得分</td><td></td></tr>
</table>

项目 9 部件组装	姓名_____得分_____
任务 9.3 组装散热件屏蔽件	学号_____日期_____

实训 23 观察彩电的散热件和屏蔽盒（如熊猫电视机）
实训目的：
实训器材及设备：
实训步骤：
注意事项：
故障分析及调试记录：
实训体会：

任务评价

	内容		配分	评分标准	扣分
1	观察彩电的散热件和屏蔽盒（如熊猫电视机）	散热件和屏蔽盒式磁蔽盒的辨别	25 分	能正确区分散热件和屏蔽盒，辨别错误一次扣5 分	
2		散热件和屏蔽盒功能辨别	25 分	能根据电视机原理区分散热件和屏蔽件的功能，错误一次扣 5 分	
3		了解散热件和屏蔽盒的安装过程	20 分	通过观察能了解散热件和屏蔽盒的安装工艺，并能正确描述	
4		散热件和屏蔽盒的安装注意事项	15 分	通过观察能大概了解散热件和屏蔽盒的安装注意事项	
5		画出主要散热片、屏蔽盒在电路中的外形结构图	15 分	散热片、大概位置不能画出扣 5～10 分	
	安全文明生产			违反安全文明生产规程扣 5～30 分	
	定额工时	2 学时		每超过 10 分钟扣 5 分	
	开始时间			结束时间	
	自评得分		组评得分		师评得分	

项目 9　部件组装	姓名＿＿＿＿＿得分＿＿＿＿＿
任务 9.3　组装散热件屏蔽件	学号＿＿＿＿＿日期＿＿＿＿＿

实训 24　组装黑白小电视机的散热件和屏蔽盒

实训目的：

实训器材及设备：

实训步骤：

注意事项：

故障分析及调试记录：

实训体会：

任务评价

	内容		配分	评分标准	扣分
1	组装黑白小电视机的散热件和屏蔽盒	正确选出所装散热件和屏蔽盒	10 分	能正确选出散热件和屏蔽盒，选择错误一次扣 5 分	
2		散热件和屏蔽盒安装位置判别	10 分	能找出散热件和屏蔽盒在电路板上的安装位置，错误一次扣 5 分	
3		散热件的插装	25 分	散热件插装错误一次扣 5 分	
4		屏蔽盒的组装	25 分	屏蔽件插装错误一次扣 5 分	
5		散热件和屏蔽盒的焊接	30 分	散热件和屏蔽件焊接质量不好，按焊点质量酌情扣 5～15 分	
安全文明生产				违反安全文明生产规程扣 5～30 分	
定额工时	2 学时			每超过 10 分钟扣 5 分	
开始时间				结束时间	
自评得分		组评得分		师评得分	

项目 10 表面贴装技术	姓名_____得分_____
任务 10.1 了解表面贴装技术	学号_____日期_____

实训 25 识别、检测表面贴装元器件

实训目的:

实训器材及设备:

实训步骤:

注意事项:

故障分析及调试记录:

实训体会:

任务评价

	内容		配分	评分标准	扣分
1	识别、检测表面贴装器件	片状电阻识读	25 分	能正确读出 10 个片状电阻得 25 分,读错一个扣 5 分	
2		矩形贴片电容的识读	20 分	能正确读出 10 个片状电容得 20 分,读错一个扣 5 分	
3		片状电感的识读	10 分	能正确读出 5 个片状电感得 10 分,读错一个扣 2 分	
4		片状二极管的识读	15 分	能正确读出 10 个片状二极管得 15 分,读错一个扣 5 分	
5		片状三极管的识读	25 分	能正确读出 5 个片状三极管得 25 分,读错一个扣 5 分	
6		片状集成电路引脚判读	5 分	能正确判读出 2 个片状集成电路得 5 分,读错一个扣 2 分	
	安全文明生产			违反安全文明生产规程扣 5～30 分	
定额工时		4 学时		每超过 10 分钟扣 5 分	
开始时间				结束时间	
自评得分		组评得分		师评得分	

项目 10　表面贴装技术	姓名＿＿＿＿＿　得分＿＿＿＿＿
任务 10.1　了解表面贴装技术	学号＿＿＿＿＿＿　日期＿＿＿＿＿

实训 26　参观贴片机和回流焊机

实训目的：

实训器材及设备：

实训步骤：

注意事项：

故障分析及调试记录：

实训体会：

任务评价

	内容		配分	评分标准	扣分
1	参观贴片机和回流焊机	SMT 生产工艺流程	10 分	能正确描述 SMT 生产工艺流程得 10 分，不能描述或描述不全扣 2～10 分	
2		SMT 元器件的包装规格与包装方式	15 分	通过观察能基本了解 SMT 元器件包装规格和包装方式得 15 分，不能了解或描述不全扣 5～15 分	
3		SMT 材料锡膏的主要成分与储存和使用要求	15 分	通过观察能基本了解 SMT 材料锡膏的主要成分与储存和使用要求得 15 分，不能了解或描述不全扣 5～15 分	
4		表面贴装设备的基本构造和工作原理	30 分	能正确描述贴装设备的基本构造和工作原理得 30 分，不能描述或描述不全扣 5～30 分	
5		表面贴装设备的开机、关机操作	30 分	通过观察能大概了解贴装设备的开机、关机操作得 30 分，不能了解或描述不全扣 5～30 分	
安全文明生产				违反安全文明生产规程扣 5～30 分	
定额工时		4 学时			
开始时间				结束时间	
自评得分			组评得分		师评得分

项目 10　表面贴装技术	姓名_____得分_____
任务 10.1　了解表面贴装技术	学号_____日期_____

实训 27　焊接 SMT 收音机

实训目的:

实训器材及设备:

实训步骤:

注意事项:

故障分析及调试记录:

实训体会:

任务评价				
	内容	配分	评分标准	扣分
1	涂助焊剂	15 分	能正确在印制板上涂好助焊剂得 15 分,涂不正确或不好扣 5~15 分	
2	贴片	20 分	贴片位置符合要求得 20 分,每错一处扣 5 分	
3	焊接	50 分	使用热风枪正确得 10 分,辅助工具使用得当得 10 分,焊接得当得 20 分,每错一处焊接点扣 5 分,电烙铁焊接正确得 10 分	
4	调试	15 分	组装结束能调试成功得 15 分,由于贴片元件焊接质量不佳导致调试问题得 0 分	
安全文明生产			违反安全文明生产规程扣 5~30 分	

注: 第1-4行"内容"列合并为"焊接 SMT 收音机"。

定额工时	8 学时	每超过 1 课时扣 5 分	
开始时间		结束时间	
自评得分		组评得分		师评得分	

项目 11　PCB 设计制作	姓名＿＿＿＿＿得分＿＿＿＿＿
任务 11.1　设计制作 PCB	学号＿＿＿＿＿日期＿＿＿＿＿

实训 28　参观 PCB 板生产车间
实训目的：
实训器材及设备：
实训步骤：
注意事项：
故障分析及调试记录：
实训体会：

任务评价					
内容		配分	评分标准		扣分
1	参观 PCB 板生产车间	100 分	1．通过观察能描述出工业生产 PCB 板的方法得 50 分，不全扣 5～40 分 2．观察 PCB 板制作车间，能正确描述各设备的作用和功能得 30 分，描述不全或不足扣 5～30 分 3．参观期间能注意到每一工序中的防护问题并能做到自我防护得 20 分，做得不够酌情扣 10～20 分		
安全文明生产			违反安全文明生产规程扣 5～30 分		
定额工时		2 学时			
开始时间			结束时间		
得分					
自评得分		组评得分		师评得分	

项目 11　PCB 设计制作	姓名＿＿＿＿＿得分＿＿＿＿＿
任务 11.1　设计制作 PCB	学号＿＿＿＿＿日期＿＿＿＿＿

实训 29　手工制作 PCB 板

实训目的：

实训器材及设备：

实训步骤：

注意事项：

故障分析及调试记录：

实训体会：

<table>
<tr><td colspan="6" align="center">任务评价</td></tr>
<tr><td colspan="2" align="center">内容</td><td align="center">配分</td><td colspan="2" align="center">评分标准</td><td align="center">扣分</td></tr>
<tr><td>1</td><td rowspan="4">手工制作
PCB 板</td><td>下料、打光</td><td>15 分</td><td colspan="2">1. 实际尺寸偏差大扣 10 分
2. 边沿不光滑扣 5 分
3. 清洗不干净扣 5 分</td><td></td></tr>
<tr><td>2</td><td>拓图</td><td>25 分</td><td colspan="2">1. 胶带贴不实扣 5 分
2. 拓图移位扣 10 分</td><td></td></tr>
<tr><td>3</td><td>刻图、腐蚀</td><td>20 分</td><td colspan="2">1. 刻线有毛刺扣 5 分
2. 腐蚀时，板子过腐蚀扣 10 分</td><td></td></tr>
<tr><td>4</td><td>清洗、钻孔</td><td>30 分</td><td colspan="2">1. 清洗后有剩余胶带扣 5 分
2. 孔钻得过大，位置不准扣 10 分
3. 助焊剂涂得不均匀扣 5 分</td><td></td></tr>
<tr><td>5</td><td colspan="2" align="center">注意事项</td><td>10 分</td><td colspan="2" align="center">违反操作规程每次扣 5 分</td><td></td></tr>
<tr><td colspan="3" align="center">安全文明生产</td><td colspan="3" align="center">违反安全文明生产规程扣 5～30 分</td><td></td></tr>
<tr><td align="center">定额工时</td><td colspan="2" align="center">8 学时</td><td colspan="3" align="center">每超过 1 课时扣 5 分</td></tr>
<tr><td align="center">开始时间</td><td colspan="2"></td><td align="center">结束时间</td><td colspan="2"></td></tr>
<tr><td align="center">自评得分</td><td colspan="2" align="center">组评得分</td><td colspan="2" align="center">师评得分</td><td></td></tr>
</table>

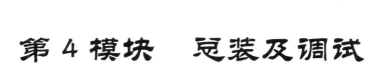

第4模块 总装及调试

模块描述

电子产品在进行组装过程中，必须根据整机的总装工艺文件进行组装，在某种程度上可以减少组装的错误，提高电路的性能，并对组装好的电子产品进行硬件调试。调试完成后，在硬件完善的情况下，部分电子产品还要进行软件调试，使产品能够实现产品所设计的全部功能。本模块通过学习电子产品的总装与调试知识，完成小黑白电视机的总装与调试，并能够进行常见故障的检修。

知识目标

➤ 理解整机总装的工艺过程；
➤ 理解整机调试工艺过程；
➤ 理解整机故障维修方法。

技能目标

➤ 总装黑白小电视机；
➤ 调试黑白小电视机；
➤ 检修黑白小电视机。

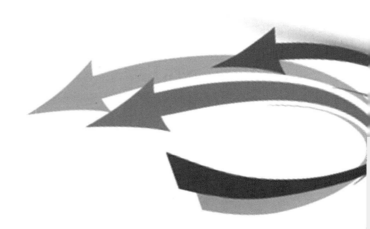

整机总装工艺认识

任务 12.1 了解整机总装工艺

12.1.1 任务安排

整机是由合格材料、零件和部件经连接紧固所形成的、具有独立结构或独立用途的产品。整机装配又叫整件装配或整机总装。

了解整机总装工艺任务单见表 12-1。

表 12-1 了解整机总装工艺任务单

任 务 名 称	参观电子厂的总装车间		总装黑白小电视机
任务内容	1. 了解总装车间的布局 2. 参观整机总装的大致过程		1. 检验各零部件 2. 整机总装
任务要求	1. 通过参观，了解总装车间的布局 2. 总结、讨论整机总装的大致过程		1. 详细记录检验过程 2. 详细记录总装过程
技术资料	1. 上网查找电子产品总装的相关图片资料 2. 上网查找电子产品组装的工作过程		1. 上网查找黑白电视机总装的相关技术参数 2. 上网查找其他电视机组装的工作过程
签名		备注	了解其他工业产品的总装

12.1.2 知识技能准备

链接 1 整机总装过程的组织

电子整机装配工艺是严格按照工艺文件的规定，将相关的元器件、零件和部件逐级装联成具有特定功能的产品的过程。它分成电气装配和机械装配两部分。电气装配是从电气性能要求出发，根据元器件和部件的布局，通过引线将它们连接在一起，形成一个具有一定功能的整机，以便进行整机调试、检验和测试等；机械装配则是根据产品设计要求，将零件、部件按要求装联到规定的位置上。

一、电子整机装配的工艺原则和基本要求

电子整机装配要经过多道工序，安装顺序是否合理直接影响到整机的装配质量、生产效率和操作者的劳动强度。

装配时应确定好零部件的位置、方向、极性，不要错装。整机装配的工艺原则是：先轻后重、先小后大、先铆后装、先里后外、先低后高、上道工序不影响下道工序的安装，注意前后工序的衔接，使操作者感到方便、省力和省时。

整机装配的基本要求是：牢固可靠，必须保证安全使用；不损伤元器件和零部件；不碰伤面板、机壳表面的涂敷层，保护产品的外观；不破坏整机的绝缘性；安装件的方向、位置、极性正确，特别是电源线或高压线一定要连接可靠；确保产品各项电气性能的稳定和足够的机械强度。此外，操作者还必须遵守有关基本工艺守则，遵守安全操作规程，严格按照工艺文件规定进行工序操作。

二、整机总装工艺

总装是把半成品装配成一个合格产品的过程，是电子整机产品生产过程中的一个极其重要的环节。

总装过程要根据整机的结构情况、生产规模和条件等，采用合理的总装工艺，使产品在功能、技术指标等方面满足设计要求。整机总装是装配车间（也称总装车间）完成的。对于批量生产的电子整机，目前大都采用流水作业（又称流水线生产方式）。流水作业是把整机的装联、调试等工作划分为若干个简单的操作项目，每位操作者完成各自负责的操作项目，并按规定顺序把机件传输到下一道工序，形成流水般不停地自首向尾逐步完成整机的生产作业。

在流水线上，每一位操作者必须在规定的时间内完成指定的操作内容。所操作的时间称作流水节拍，它是工艺技术人员根据该产品每天在生产流水线上的产量与工作时间比例来制定分配每个工位操作任务的依据。流水作业虽带有一定的强制性，但由于工作内容简单，动作单纯，便于记忆，故能减少差错，提高工效，保证产品质量。

链接2　整机总装工艺过程

1. 整机总装工艺过程

整机总装是将合格的单元功能电路板及其他零部件，通过螺装、铆装和贴装等工艺，安装在规定的位置上。在整机装配过程中，各工序除按工艺要求操作外，应严格进行自检、互检，并在装配过程的一定阶段设置相应的专检工序，分段把好装配质量关，以提高整机生产的一次合格率。

电子整机总装包括结构安装、电气安装、外观安装调整三大类。电子产品以电气装配为主，以其印制电路板主件为中心进行焊接和装配的。总装的形式应根据产品的性能、用途和总装数量决定，各厂所采用的作业形式不尽相同。在工业化生产条件下，产品数量较大的总装过程是在流水线上进行的，以取得高效、低耗、一致性好的结果。电子整机总装一般工艺流程为：零部件的配套准备→整机装配→整机调试→合拢总装→整机检验→包装→入库或出厂。

2. 黑白电视机总装工艺过程

下面以黑白电视机总装为例，介绍整机总装工艺过程。

整机电路组装完毕后，此时的整机内布线还比较零乱，组装的元器件还需进一步整理，机械组装需进一步完善。

（1）线路的整理。各部分电路装配完毕后，应对整个印制电路板进行整理。

（2）连接导线的整理及扎线。若检查各导线组装联接无误，可用较粗的塑料套管夹成短段，将各组导线穿过套管，即先将各组导线扎成一小束一小束的，然后用塑料扎头将各束导线组再扎起来。

（3）高频头支架、VHF频道开关、UHF频道旋钮的组装。

高频头支架：将UHF和VHF两支高频头以及音量（开关）、音调、亮度、对比度电位器固定在高频频头支架上后，取三只自攻螺钉将高频频头支架固定在机壳的前框上。

VHF频道开关：将微调旋钮套在VHF高频头的微调机构上，并在频道旋钮后部，塞进一专用小卡片，然后将频道旋钮塞进高频头的滚筒支架转轴上。

UHF 频道旋钮：将粗调旋钮套在 UHF 高频头的频道轴上，然后将细调旋钮套在 UHF 高频头的微调轴上。（目前大部分电视机采用电调谐高频头，这种高频头是装在电路主板上的，无须这一步组装。）

（4）天线的组装。取天线座一只、拉杆天线两根、焊片两只、平垫圈两只、弹垫圈两只、螺母四只、300Ω/75Ω 匹配器一只、300Ω 扁馈线 20cm，按天线组装工艺所示方式组装好天线。

（5）提手的组装。提手由手柄及附件组成，组装时先将附件嵌入手柄内，然后取两只塑料栓柱将提手组装在后盖上。

（6）各旋钮的组装。取旋钮和卡簧各四个，将卡簧箍在旋钮的后部，然后逐一将旋钮插入亮度、音量、音调等电位器的旋钮上。

（7）导轨的组装。将印制电路主板卡入导轨内、导轨滑入机壳前框底部的滑槽内，导轨的组装即告结束。

（8）频道标牌的组装。组装时，先在标牌的背面涂少许多氯丁类胶，贴于电视机前框右上角，然后将频道标牌上四只固定卡折弯，将频道标牌卡在机壳前框上。

至此黑白电视机的整机总装结束。

12.1.3 **任务实施**

■ **实训** 30 **参观电子厂的总装车间**

一、实训目的

（1）了解电子厂总装车间的布局和主要设备；

（2）了解电子整机总装的工艺流程。

二、实训器材及设备

联系被参观企业。

三、实训步骤

（1）请企业人员介绍总装车间的布局和主要设备；

（2）参观电子整机总装的工艺流程；

（3）分组讨论、总结。

四、注意事项

（1）参观过程中注意安全；

（2）要有适当的记录，便于参观后讨论、总结。

五、完成实训报告书

■ **实训** 31 **总装黑白小电视机**

一、实训目的

（1）掌握黑白小电视机的总装工艺过程；

（2）理解总装过程注意事项。

二、实训器材及设备

（1）黑白小电视机散件及成品电路板一套；

（2）常用旋具和钳口工具一套。

三、实训步骤

（1）线路整理；

（2）安装变压器及天线；

（3）安装各旋钮及按钮；

（4）安装偏转线圈组件；

（5）安装显像管底座组件；

（6）安装扬声器组件；

（7）连接插件导线；

（8）扎线；

（9）插入主板，合上后盖。

四、注意事项

（1）总装过程中应小心谨慎，防止人为损坏元器件，特别是显像管封嘴；

（2）连接插件导线时，应注意线号和作用，防止接错。具体接线示意图如图 12-1 所示。

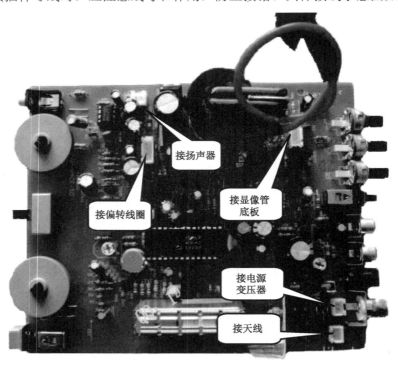

图 12-1　黑白小电视机接线图

五、完成实训报告书

12.1.4　任务评价

第 4 模块实训报告书中有本次任务评价，请认真完成自评、小组评及师评。

整机调试工艺认识

任务 13.1　了解调试过程和方案

13.1.1　任务安排

电子整机产品的调试是生产过程中的工序，安排在印制电路板装配以后进行。各个部件单元必须通过调试，才能进入总体装配工序，形成整机。调试工作在这两个阶段的共同之处是：包括调整和测试两个方面，即用测试仪表测量并调整各个单元电路的参数，使之符合预定的性能指标要求，然后再对整个产品进行系统地测试。

设计黑白小电视机的调试方案任务单见表 13-1。

表 13-1　设计黑白小电视机的调试方案任务单

任 务 名 称	设计黑白小电视机的调试方案	
任务内容	1．分析黑白小电视机的工作原理，确定调试方案 2．观察主板，确定调试点	
任务要求	1．研究静态调试的内容与方法 2．研究动态调试的内容与方法	
技术资料	1．上网查找电视机的调试内容和方案 2．上网查一般电子产品调试的内容和方法	
签名		备注

13.1.2　知识技能准备

链接 1　调试方案的设计

为使生产过程形成的电子产品的各项性能参数满足要求并具有良好的可靠性，调试工作是很重要的。在相同的设计水平与装配工艺的前提下，调试质量取决于调试工艺是否制订得正确和操作人员对调试工艺的掌握程度。对调试人员的要求是：

（1）懂得被调试产品的各个部件和整机的电路工作原理，了解它的性能指标要求和使用条件。

（2）正确、合理地选择测试仪表，熟练掌握这些仪表的性能指标和使用环境要求。在调试之前，必须对此有深入的了解和认识。有关仪器的工作特性、使用条件、选择原则、误差的概念和测量范围、灵敏度、量程、阻抗匹配、频率响应等知识，是电子工程技术人员应当掌握的基本理论。

（3）学会测试方法和数据处理方法。近年来，编制测试软件对数字电路产品进行智能化测试、采用图形或波形显示仪器对模拟电路产品进行直观化测试的技术得到了迅速的发展，这是测试方法和数据处理方法中新的知识领域。

（4）熟悉调试过程中对于故障的查找和消除的方法。

（5）合理地组织安排调试工序，并严格遵守安全操作规程。

这里仅对一般电子产品生产过程中的调试工艺进行介绍。

1．调试工艺方案

调试工艺方案是指一整套适用于调试某产品的具体内容与项目（例如工作特性、测试点、电路参数等）、步骤与方法、测试条件与测试仪表、有关注意事项与安全操作规程。同时，还包括调试的工时定额、数据资料的记录表格、签署格式与送交手续等。制订调试工艺方案，要求调试内容具体、切实、可行，测试条件仔细、清晰，测试仪器和工装选择合理，测试数据尽量表格化（以便从数据中寻找规律）。

2．整机产品调试的步骤

整机产品调试的步骤，应该在调试工艺文件中明确、细致地规定出来，使操作者容易理解并遵照执行。

产品调试的大致步骤为：

（1）在整机通电调试之前，各部件应该先通过装配检验和分别调试。

（2）检查确认产品的供电系统（如电源电路）的开关处于"关"的位置，用万用表等仪表判断并确认电源输入端无短路或输入阻抗正常，然后顺序接上地线和电源线，插好电源插头，打开电源开关通电。接通电源后，此时要观察电源指示灯是否点亮，注意有无异样气味，产品中是否有冒烟的现象；对于低压直流供电的产品，可以用手摸测一下有无温度超常。如有这些现象，说明产品内部电路存在短路，必须立即关断电源检查故障。如果看来正常，可以用仪器仪表（万用表或示波器）检查供电系统的电压和纹波系数。

（3）按照电路的功能模块，根据调试的方便，从前往后或者从后往前地依次把它们接通电源，分别测量各电路（或电路各级）的工作点和其他工作状态。注意：应该调试完成一部分以后，再接通下一部分进行调试。不要一开始就把电源加到全部电路上。这样，不仅使工作有条有理，还能减少因电路接错而损坏元器件，避免扩大事故。

（4）如果是大批量生产的产品，应该为产品的调试制作专用工具，这样能够极大地提高测试的工作效率。可以采用测试针床的形式：把产品电路板装卡在一个支架上，弹性顶针把电源、地线、输入/输出信号线从板下接通到电路板上，可方便地加电、断电、测量、观察。如图13-1所示为电路测试针床的示意图，其中，如图13-1（b）～图13-1（d）所示为顶针的形式，如图13-1（e）所示为顶针的内部结构。

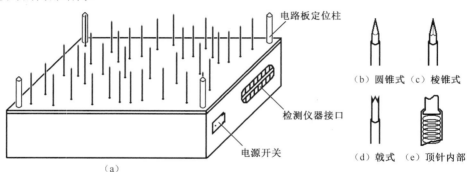

图13-1　电路测试针床示意图

（5）在进行上述测试的时候，可能需要对某些元器件的参数做出调整。调整参数的方法一般有以下两种。

① 选择法。通过替换元件来选择合适的电路参数。电路原理图中，在这种元件的参数旁边通常标注有"*"号，表示需要在调整中才能准确地选定。因为反复替换元件很不方便，一般总是先接入可调元件，待调整确定了合适的元件参数值后，再换上与选定参数值相同的固定元件。

② 调节可调元件法。在电路中已经装有调整元件，如电位器、微调电容器或微调电感器等。其优点是调节方便，并且电路工作一段时间以后如果状态发生变化，可以随时调整；但可调元件的可靠性差一些，体积也常比固定元件大。可调元件的参数调整确定以后，必须用胶或黏合漆把调整端固定住。

（6）当各级各块电路调试完成以后，把它们连接起来，测试相互之间的影响，排除影响性能的不利因素。

（7）如果调试高频部件，要采取屏蔽措施，防止工业干扰或其他强电磁场的干扰。

（8）测试整机的消耗电流和功率。

（9）对整机的其他性能指标进行测试，例如，软件运行、图形、图像、声音的效果。

（10）对产品进行老化和环境试验。

链接 2　调试工艺

在比较复杂的电子产品中，整机电路通常可以分成若干个功能模块，相对独立地完成某个特定的电气功能；其中每一个功能模块，往往又可以进一步细分为几个具体电路。细分的界限，对于分立元件电路来说，是以某一、两只半导体三极管为核心的电路；对于集成元件的电路来说，是以某个集成电路芯片为核心的电路。例如，一台分立元件的黑白电视机，可以分成高频调谐、中放通道、视频放大、同步分离、自动增益控制（AGC）、行扫描、场扫描、伴音及电源等几个功能电路模块；对于行扫描电路来说，还可以进一步细分为鉴相器（AFC）、行振荡、行激励、行输出及高中压整流电路。在这几个电路中，都有一、两只三极管作为核心元件。

所谓"电路分块隔离"，是在调试电路的时候，对各个功能电路模块分别加电，逐块调试。这样做，可以避免模块之间电信号的相互干扰；当电路工作不正常时，大大缩小了搜寻原因的范围。实际上，有经验的设计者在设计电路时，往往都为各个电路模块设置了一定的隔离元件，例如，电源插座、跨接导线或接通电路的某一电阻。电路调试时，除了正在调试的电路，其他各部分都被隔离元件断开而不工作，因此不会产生相互干扰和影响。当每个电路模块都调整完毕以后，再接通各个隔离元件，使整个电路进入工作状态。对于那些没有设置隔离元件的电路，可以在装配的同时逐级调试，调好一级以后再装配下一级。

直流工作状态是一切电路的工作基础。直流工作点不正常，电路就无法实现其特定的电气功能。所以，在成熟的电子产品原理图上，一般都标注了它们的直流工作点——晶体管各极的直流电位或工作电流、集成电路各引脚的工作电压，作为电路调试的参考依据。应该注意，由于元器件的数值都具有一定偏差，并受所用仪表内阻和读数精度的影响，可能会出现测试数据与图标的直流工作点不完全相同的情况，但是一般说来，它们之间的差值不应该很大，相对误差至多不应该超出±10%。当直流工作状态调试完成之后，再进行交流通路的调试，检查并调整有关的元件，使电路完成其预定的电气功能。这种方法就是"先直流后交流"，也叫做"先静态后动态"。

链接 3 调试安全

在电路调试时，由于可能接触到危险的高电压，要特别注意人机安全，采取必要的防护措施。例如，在电脑显示器（彩色电视机）中，行扫描电路输出级的阳极电压高达 20kV 以上，调试时稍有不慎，就很容易触碰到高压线路而受到电击。特别是近年来一般都采用高压开关电源，由于没有电源变压器的隔离，220V 交流电的火线可能直接与整机底板相通，如果通电调试电路，很可能造成触电事故。为避免这种危险，在调试、维修这些设备时，应该首先检查底板是否带电。必要时，可以在电气设备与电源之间使用变比为 1∶1 的隔离变压器。

正确使用仪器，包含两方面的内容：一方面，能够保障人机安全，否则不仅可能发生如上所说的触电事故，还可能损坏仪器设备。例如，初学者错用了万用表的电阻挡或电流挡去测量电压，使万用表被烧毁的事故很常见。另一方面，正确使用仪器，才能保证正确的调试结果，否则，错误的接入方式或读数方法会使调试陷入困境。例如，当示波器接入电路时，为了不影响电路的幅频特性，不要用塑料导线或电缆线直接从电路引向示波器的输入端，而应当采用衰减探头；在测量小信号的波形时，要注意示波器的接地线不要靠近大功率器件，否则波形可能出现干扰。又如，在使用频率特性测试仪（扫频仪）测量检波器、鉴频器，或者当电路的测试点位于三极管的发射极时，由于这些电路本身已经具有检波作用，就不能使用检波探头，而在测量其他电路时均应使用检波探头；扫频仪的输出阻抗一般为 75Ω，如果直接接入电路，会短路高阻负载，因此在信号测试点需要接入隔离电阻或电容；仪器的输出信号幅度不宜太大，否则将使被测电路的某些元器件处于非线性工作状态，造成特性曲线失真。

13.1.3 任务实施

■ 实训 32 设计黑白小电视机的调试方案

一、实训目的

（1）巩固工艺文件的编制方法；

（2）学会设计黑白小电视机的调试方案。

二、实训器材及设备

（1）黑白小电视机组成框图（图 13-2）；

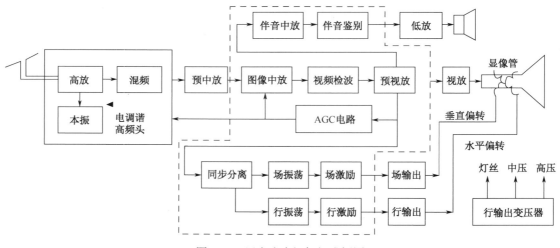

图 13-2 黑白小电视机组成框图

（2）电路原理图（附录 B 图 2-1）；

（3）印制板图（附录 B 图 2-2）。

三、实训步骤

（1）复习工艺文件编制方法；

（2）研究电视机电路原理图，确定静态调试的项目及调试要领；

（3）研究电视机组成框图，确定动态调试的项目及调试要领；

（4）设计调试工序；

（5）设计各调试项目的调试方法。

四、注意事项

（1）参照技能实训 2、3，设计调试方案；

（2）调试方案要具体可行。

五、完成实训报告书

13.1.4　任务评价

第 4 模块实训报告书中有本次任务评价，请认真完成自评、小组评及师评。

任务 13.2　进行静态调试

13.2.1　任务安排

静态测试是指无输入信号的情况下，对整机各模块逐级通电测试，并调整相关元器件参数，使整机的静态性能符合工艺文件的要求。

识别材料任务单见表 13-2。

表 13-2　识别材料任务单

任 务 名 称	黑白小电视机的静态测试	
任务内容	1. 电源电压的调试 2. 各部分静态电流的调试 3. 各部分工作电压的调试	
任务要求	1. 查阅资料，确定各部分正常工作时的电流和电压 2. 通过测试验证和调试	
技术资料	1. 上网查被调试电视机的静态工作点 2. 上网查其他所需资料	
签名		备注

13.2.2　知识技能准备

链接 1　静态测试内容

下面以一个具体的收音机电路的调试过程为例，简单说明整机静态测试的内容。

如图 13-3 所示为小型超外差式收音机的电路原理图。本机是袖珍机型，元器件密度较大，采用立式装配方式。在这个电路中，共用了 6 只三极管。Q1 及其外围元件组成变频电路，完成高放、本振和混频；Q2、Q3 是两级中频放大电路，通过 D3 把音频信号检波出来；Q4 为前置低频放大级；Q5、Q6 组成乙类推挽功率放大器，由变压器推动喇叭发声。

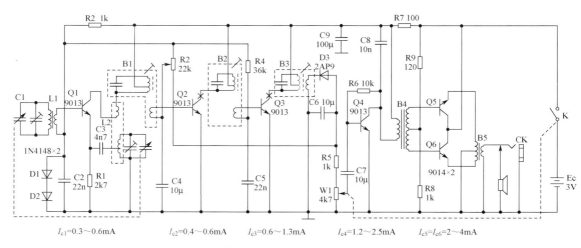

图 13-3　熊猫牌 B737A 型收音机电路原理图

为了隔离外来的收音信号对直流调试的影响，采用从后往前逐级安装，并在安装的同时调试静态工作点的方法。

首先安装电池卡子、可变电容器和电位器等需要机械固定的元件，然后除了 6 只三极管以外，把其他元器件全部装焊好。为了防止焊接短路或虚焊，并为后面调机取得测量基础，先检查一下这时的总电流：断开电源开关 K，装上电池，用电流表跨接在 K 的两端，应测得总电流约为 2.5mA。

由电路图很容易计算，流过 R_8、R_9 的电流

$$I' = \frac{E_c}{R_8 + R_9} = \frac{3}{2k + 0.12k} \approx 1.5\text{mA}$$

通过 R_2、R_7 的电流

$$I'' = \frac{E_c - (V_{D1} + V_{D2})}{R_2 + R_7} = \frac{3 - (0.7 + 0.7)}{1.5k + 0.1k} = 1\text{mA}$$

两者相加约为 2.5mA。

装焊上 Q5 和 Q6，再按同样方法测量电流。因为 I_{c5} 和 I_{c6} 为 2～4mA，所以这时总电流约为 4.5～6.5mA。如果电流偏小，可以加大 R_9 阻值；如果电流偏大，可以减小 R_9 阻值。若改变后，I_{c5} 和 I_{c6} 不能发生变化，则应检查 B4 次级、B5 初级和 Q5、Q6 是否损坏或者装焊错误。

然后，装焊 Q4，这时总电流应在原基础上加大 1.2～2.5mA。电流偏小，则减小 R_6 阻值；电流偏大，则加大 R_6 阻值。如果 $I_{c4}=0$，则应检查 B4 初级、R_6 和 Q4。接下来装配 Q3 和 Q2。本机在设计印制电路板时，Q2 和 Q3 的集电极支路都留有断口，用于测量 I_{c2} 和 I_{c3}（图中打 "×" 处）。闭合开关 K，把电流表串联在相应的断口处，调整 R_4，使 $I_{c3}=0.6～1.3$mA；调整 R_3，使 $I_{c2}=0.4～0.6$mA。调好后，把断口连焊好。如果 I_{c3} 不可调，应该检查 B2、B3、C_5 和 Q3；如果 I_{c2} 不可调，则应检查 B1、B2、R_3、C_4 和 Q2。最后，装焊 Q1，用电压表测量 R_1 上的电压 Ve_1，$Ve_1 \approx R_1 \times Ic_1 = 2.7\text{k} \times (0.3～0.6\text{mA}) = 0.8～1.6$V。如果电压不对，可以调整 R_1 的阻值或检查 B1、L_2、L_1 及 Q1 是否损坏或虚焊。

各级电流调好之后，可在 K 的两端检查整机总电流，应在 7～12mA 的范围之内。这样就完成了整机直流工作状态的调试。

链接 2　静态测试的方法

对于电路比较复杂的电子整机来说，静态测试往往与电路的安装过程有机地结合在一起，边安装边调试，这样可以避免因安装过程中的失误导致总调时故障现象不清或故障范围扩大的现象。下面以手工安装 5.5 寸小黑白电视机为例，介绍安装调试的过程。

1．电源部分

稳压部分见整机电路原理图，这是典型的串联工作稳压电路。Q2、Q3 组成复合调整管，Q4 是取样放大管，稳压管 Z1 作为基准电压源。调整 W4 的阻值可以微调稳压电源的输出电压。只焊上这 1 单元的元件，其他各单元的元件暂时都不焊接，Z1 是 6V 稳压管，外形和普通二极管差不多，注意不要与其他型号的二极管型混淆了。区别它们的方法如下：用万用表的×10k 挡测量它们的反向电阻。普通二极管的反向电阻为无穷大，电表指针不动；测量 6V 稳压管时电表却有一定读数。电源调整管的型号为 D880，为 NPN 型大功率塑封管（Q2），安装在散热片上。焊好稳压电源的全部元件，确认整流电源的极性正确后，通电后合上开关 K3，用万用表电压挡测得 Z1 两端电压应为 6V 左右。如大于此值较多，则是因为 Z1 错用了普通二极管所致；如该电压正确，再测 C31 两端电压，微调 W4 使电压读数为 10±0.2V。

2．场输出级

该单元输出级为 OTL 电路，Q6、Q7 为互补型对管，Q7 为 PNP 型，Q6 为 NPN 型，两管要求配对，即功率、耐压及 P 值都应一样，这里所用型号为 8550 和 8050。焊好场输出的全部元件，并且一次性焊好主板上的全部跳线，偏转线圈暂时不焊。装配该单元时应特别注意 Q5、Q6、Q7、D7 不能焊错。通电后，C37 正端电压应为 5V 左右，若偏离此值较远，可增减 R_{37} 的阻值，本单元静态电流值约 20mA，可在 R_{34} 处断开测量。如电流远大于此值，则多半是 D7 焊反或断路所致；如果略有偏差，可适当改变 R_{31} 的阻值。调整过程中任何时候都不能让 R_{32} 断开，否则，会使通过 Q6、Q7 的电流急剧增大而烧毁。

3．音频功放部分

LM386 集成电路是本机音频功率放大电路，它将来自 IC ⑪引脚的音频信号，经音量控制电位器 2RP1，输入到放大器 386 推动扬声器工作。装配电路时要注意不要把 LM386 插错方向，其他零件只要焊接无误，即可正常工作。

4．小信号处理部分

如前所述，这部分包括图像中放、视频检波、预视放、伴音中放、伴音鉴频、同步分离、行场振荡等多种功能电路，它们全部集成在一片大规模集成电路 D5151（IC1）中，称为小信号处理电路。这部分电路复杂，元件也很多，能否正确装配这一部分是能否保证本机成功的关键。焊接元件前，应对这部分的元件逐个用万用表初步检测一遍。

元件检测完毕后即可进行焊接。IC1 处可焊一个 28 个引脚的 IC 插座，等通电调试时插上 D5151。全部元件焊好后即可通电调试。W7、W6 先预调在一半阻值处，D5151 各引脚工作电压值见表 13-3，如 IC1 各引脚电压与表 13-3 大致相符，方可进行下一步装配。

表 13-3　D5151 各引脚参考电压

脚号	功能	参考电压（V）	脚号	功能	参考电压（V）
①	图像中频输入 1	4.8	⑤	视频输出	6.5
②	RF AGC 调整	5.6	⑥	同步分离输出	9.2
③	RF AGC 输出	2.1	⑦	伴音中频输入	0.94
④	IF AGC 滤波	6	⑧	伴音中放偏置	5.1

脚号	功能	参考电压（V）	脚号	功能	参考电压（V）
⑨	伴音中频输出	3.3	⑲	行 AFC 输出	5.4
⑩	伴音鉴频输入	6.7	⑳	电源电压 Vcc	9.4
⑪	音频输出	3.1	㉑	地	0
⑫	调谐 AFT 输出	3.1	㉒	行逆程脉冲输入	3.2
⑬	AFT 移相网格	4.7	㉓	同步分离输出	0.8
⑭	同步解调线圈 1	4.7	㉔	场同步调节	4.7
⑮	同步解调线圈 2	3.2	㉕	场锯齿波反馈	3
⑯	电源电压 Vcc2	4.0	㉖	场激励输出	3.3
⑰	行激励输出	3.6	㉗	X 射线保护	0
⑱	行频调节	6.5	㉘	图像中频输入 2	4.8

5．行输出级

其中，Q9 1815 为行推动管，Q10 D880（或 D362）为行输出管，FBT 为行输出变压器。这一部分的零件不算太多，但对元件质量的要求却是很高的。因为这部分的元件都工作在大电流、高电压、高频状态下，故所有元件均应按规定型号使用，绝不可任意用其他型号的元件代用。

装上全部元件，包括行场偏转线圈，接上显像管。断开 Q10 C 脚与高压包铜箔，并在此处接上 1A 的电流表。通电后，电流表读数约为 0.7A，如超过此值很多，应立即关机检查。0.7A 是行、场两部分的总电流，其中场输出级约为 0.2A，行输出级约为 0.5A。如果此值正常，下一步可检查 Q10 e、b、c 三引脚电压及显像管各引脚电压（表 13-4）。如果这些电压都正常，那么显像管灯丝应呈暗红色，同时应出现光栅。BRIG 可调节光栅亮度。W7 为行频调节；V—HOLD 为帧频调节；W5 为帧幅调节。如果没有光栅出现，可参照本模块排故部分所述流程逐级检查。如果这级装好了，本机的装配就可以成功了一半。

表 13-4　主要元器件工作参考电压

行输出		显像管		Q2 电源管 D880（D882）	
脚号	参考电压（V）	脚号	参考电压（V）	b	10.6
①	17	①	0V	c	13.3
②	0	②	24～36V	e	10
③	17	③	8～9V 灯丝	Q10 行管 D880（D362）	
④	0	④	0V	b	−1.7
⑤	0	⑤	0V	c	16.4
⑥	130	⑥	100～130V	e	0
⑦	0	⑦	0V	Q8 视放（C1815）	
⑧	130			3.3	
⑨	17			c	108
⑩	17			e	3.1

6．视放级

焊上视放级的全部元件。Q8 是视放管，要求耐压 200V，特征频率 $f_T>50MHz$，常用型号为 C3417、2N5551 等。如有录像机或 VCD，可借用它们的视频输出信号（VIDEO OUT）接入 AV 输出插口，这时已能在屏幕上观看图像。如不同步，可调行频、场频电位器。如果没有这些设备，可用金属起子碰触 Q8 的基极，这时可在屏幕上看到淡淡的干扰花纹。

7. 高频头及前置中放

焊上高频头及前置中放的全部元件，高频头⑨引脚与 C4 103 用焊锡连接，接上天线或有线电视信号（注意高频头的方向不要装反），将 K1 拨到适当挡位，旋动 2RP2 就可收到电视信号了。收一个信号较强的台，反复微调 2RP2；调 T1 可使伴音的音质音量满意。注意调节量不可过大。将 W1 调整在适中位置，以使弱台灵敏度基本不受影响，而强台不产生行扭为准。至此一台小型黑白电视机就装配成功了。

13.2.3　任务实施

■　实训 33　黑白小电视机的静态测试

一、实训目的

（1）学会黑白小电视机的静态测试方法；

（2）通过调试，使得电视机基本工作正常。

二、实训器材及设备

（1）已经安装好的电视机套件（或已部分安装好的）一套；

（2）万用表一块；

（3）小起子（十字、一字）各一把。

三、实训步骤

测试静态总电流，若总电流在正常值范围内，按以下步骤调试，否则排故后再调。

（1）调试电源部分；

（2）调试场输出级；

（3）调试音频功放部分；

（4）调试小信号处理部分；

（5）调试行输出级；

（6）调试视放级；

（7）调试功放级；

（8）调试高频头及前置中放。

四、注意事项

（1）前一个工序调试正常后，才能进入下一个工序的调试，以免扩大故障范围；

（2）调试过程中，应谨慎操作，防止因误操作造成人为损坏；

（3）测量时，要合理选择万用表的挡位和量程。

五、完成实训报告书

13.2.4　任务评价

第 4 模块实训报告书中有本次任务评价，请认真完成自评、小组评及师评。

任务 13.3　进行动态调试

13.3.1　任务安排

动态测试是指在特定信号作用下，通过测试仪器、设备对电子整机进行总体性能指标的测试、调整。

黑白小电视机的动态测试任务单见表 13-5。

表 13-5　黑白小电视机的动态测试任务单

任务名称	黑白小电视机的动态测试		
任务内容	1．接收电视信号 2．图像调节 3．伴音调节		
任务要求	进行下列调节，达到技术指标要求： 1．AGC 电压调整 2．行频调节 3．场频、场幅调节 4．亮度、对比度调节 5．鉴频曲线调节		
技术资料	1．上网查动态调试的知识 2．上网查电视机动态调试的主要技术指标		
签名		备注	了解软件调试

13.3.2　知识技能准备

链接 1　动态测试内容（电压、波形和特性曲线）

动态测试是指在特定信号作用下，通过测试仪器、设备对电子整机进行总体性能指标的测试、调整。

小型黑白电视机的动态测试主要包括电源稳压性能和纹波系数的调测、伴音电路中放和鉴频曲线的调测、行频和场频的调测、图像中放的调整、画面质量检查调整等，电路板各调试点如图 13-4 所示。

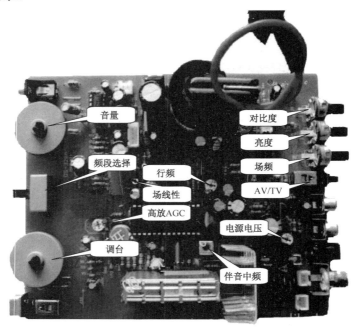

图 13-4　电路板各调试点

链接 2　动态测试方法

1. 业余调试

在没有专用设备的情况下，产品的动态调试只能根据人的感官，使用一些简单的设备粗调。例如，小黑白电视机可以按以下步骤调试。

第一步：检查稳压电源电压为 10±0.2V。

第二步：接收电视信号。

第三步：分别调整 W5 500Ω 帧幅，W7 10k 行频，场频 33k，使图像稳定。

第四步：调亮度旋钮和对比度旋钮使图像清晰，至此调试结束。

2. 专业调试

如果条件允许，借助专用设备、仪器进行动态调试，可以使得电子整机的性能更理想化，下面介绍小黑白电视机动态性能调试的方法和步骤。

（1）电源、伴音调试。

操作过程如下：

① 按图 13-5 接好线路，将仪器预热 5～10 分钟。

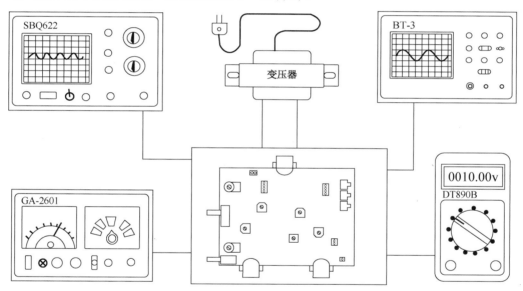

图 13-5　电源伴音调试接线图

② 将 DS—666B 机板压入测试架并夹紧。

仪器开关旋钮放置起始位置如下。

测纹波示波器：Y 轴电压拨至 0.5V，TIME/DIV 轴拨至 2ms 挡。

测伴音示波器：Y 轴放在 0.2V，TIME/DIV 轴拨至 0.5ms 挡，输出 1kHz 信号。

③ 开启电源，调整电位器 W4 使数字表 DT890B 指示 10V±0.2V。

④ 按下 AV 开关，AG260lA1k 信号送入 DS-666B 机板，调节音量电位器由小到大，测伴音示波器上有正弦波输出由小到大，大到 4 格多。AV/TV 开关转至 TV 位置，伴音功放有杂波输出，示波器上显示为 6 格左右。

⑤ 电源纹波上有三角波输出，约 4 格。

⑥ 以上测试合格后进行下道工序。

调试所需材料有：带元件的 238—5 线路板 1 块。

　　调试所需仪器、工具有：示波器 2 台；5.5V 变压器一只；AG-2601A 音频一只；信号发生器 1 台；DT890B 数字万用表 1 个；测试机架 1 台。

　　（2）行场频调整检查。

　　操作过程如下：①按图 13-6 连接好仪器机架。②打开仪器开关，预热 5～10 分钟。③行频调整：将 DS—102 示波器 CH、Y 轴输入引输出 Z 脚，Y 轴电压挡拨到 5V 挡上，衰减×10k TIME/DIV 拨至 10μs，耦合方式 AC 打开机架电源开关。这时示波器显示行脉冲值，AV/TV 开关拨至 AV 状态，用一字批调整 W7 可调电阻器，使行脉冲值周期在 64μs 上，逆程时间为 13μs、正程 51μs。④场频调整：将 CS—102 示波器的 CHY 轴输入接机板 C506，场输出电容负极端，Y 轴电压拨至 2V 挡上，TIME/DIV 拨至 5μS 挡上，示波器显示齿波脉冲宽度为 4 格，扫频周期为 20ms，逆程时间为 21ms，场频引入范围≥60Hz，场频变化为 38Hz～52Hz。

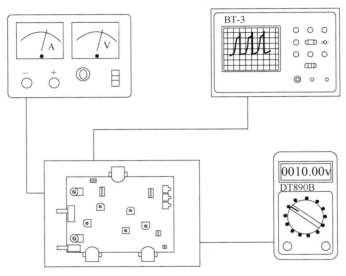

图 13-6　行、场频调试接线图

　　调试所需材料有：LDO—514A 示波器 2 台；机架 2 台；一字批 2 把；电烙铁 2 把。

　　调试所需仪器、工具有：胶纸；记录本；笔。

　　（3）图像中放伴音、中放调整。

　　操作过程如下：

　　① 按图 13-7 接好线路。

　　② 打开仪器电源，预热约 5～10 分钟，使仪器工作正常。

　　③ 把要测量的 DS—666B 板放入测试机架中夹紧。

　　④ 图像中放的调整，扫频仪 BT—3，射频输出衰减放置 50dB，频率选择 10∶1 耦合方式为 AC，Y 轴衰减×10，频率每格设置为 2MHz，频率范围为 30～40MHz 之间共五格，极性为负极性。打开电视机电源开关，扫频仪波形中频曲线，T2 已用固定 38MHz 滤波器。图像 AGC 调整，将数字万用表红表笔接入（D5151）2 引脚，黑表笔接地，用一字批调整 W1，使数字表显示 5.3～5.5V（视 D5151 而定）。

　　⑤ 伴音中频调整，扫频仪射频输出放置 46dB，频标选择 10∶1，耦合方式为 AC，Y 轴衰减为×10 位置，负极性，扫频宽度为每格 0.5MHz（四格），频率选择在 6.0～7.0dB 上，扫频显示为 S 曲线，调整 T1 中周的磁芯，使扫频中心落在 6.5MHz 线上，对称两峰之间为 250kHz～300kHz。直线带宽应≥150kHZ。

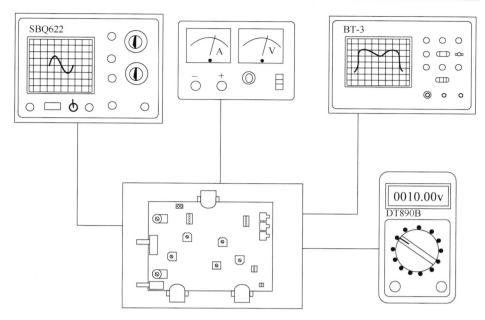

图 13-7　图像中放、伴音中放调试接线图

调试所需材料有：维修零件若干。

调试所需仪器、工具有：万用表 1 块；烙铁 1 把；焊锡丝；无感调试起子 1 把。

（4）产品画面等检查调整。

操作过程如下。

① 检查上道工序的产品：元器件是否相碰；偏转线卷插头插入 PCB 板上 P4 处；CRT 座是否插入管尾、高压包的高压帽是否插入 CRT 高压嘴上；各插座开关、电位器是否处于良好状态。

② 插入电源接入 AV 信号、TV 信号，喇叭线插头插入 PCB 板上 A4 处。

③ 将波段开关转接 VHF 段，调台旋钮调到方格信号出现，检查画面方格信号，看图像是否处于屏幕中央位置，检查暗角、画面倾斜几何失真及非线性。光栅不正时，要拨正偏转把 DY 紧贴管颈部，锁紧 DY 固定螺丝，同时看画面场幅大小，调整 W5，使场幅满足要求 11.2±0.3 格，图像不在正中央要上下、左右调整中心调节磁环，使图像在正中央。调整行幅，达到 14.6±0.4 格，若达不到，可调整行逆程电容器，保证行场重显率在 90% 以上。

④ 调整画面图像质量，如线形不好可贴磁片，调整到达企业标准，然后在偏转线圈上打上白胶固定。

⑤ 将 AV/TV 开关转入 AV 状态，检查图像声音质量。再转入 TV 状态，分别调整三个波段，收看电视节目，以复查图像声音质量是否符合要求。

（6）合格后产品交下道工序。

调试所需材料有：白热溶胶；瓷片电容器；调机备件。

调试所需仪器、工具有：信号源视频发生器 1 台；起子 1 把。

13.3.3　任务实施

■ **实训 34　黑白小电视机的动态测试**

一、实训目的

（1）学会黑白小电视机的动态测试方法；

（2）通过调试，使得电视机各项技术参数符合技术要求。

二、实训器材及设备

（1）已经安装好的电视机套件（静态调试已完成）1 套；

（2）万用表 1 块；

（3）小起子（十字、一字）各 1 把。

三、实训步骤

测试静态总电流，若总电流在正常值范围内，按以下步骤调试，否则排故后再调。

（1）检查稳压电源电压为 10±0.2V，总电流在规定范围内；

（2）收电视信号；

（3）分别调整 W5 500Ω 帧幅，W7 10k 行频，场频 33k，使图像稳定；

（4）调亮度旋钮和对比度旋钮使图像清晰；

（5）若条件允许，按照知识链接对电视机进行总调。

四、注意事项

（1）前一个工序调试正常后，才能进入下一个工序的调试，以免扩大故障范围。

（2）调试过程中，应谨慎操作，防止因误操作造成人为损坏。

（3）测量时，要合理选择万用表的挡位和量程。

五、完成实训报告书

13.3.4　任务评价

第 4 模块实训报告书中有本次任务评价，请认真完成自评、小组评及师评。

任务 13.4　进行功能测试

13.4.1　任务安排

电子整机使用目的是减轻人的劳动强度，给人们的生活带来方便、舒适。人们自然也就很关心整机的使用性能，如影像设备的观赏效果如何，音响设备的收听效果如何，洗衣机的洗涤效果如何，等等，这些反映的就是整机的使用性能。性能测试就是检验产品的性能指标是否达到设计要求。

黑白小电视机的功能测试任务单见表 13-6。

表 13-6　黑白小电视机的功能测试任务单

任 务 名 称	黑白小电视机的功能测试
任务内容	对照黑白电视机的技术指标，对电视机进行功能测试
任务要求	能进行下列功能测试： 1. 光栅质量的检查 2. 图像质量的检测 3. 音频输出功率的测量 4. 功耗测试
技术资料	1. 上网查电视机功能测试的相关知识 2. 上网查电子产品功能测试的相关知识

186

签名		备注	了解 I²C 总线调试

13.4.2 知识技能准备

链接 1 功能测试的内容

黑白小电视机功能测试的主要内容有：光栅质量的检查、高压调整率的检查、电源调整率的检测、图像质量的检测、行/场同步范围的检查、伴音质量的检查等。

链接 2 功能测试的方法

1．光栅质量的检查

正常的光栅亮度应均匀，噪波点颗粒大小均匀，呈细圆点状，不应有打火飞点和阻尼条干扰存在；亮度调至最高时，光栅顶部不应出现四根以上的场回扫线；对比度在最小位置时，亮度应能关死；关机后，不应出现关机亮点。

2．高压调整率的检查

让电视机收到方格信号，并慢慢调节亮度电位器旋钮，从最小到最大时，方格的幅度在水平方向上每边的变化应小于 0.6 格，在垂直方向上每边的变化应小于 0.4 格。若垂直或水平方向上每边的变化过大，则说明电视机高压调整率差。

3．电源调整率的检测

电视机接收方格信号，将对比度调到最小，亮度调到中间位置，并用调压器将交流电压调至 180V 左右，在此状况下图像略有缩小，水平、垂直方向的缩小幅度每边应小于 0.3 格，并且图像无扭曲，无纹波干扰，无卷边等现象。此时调节音量电位器，伴音在最小和最大时，图像幅度每边的变化应小于 0.1 格。

4．图像质量的检测

对图像质量的检测应采用如图 13-8 所示的电视测试卡进行。

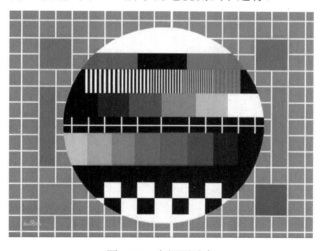

图 13-8　电视测试卡

（1）水平分辨力。图像水平分辨力线共分五级，自左至右分别为 140、220、300、380、450 线，这些线用来检测电视机分辨图像细节的能力。能看清的垂直条纹越细，线数等级越高，说明该电视机的水平分辨力越强，清晰度也越好。

（2）垂直分辨力。电视机垂直分辨力的检测，可通过观察测试卡正中的一条水平白线来

187

判断。

5．行/场同步范围的检查

（1）行同步范围的检查。在行同步状态下调节行振荡线圈磁芯调节杆，观察调节杆的旋转角度，从而近似估计行同步范围的宽窄。

（2）场同步范围的检查。将场频电位器旋至场失步位置，场频电位器转角应小于或等于90°。在场同步范围内除少数位置外，图像不应有上、下抖动现象。

6．伴音质量的检查

音量开至足够大时，伴音洪亮、清晰，无明显失真，无交流蜂音及其他杂音；图像上无伴音干扰条纹，借助万用表，可以测量音频的输出功率。

7．功耗的测试

测量电视机的输入电压和输入电流，计算功耗。

13.4.3　任务实施

■ **实训 35　黑白小电视机的功能测试**

一、实训目的

（1）学会黑白小电视机的功能测试方法；

（2）通过测试，判断电视机各项技术参数是否符合技术要求。

二、实训器材及设备

（1）已经安装好的电视机 1 台；

（2）电视信号发生器 1 台；

（3）万用表 1 块。

三、实训步骤

（1）光栅质量的检查；

（2）图像质量的检测；

（3）音频输出功率的测量；

（4）功耗测试。

四、注意事项

（1）整机功能测试应在电视机调试完成后进行；

（2）图像质量检查和伴音质量检查时，最好用电视信号发生器提供信号。

五、完成实训报告书

13.4.4　任务评价

第 4 模块实训报告书中有本次任务评价，请认真完成自评、小组评及师评。

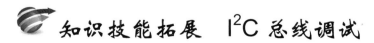

知识技能拓展　I²C 总线调试

I²C（Inter Integrated Circuit）总线是一种由 PHILIPS 公司开发的两线式串行总线，用于连接微控制器及其外围设备。I²C 总线是由数据线 SDA 和时钟 SCL 构成的串行总线，可发送和接收数据。在 CPU 与被控 IC 之间、IC 与 IC 之间进行双向传送，最高传送速率 100Kbps。

各种被控制电路均并联在这条总线上，但就像电话机一样只有拨通各自的号码才能工作，所以每个电路和模块都有唯一的地址，在信息的传输过程中，I²C 总线上并接的每一模块电路既是主控器（或被控器），又是发送器（或接收器），这取决于它所要完成的功能。CPU 发出的控制信号分为地址码和控制量两部分：地址码用来选址，即接通需要控制的电路，确定控制的种类；控制量决定该调整的类别（如对比度、亮度等）及需要调整的量。这样，各控制电路虽然挂在同一条总线上，却彼此独立，互不相关。

I²C 总线有两种类型控制：使用控制（用户使用）与调整控制（维修时使用），又分别称为市场模式（用户模式）和行业模式（工厂模式）。I²C 总线主要有以下几种功能：①操作功能。该功能主要完成用户对电视机进行节目预选、音量、亮度、对比度、色度等各种控制操作。②调整功能。该功能主要完成电视机对各单元电路的工作方式进行设立和调控功能。当进入行业模式，可通过远控器操作键来完成高放 AGC、副亮度、副对比度、副音量、场幅、场线性、场中心、行幅、准校、自平衡等的调整。③检测显示功能。CPU 可通过 I²C 总线对所挂接的 IC 进行扫描检测，并将有故障的 IC 显示在屏幕上。④自动调整功能。该功能即所谓数据自动恢复功能，当要更换储存器时就需要用到此功能。

电视机在正常使用时，I²C 总线控制处于用户模式下，当电视机在工厂调试或由于特殊原因出现异常情况时，需要进入工厂模式进行总线调试。不同品牌、不同型号的电视机 I²C 总线控制进入工厂模式的方法各不相同，表 13-7 列出了部分创维电视进入和退出工厂模式的方法，其他型号、品牌的电视操作方法请读者上网查阅或咨询生产厂家。

189

表 13-7 部分创维电视进入与退出工厂模式汇总速查表

LCD 部分
8TT3/T9
进入　按"音量-"键，直到减到零，继续按"音量-"键，同时按"屏显"键
初始化　在 EEPROM 状态下将 PAGE、ADDRESS、VALUE 三项数值分别改为 00、10、03 后交流关机即可
退出　交流关机
8TT6
进入　在交流开机时按住面板上的菜单键，开机后打开菜单选择"FACTORY"进入工厂模式
初始化　音量减至 0 按静音，找 RESET 项，选择该项调整后，本机恢复工厂默认设置（注：高清、VGA 要重做白平衡调整）
退出　交流关机退出
8TR1 /8TR2
进入　遥控器上顺序按"定时"、"屏显"、"菜单"键即可进入
初始化　按住"音量+"键然后再打开"交流电源"，可以进行复位
退出　按"菜单"键退出
8TG3/5
进入　连续按遥控器上"静音"键四下、"屏显"键四下
初始化　在 EEPROM 状态下将 PAGE、INDEX、VALUE 三项数值分别改为 3、11、2（G5 该为 4）后，交流关机即可；搜台密码为"0000"，万能搜台密码为"4759"
退出　按"菜单"键翻页到出现 M 图标的那一页，遥控关机或交流关机
8TM1
进入　按"菜单＋交替"键 3 次进入工厂模式
初始化

退出	按"菜单"键退出
8TP2	

续表

进入	按"音量-"键，直到把音量减为0，再连续按动遥控器上的数字键"781215"
初始化	按音量加/减键对机器进行初始化，然后再进行下一步调整
退出	交流关机
PDP 部分	
8PS5	
进入	在待机下依次按遥控器上的静音、7、4、1、待机键即可进入，早期生产的43PAA*用此方法，后期生产的43PAB*、43PCA*、50PCA*在开机下依次按遥控器上的信息、进入、静音键即可进入
初始化	Reset（工厂复位）选到此项后按"进入"键就可以对机器进行复位
退出	按"菜单"键退出
CRT 部分	
3D10、3D11、4D10 机芯	
进入方法	开机后，将电视机的音量减到0，同时按住面板的"音量-"键不放，同时依次按下遥控器7、8、9键，即可进入 按"镜像"键切换菜单翻页，按频道的加/减键选择调试项目，接音量加/减键改变参数
退出	按第一页的"EXIT－音量+"确定
3I30/5I30 机芯	
进入	按住键控板的"音量-"键直至"00"状态，同时按遥控器的"屏显"键进入
备注	节目加/减键翻页选择调试项目，音量加/减键调整调试参数（一页中有两个调试项目时，第二项目用"图像模式"、"声音模式"键调试），每改变一项参数后自动记入存储器
退出	调试完毕后，按"清除"键即可

整机故障维修实践

任务 14.1 学习整机故障维修

14.1.1 任务安排

在整机生产装配的过程中，经过层层检查、严格把关，可以大大减少整机调试中出现的故障。尽管如此，产品装配好以后，往往还不全是一通电就能正常工作的，由于元器件和工艺等原因，会遗留一些有待调试中排除的故障。

黑白小电视机的排故工作任务单见表 14-1。

表 14-1 黑白小电视机的排故工作任务单

任 务 名 称	黑白小电视机的排故	
任务内容	1. 检修安装调试过程中出现的故障	
	2. 检修人为设置或自然产生的故障	
任务要求	1. 准确判定电视机的故障现象	
	2. 能初步确定故障的大致范围	
	3. 掌握排故的一般过程	
技术资料	1. 上网查电子产品故障产生的一般原因	
	2. 上网查电子产品故障检查与排除的方法	
签名	备注	

14.1.2 知识技能准备

链接 1 故障产生原因

1. 直通率

在生产过程中，直接通过装配调试、一次合格的产品在批量生产中所占的比率，称为"直通率"。直通率是考核产品设计、生产、工艺、管理质量的重要指标。

必须强调指出，在整个生产过程中，如果没有在前道工序（指辅助加工、部件装配与调试）中加以严格控制，未能使局部电路或局部结构的故障得到解决，或者留下隐患，那么，在总装后必将导致故障层出不穷，非但影响生产进度，也会降低产品质量。这不仅是技术问题，从根本上说，还是管理问题。

纵然如此，电子产品在生产过程中出现故障仍是不可避免的，检修必将成为调试工作的一部分。如果掌握了一定的检修方法，就可以较快地找到产生故障的原因，使检修过程大大缩短。当然，检修工作主要是靠实践。一个具有相当电路理论知识、积累了丰富经验的调试人员，往往不需要经过死板、烦琐的检查过程，就能根据现象很快判断出故障的大致部位和原因。而对于一个缺乏理论水平和实践经验的人来说，若再不掌握一定的检修方法，则会感到如同大海捞针，不知从何入手。因此，研究和掌握一些故障的查找程序和排除方法，是十分有益的。

2．故障发生的阶段

电子产品的故障有两类：一类是刚刚装配好而尚未通电调试的故障；另一类是正常工作过一段时期后出现的故障。它们在检修方法上略有不同，但其基本原则是一样的。所以这里对这两类故障不做区分。另外，由于电子产品的种类、型号和电路结构各不相同，故障现象又多种多样，因此这里只能介绍一般性的检修程序和基本的检修方法。

分析故障发生的概率，电子产品在生产完成后的整个工作过程中，可以分为三个阶段。

（1）早期失效期：指电子产品生产合格后投入使用的前几周，在此期间内，电子产品的故障率比较高。可以通过对电子产品的老化来解决这一问题，即加速电子产品的早期老化，使早期失效发生在产品出厂之前。

（2）老化期：经过早期失效期后，电子产品处于相对稳定的状态，在此期间内，电子产品的故障率比较低，出现的故障一般叫做偶然故障。这一期间的长短与电子产品的设计使用寿命相关，以"平均无故障工作时间"作为衡量的指标。

（3）衰老期：电子产品经老化期后进入衰老期，在此期间中，故障率会不断持续上升，直至产品失效。

链接2　电子产品的常见故障

电子产品的故障不外是由于元器件、线路和装配工艺三方面的因素引起的。常见的故障大致有如下几种。

（1）焊接工艺不善，虚焊造成焊点接触不良。

（2）由于空气潮湿，导致元器件受潮、发霉，或绝缘性能降低甚至损坏。

（3）元器件筛选检查不严格或由于使用不当、超负荷而失效。

（4）开关或接插件接触不良。

（5）可调元件的调整端接触不良，造成开路或噪声增加。

（6）连接导线接错、漏焊或由于机械损伤、化学腐蚀而断路。

（7）由于电路板排布不当，元器件相碰而短路；焊接连接导线时剥皮过多或因热后缩，与其他元器件或机壳相碰引起短路。

（8）因为某些原因造成产品原先调谐好的电路严重失调。

（9）电路设计不善，允许元器件参数的变动范围过窄，以至元器件的参数稍有变化，电路就不能正常工作。

（10）橡胶或塑料材料制造的结构部件老化引起元件损坏。

以上列举的都是电子产品的一些常见故障。这些是电子产品的薄弱环节，是查找故障时的重点怀疑对象。但是，电子产品的任何部分发生故障都会导致它不能正常工作。应该按照一定程序，采取逐步缩小范围的方法，根据电路原理进行分段检测，使故障局限在某一部分（部件→单元→具体电路）之中再进行详细的查测，最后加以排除。

链接3　故障查找程序

排除故障的一般程序可以概括为三个过程：① 调查研究是排除故障的第一步，应该仔细地摸清情况，掌握第一手资料。② 进一步对产品进行有计划地检查，并作详细记录，根据记录进行分析和判断。③ 查出故障原因，修复损坏的元件和线路。最后，再对电路进行一次全面调整和测定。小黑白电视机故障查找程序如下。

1．光栅故障检修

（1）无光栅、无图像、无伴音。接通电源开关后，将音量电位器旋到最大，反复调整频道开关，电视机没有任何反应，既无伴音（连一点杂音都没有），又无光栅，当然也不可能有图像，这种故障通常简称"三无"。出现"三无"故障，重点要检查稳压电源。"三无"故障检修流程如图 14-1 所示。

（2）无光栅。开机后扬声器中有声音（包括杂音），这说明电源已经在工作。屏幕上无光栅，可以肯定故障在行扫描电路或显像管电路，因为显像管的灯丝电压和其他各级电压（包括高压）都是由行输出电路产生的。无光栅故障检修流程如图 14-2 所示。

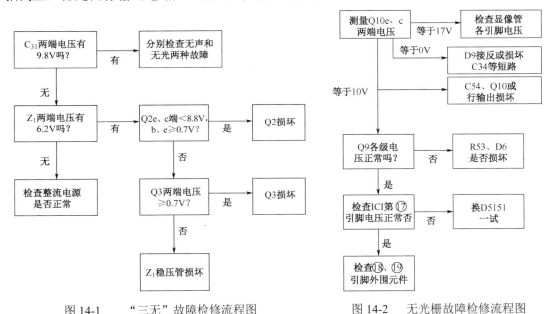

图 14-1　"三无"故障检修流程图　　　图 14-2　无光栅故障检修流程图

（3）无光栅，无伴音。

故障现象为：电视机开机后，既无光栅，又无伴音量，调节"亮度"电位器和"音量"电位器无效。

引起故障原因为：电源电路，包括整流、稳压电路故障；+10V 电源负载直流短路使保险丝烧断；某单元电路工作电流过大致使直流保险丝烧断。最常见故障是行输出级工作异常使工作电流过大。供电电源正常，行扫描电路和信号通道同时发生故障，但这种故障出现机会很少。

说明：①判断认为行扫描和信号通道同时有故障时，应着重检查这两电路的供电电路是否开路；②断开稳压电源负载，再次测量 10V 电压是否正常，以区分故障是出在负载还是电源本身；③无 10V 电压输出，保险丝烧断的最常见原因是行输出电路元件击穿短路或"高压包"局部短路故障。

无光栅、无伴音检修流程如图 14-3 所示。

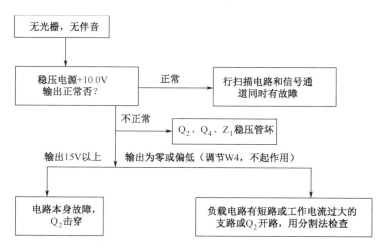

图 14-3　无光栅、无伴音检修流程图

（4）无光栅，有伴音。

故障现象为：无光栅，伴音正常，调节"亮度"电位器无效。

引起故障原因为：行扫描电路故障；显像管或显像管附属供电电路。

说明：一般黑白电视机的伴音电路和显像管灯丝电路直流供电电压由直流稳压电源提供，而显像管各电极直流电压则由行扫描电路提供。行扫描电路有故障时，会引起"无光栅、有伴音"的故障现象。

常见元件故障有：①输出管 Q10 击穿；②集成电路 D5l51 损坏；③高压包损坏（无高压）；④显像管灯丝开路。

无光栅、有伴音故障的检修流程如图 14-4 所示。

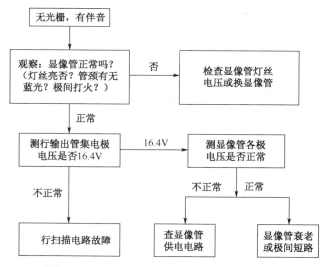

图 14-4　无光栅、有伴音故障的检修流程图

按前述行扫描调试章节，对各关键点电压和波形进行测量，找出故障部位。

（5）只有垂直一条亮线，伴音正常。

产生这种现象的电路故障范围较窄。因为有垂直亮线，说明显像管中有高压和中压，而高、中压都是由行输出电路提供的。因此可以断定行逆程变压器之前电路都是正常的，故障部位只能限于行偏转线圈以及行偏转线圈与行输出级之间元件中，其中包括行线性线圈 3L

和 S 校正电容 3C。这些故障可用测量直流电阻的方式来判别。若元件正常，则检查该电路是否有开路或元件虚焊现象。

这种故障首先应检查场偏转线圈回路，检查有关元件包括 C37、Q6、Q7、R36、R34 等元件，是否有开路或虚焊。

更有效的方法是用示波器测量［D5151（26）］引脚波形，与正常波形进行比较，从而可判断故障部位。

（6）只有水平一条线，伴音正常

产生这种现象是场扫描电路由于某种故障原因不能向场偏转线圈提供锯齿波电流，电子束所受的垂直偏转力消失。在行扫描产生的水平偏转作用下，电子束在屏幕中部原地来回扫描，形成一条水平的亮线。若亮度开得较大，长时间的水平亮线会灼伤荧光粉。

水平一条亮线检修流程如图 14-5 所示。

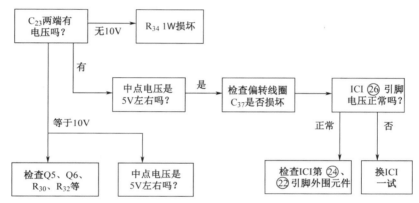

图 14-5　水平一条亮线检修流程图

2．图像故障的检修

（1）有光栅，无图像，无伴音。

此故障由于光栅正常，说明电视机整机电路的电源电路、扫描电路、显像管及其附属电路正常，故障原因出在公共通道，包括天线、高频头、预中放、声表面滤波器、图像中放集成放 D5151 及其外围元件，也可能是视放级和伴音通道同时有故障。

在检修时利用"雪花"点、AGC 检波电压、荧屏回扫线、干扰条纹等特征现象来缩小判断范围。具体步骤如下：

① 开机后转动频道旋钮，观察屏幕。若屏幕上有又粗又密的"雪花"点，转动频道旋钮时有干扰条纹，故障多在高频头；如屏幕上无"雪花"点，转动旋钮又无干扰条纹，故障多在预中放 Q1 及其后面各级。

② 当断定故障在高频头之后时，用手拿金属镊子干扰 D5151（1）引脚，如果屏幕上出现几条黑白相间的条纹，说明故障不在集成块区，而在预中放级。若无干扰条纹出现，故障在 D5151 及其外围电路。

③ 检查预中放(包括 SBM)时,可先检查预中放管 1Q1 各极直流电压,进一步检查 SBM。SBM 常见的故障是失效或输入、输出端对地短路。短路故障可用万用表 R×10k 挡测量直流电阻来确定，如测得端点间电阻不为无穷大，说明两端点间有漏电现象。SAWF 的失效故障无法用万用表判断，一般用跨接法判断，即用一只 0.01μF 左右的电容跨接在 Q1 集电极和 D5151①引脚间，若可看到图像，说明 SBM 失效。

有光栅、无图像检修流程如图 14-6 所示。

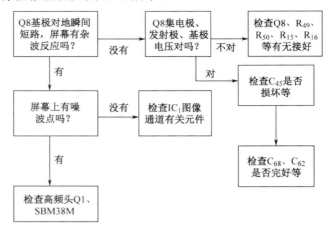

图 14-6　有光栅、无图像检修流程图

（2）有光栅，无图像，有伴音。

此故障的主要原因是视放电路有故障。首先用万用表直流电压挡测量 Q8 的 e、b、c 极电压，正常值应分别为 3.1V、3.3V 和 108V 左右，若测得电压不正常，则应检查 Q8 本身及其外围元件；若测得正常，则应检查视放电路的输入支路是否开路或对地短路，耦合电容 C45 是否开路。

这里强调指出集成电路电视机的一种特殊情况：当 D5151 不工作时，有些电视机也会出现无图像、有伴音的现象。因为从高频头送出的图像中频和伴音中频信号可能在预中放管的基射结中混频，产生 6.5MHz 第二伴音中频，经 Q1 放大后，通过感应进入伴音电路输入端而产生伴音音频输出。因此，在检查排除上述电路故障后，故障现象仍存在时，应怀疑故障是否出在集成中放区。

（3）场同步正常，行不同步。

行不同步故障表现在屏幕上出现斜形带或杂乱的花纹，有时能出现完整图像，垂直方向能稳定，但水平方向不能稳定。

由于场同步良好，故可肯定同步分离级及前面各部分电路工作正常。问题在 AFC 电路及其后面电路。

检修时可先调节行频电位器（W7），如调到某一位置时图像能暂行稳定、说明行振荡级及其后面各级电路大致没问题，应重点检查行 AFC 电路即 D5151㉒、⑭及⑯引脚外围元件。

（4）行同步正常，场不同步。

场不同步故障表现在电视机屏幕上能呈现满屏图像，但其上、下滑动（或滚动不止），调节场同步电位器也不能稳定下来。故障可能出在积分电路，重点检查 D5151㉔引脚外围元件 R64、C62、R41、C43 等是否有开路或虚焊。

3．伴音故障的检修

（1）有图像，无伴音。出现此故障时，如果调节频率微调旋钮及音量电位器仍然无伴音，故障一般发生在伴音电路。

判断故障部位的方法如下：用交流干扰法判断故障是在音频放大还是在伴音中放电路。用金属镊子碰触 LM386 集成块③引脚，若有"嘟嘟"声，则故障在伴音中频电路，包括音量控制电路；否则，故障在音频放大部分。

（2）音频放大部分检修。这部分由 LM386 以及外围电路和扬声器等组成。检修时一般先查⑥引脚电压是否正常，如电压正常，测 OTL 中点电压（即⑤引脚电压），正常时此电压为电源电压一半。如这两引脚电压有不正常者，可关机测两引脚的直流电阻，判断是集成块还是外围元件坏。

（3）伴音中放和鉴频电路故障检查。这部分主要故障是 D515l 损坏；鉴频线圈 T1 失调，要注意 Tl 是否被调过。T1 偏调引起无伴音时，扬声器多会发出"嚓嚓"声，另外陶瓷滤波器变质也可能会引起此现象。

无伴音故障检修流程如图 14-7 所示。

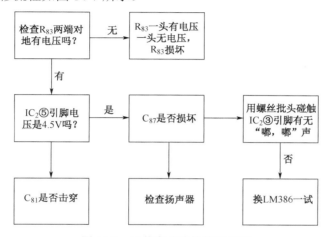

图 14-7 无伴音故障检修流程图

链接 4 故障查找的方法

黑白电视机的原理相对来说比较复杂，功能电路之间牵制较多，故障检修的大量工作都集中在对故障现象的观测、原因的分析和故障点的查找上，真正用于修复的时间反而较少。因此电视机检修方法重点讨论的是如何根据故障现象判断故障的大致部位，然后利用手中的工具和仪器设备找出故障点。

黑白电视机的检修方法很多，常用的有直观检查法、数值检测法、干扰法、分割法、替换法、仪表检测法等。

1. 直观检查法

直观检查法就是通过眼看、耳听、鼻闻和手触等方法检查电视机的明显故障。

直观检查可发现的故障有：显像管灯丝不亮，显像管漏气和极性打火；电源变压器烧坏；限流电阻烧焦，集成块发热；行输出管过流发烫等。检修时，还应先直观观察整机有无缺少零件。

2. 数值检测法

借助万用表对电路电压、电流、电阻的检测数据，以查出部位、确定故障元件。

3. 电压检测分析法，关键点电压的测量

关键点电压是能表征一个单元电路正常工作与否的电压，掌握这些关键测试点对故障检修有重要意义。黑白电视机的关键点电压有：

直流稳压电源输出正常时应为 10V。该电压为整机正常工作提供能源。该电压为零或极低时，电视机表现为"三无"；电压偏低时（小于 10V），光栅缩小，亮度不足，灵敏度降低；

高于 11V，往往会出现光栅打火并伴随纹波增大、扭曲，伴音中出现交流声等。

检波输出直流电压（集成电路指的是视频信号输出端）。当调节高频头频道旋钮，从无信号频道进入有信号频道时，中放通道集成块视频信号输出端输出的是带直流分量的同步头朝下的全电视信号，这一关键点的电压会下降。

视放管集电极电压 V_c。视放管正常工作时，该电压在 105～108V 之间。伴音正常、无图像或图像不正常时需查这一电压。电压为 0V 时，应查 130V 中压是否正常；电压低时应查 130V 中压是否太低，如中压正常时，即为视放管管流增大引起；V_c 等于 130V，视放管截止。由于视放电路涉及元件不多，检查一般比较容易。

行输出管 V_c。行扫描电路是造成无光栅和光栅不正常的常见故障部位。行输出管 V_c 为 17V 左右时，表明整个行扫描电路工作基本正常；该电压偏低，多为行输出变压器存在局部短路。

4. 集成电路各引脚电压测量对比分析法

检测集成电路电压的一般步骤是先测电源供电引脚，再测其他引脚。然后与集成电路正常工作时的电压进行比较，找出电压异常的引脚后，先检查相关的外围元件。如果外围元件正常，则为集成块内部损坏。

5. 直流电流检测法

由于万用表直接测量电流较为麻烦，需要焊开元件，串入电流表，故此法在检修中较少使用。而使用较多的是间接测量法，即测量电路中某一已知电阻上的压降，用欧姆定律求得电流。

但是整机电流和行输出级电流还是需要直接测量的。本机正常工作时，整机工作电流为 670mA，行扫描电路电流小于 300mA。

6. 电阻检测法

电阻检测法就是用万用表电阻挡来检测电阻、电容、电感、二极管、三极管、集成电路等元器件的好坏及整机电路是否有短路、开路现象。

（1）故障元器件和检测。对有怀疑的元器件，从电路板上拆下，根据学过的知识，用万用表电阻挡对元器件进行测试，从而可以判断出元器件的好坏。

（2）测量直流稳压电源输出端对地电阻是否正常，从而可以判断电源电路是否有对地短路或开路故障。

（3）集成电路在路电阻测量。集成电路的内部电路或外围元件损坏，绝大多数情况都会表现出电阻值的变化，因此测量集成电路引脚的在路电阻，与电路正常工作时集成电路在路电阻比较，就可以发现阻值异常的部位。

7. 交流干扰法

交流干扰法就是用人手捏紧金属工具，如螺丝刀、镊子等金属体部分，给电视机外加一个感应信号，观察屏幕光栅的变化和喇叭的声音，从而判断故障范围。这种方法适合于对图像通道和伴音通道故障范围的判断。

8. 仪器检测法

仪器检测法在这里主要介绍用示波器来检修电视机。示波器可以用来观察测量有关测试点的视频信号、同步脉冲及扫描电路各级的波形。检测时可结合正常波形判断故障部位。

9. 断路（分割）检查法

这种方法主要用于检修直流供电电路短路或负载过重造成的故障。例如，电视机出现直流稳压电源输出电压（+10V）偏低，且电源稳压调整管发热故障时，为证实故障是否为行输出电路有短路或负载引起时，可断开行输出管供电电路，测量+10V 电压是否回升，如电压回升到+10V，则说明行输出电路有短路或电流过大的故障；如电压仍无回升，应继续断开其他支路进行试验，断开所有的负载，电源电压仍不回升，则说明电源本身有故障。

10．敲击振动法

敲击振动法是人为地敲击振动电视机或印制电路板，以此来判断故障的具体部位或大致范围。例如，遇到有光栅，但图像伴音时有时无的故障，就可以用螺丝刀绝缘柄轻轻敲击天线、高频头以及有关元器件及印制线路板。如果故障是由于虚焊或接触不良引起的，经轻微敲击后便能找到故障。

11．元器件替代法

在检修中，有些元器件的故障只凭万用表不易判断，因此常常用好的元器件来代换怀疑有故障的元器件。

电视机的一种故障可以用上面介绍的多种方法检测出来。实践中要结合具体情况灵活运用各种方法。而最根本的是熟练掌握电视机的工作原理，用理论知识去分析现象，就能在检修中迅速、准确地查出故障。

当电路不能工作时，应关断电源，再认真检查电路是否接错、掉线、断线、元器件接错等，查线时用万用表 R×1Ω 挡测量。

线路检查完毕后通电，电路仍不能工作，则应从原理着手，根据故障现象，分析和确定故障可能出现在电路的某个部位，逐步缩小故障部位，最后确定故障。切莫盲目乱拆乱换，胡乱调试。

14.1.3　任务实施

■ **实训 36　黑白小电视机的排故**

一、实训目的

（1）学会黑白小电视机的排故方法；

（2）通过排故，了解电视机出现故障的原因。

二、实训器材及设备

（1）故障电视机一台；

（2）电视信号发生器一台；

（3）万用表一块；

（4）其他电子专用工具一套。

三、实训步骤

（1）通电，判断电视机的故障现象；

（2）确定故障检查的流程；

（3）查找故障发生点；

（4）更换元器件，修复电视机；

（5）重新调试部分参数。

四、注意事项

（1）分析清楚故障现象后才能制订排故方法；

（2）调试过程中，应谨慎操作，防止因误操作造成人为损坏；

（3）测量时，要合理选择万用表的挡位和量程。

五、完成实训报告书

14.1.4 任务评价

第 4 模块实训报告书中有本次任务评价，请认真完成自评、小组评及师评。

知识技能拓展　电子设备故障检测方法

电子设备的应用已经越发广泛，因此掌握一些电子设备的维修方法是必不可少的。以下介绍的是电子设备简单故障检测方法：

（1）用户询问法：检测故障就像医生治病，因此首先必须知道设备故障的一些相关参数，比如购买时间、使用情况、故障源等，这样便于更好地排查与维修故障。

（2）操作检查法：实际操作一下被检修的设备的功能旋钮、按键、开关、插孔，看看故障现象有何种变化，使设备的故障充分地暴露，给进一步观察故障现象、判断故障原因提供可靠的依据。

（3）直观法：所谓直观法就是从外表面直接观察故障的方法。这种方法是利用看、听、嗅、触等去帮助发现和查找产生故障的部位。"看"就是查看设备内有无冒烟处，电阻表面有无烧焦痕迹，电容表面有无漏电印迹或胀裂现象，连线是否脱落，元器件有无缺损和断开，印刷板的焊点有无虚焊和短接现象，保险丝是否烧断，电子管、示波管是否漏气（严重时管内径发白），等等。"听"则是在设备通电时仔细听机内有无打火声或其他异常声音出现。"嗅"就是嗅机内有无电阻表面漆层烧毁出现的焦味，高压跳火花时产生的臭氧味，变压器烧毁时发出的烤清漆气味等。"触"就是用手触摸晶体管、集成电路的管壳、电阻或变压器线圈等元件是否发热、烫手等。用手触摸元件前应对设备进行一下是否漏电的检查（用试电笔检查），以免发生触电事故；切记应该是"瞬间"触碰。

（4）测量电阻法：利用万用表欧姆挡对电路中的元件、连接线进行阻值的测量，以判断和发现产生故障的部位及元器件。几乎所有元、器、零、部件都可以用测量电阻法进行检查；即使对整机电路中的短路、开路故障的检查也是很有效的。

（5）测量电压法：使用万用表电压挡测量电路中的工作电压，以判断和查找故障的方法。运用测量得到的数值与正常值（设备正常时期的值或图纸标出的值）比较，便可以迅速发现和确定产生故障的部位。通常是利用测量电路中关键点（晶体管各极对地电压或集成电路各端电压）电压的方法来迅速发现和确定产生故障的部位。

（6）测量电流法：使用万用表电流挡测量有关电路中的工作电流，与正常参考值相对照，可以判断晶体管、集成电路和稳压电源的负载等是否正常，可以用来检查各级工作点，查找整机电流大、短路、断路、电阻断路、电容击穿、接线断路等故障。测量电流时可以通过测量已知电阻两端的电压，然后通过欧姆定律换算得到，这种方法一般在确认电路中电阻完好的情况下使用。

（7）元件替代和并联法：使用正常的元器件替代电路中可疑的元器件，或在可疑的元器件的位置上再并联相同规格的正常的元器件，以观察设备的变化情况，从而判断和查找故障的方法。这种方法只对元器件开路、失效等故障有效，对元器件短路故障无效。

（8）波形法：通过示波器所显示的波形，对各部分进行逐级检查，可以迅速而准确地找到发生故障的原因。

（9）信号追踪法：把高或低频信号发生器输出的大小适当、特定频率的信号从被检修的电子放大器的后级向前级依次输入，看放大器输出端输出信号的大小、有无情况，来判断故障的范围。此法常用于检查各种放大器。检查时低频电路常输入 400Hz 或 1000Hz 的交流信号；中频电路常输入调幅度为 30%的 465kHz 的中频调幅信号；高频电路常输入调幅度为 30%、调制频率为 400Hz 或 1000Hz 的 535kHz 的高频调幅信号。此方法可以与波形法配合使用。

（10）干扰、敲击法：利用人为的外加干扰或敲击的方法，可以发现由于某些原因而产生的故障的具体部位或大致范围。干扰法具体的操作方法是：用手握着螺丝刀或镊子的金属部分，从后向前依次去触碰放大器各级输入端，将由于人体感应所产生的瞬时杂波脉冲信号，输入给放大器各级输入端，看输出端有无放大了的杂波脉冲信号，以此来判断各级是否正常。此方法可以与波形法配合使用。如果故障是由于虚焊或接触不良引起的，经轻微敲击便能找到虚焊或松动之处；在敲击过程中要同时观察设备所产生的变化。

模块总结

本模块涉及"电子产品的总装"、"电子产品的调试"及"电子产品的检修"三个项目，又分解为三个任务、七个实训，详细介绍了电子产品总装与调试的知识，通过实训强化了理论与实践的结合。

模块练习

1. 简述电子整机装配工艺的内容及意义。
2. 电子整机结构特点是什么？
3. 简述电子整机装配的工艺原则和基本要求。
4. 整机调试目的是什么？一般调试内容有哪几个方面？
5. 简述整机调试的一般程序与要求。
6. 简述整机调试的一般工艺流程。
7. 整机检验目的是什么？检验内容有哪些？
8. 调试和维修电路时，排除故障的一般程序和方法是怎样的？

第4模块 实训报告

项目 12 整机总装工艺	姓名_____ 得分_____
任务 12.1 了解整机总装工艺	学号_____ 日期_____

实训 30 参观电子厂的总装车间

实训目的:

实训器材及设备:

实训步骤:

注意事项:

故障分析及调试记录:

实训体会:

任务评价				
内容		配分	评分标准	扣分
1	讲座	30 分	听讲不认真,酌情扣分	
2	参观	20 分	参观不认真,酌情扣分	
3	总结讨论	20 分	参加讨论不认真,酌情扣分	
4	心得体会	30 分	酌情扣分	
安全文明生产			违反安全文明生产规程扣 5~30 分	
定额工时		2 学时	每超过 10 分钟扣 5 分	
开始时间			结束时间	
自评得分		组评得分		师评得分

项目 12　整机总装工艺	姓名＿＿＿＿＿得分＿＿＿＿＿
任务 12.1　了解整机总装工艺	学号＿＿＿＿＿日期＿＿＿＿＿

实训 31　总装黑白小电视机

实训目的:

实训器材及设备:

实训步骤:

注意事项:

故障分析及调试记录:

实训体会:

<table>
<tr><td colspan="5" align="center">任务评价</td></tr>
<tr><td colspan="2" align="center">内容</td><td>配分</td><td align="center">评分标准</td><td>扣分</td></tr>
<tr><td>1</td><td>总装步骤</td><td>30 分</td><td>顺序混乱，每次扣 3 分</td><td></td></tr>
<tr><td>2</td><td>总装质量</td><td>30 分</td><td>出现装配错误，每次扣 5 分</td><td></td></tr>
<tr><td>3</td><td>总装操作</td><td>20 分</td><td>出现意外损坏，每次扣 5 分</td><td></td></tr>
<tr><td>4</td><td>工具使用</td><td>20 分</td><td>工具使用错误，每次扣 3 分</td><td></td></tr>
<tr><td colspan="3" align="center">安全文明生产</td><td>违反安全文明生产规程扣 5～30 分</td><td></td></tr>
<tr><td>定额工时</td><td colspan="2">2 学时</td><td colspan="2">每超过 10 分钟扣 5 分</td></tr>
<tr><td>开始时间</td><td colspan="2"></td><td>结束时间</td><td></td></tr>
<tr><td>自评得分</td><td colspan="2"></td><td>组评得分</td><td>师评得分</td></tr>
</table>

项目 13　整机调试工艺	姓名＿＿＿＿＿得分＿＿＿＿＿
任务 13.1　了解调试过程和方案	学号＿＿＿＿＿日期＿＿＿＿＿

实训 32　设计黑白小电视机的调试方案

实训目的：

实训器材及设备：

实训步骤：

注意事项：

故障分析及调试记录：

实训体会：

任务评价

	内容	配分	评分标准	扣分
1	工艺文件格式	20 分	格式不完全正确，酌情扣分	
2	调试项目	40 分	项目缺少，每个扣 5 分	
3	调试方法	20 分	方法不正确，每个扣 5 分	
4	主要器材	20 分	器材选择不当，每个扣 5 分	
	安全文明生产		违反安全文明生产规程扣 5～30 分	
定额工时		2 学时	每超过 10 分钟扣 5 分	
开始时间			结束时间	
自评得分			组评得分	师评得分

项目 13 整机调试工艺		姓名_____ 得分_____
任务 13.2 进行静态调试		学号_____ 日期_____

实训 33 黑白小电视机的静态测试

实训目的:

实训器材及设备:

实训步骤:

注意事项:

故障分析及调试记录:

实训体会:

任务评价				
	内容	配分	评分标准	扣分
1	调试项目	40 分	项目缺少,每个扣 5 分	
2	调试方法	20 分	方法不正确,每个扣 5 分	
3	调试工序	20 分	工序混乱,酌情扣分	
4	调试操作	20 分	出现意外损坏,每次扣 5 分	
	安全文明生产		违反安全文明生产规程扣 5~30 分	
定额工时		2 学时	每超过 10 分钟扣 5 分	
开始时间			结束时间	
自评得分		组评得分		师评得分

项目 13　整机调试工艺	姓名_____　得分_____
任务 13.3　进行动态调试	学号_____　日期_____

实训 34　黑白小电视机的动态测试

实训目的：

实训器材及设备：

实训步骤：

注意事项：

故障分析及调试记录：

实训体会：

任务评价

	内容	配分	评分标准	扣分
1	调试项目	40 分	项目缺少，每个扣 5 分	
2	调试方法	20 分	方法不正确，每个扣 5 分	
3	调试工序	20 分	工序混乱，酌情扣分	
4	调试操作	20 分	出现意外损坏，每次扣 5 分	
	安全文明生产		违反安全文明生产规程扣 5～30 分	
定额工时		2 学时	每超过 10 分钟扣 5 分	
开始时间			结束时间	
自评得分		组评得分	师评得分	

项目 13　整机调试工艺			姓名_____　得分_____		
任务 13.4　进行功能测试			学号_____　日期_____		
实训 35　黑白小电视机的功能测试					

实训目的:

实训器材及设备:

实训步骤:

注意事项:

故障分析及调试记录:

实训体会:

任务评价					
	内容	配分	评分标准		扣分
1	测试项目	40 分	项目缺少，每个扣 5 分		
2	测试方法	20 分	方法不正确，每个扣 5 分		
3	测试工序	20 分	工序混乱，酌情扣分		
4	测试操作	20 分	出现意外损坏，每次扣 5 分		
	安全文明生产		违反安全文明生产规程扣 5～30 分		
定额工时		2 学时		每超过 10 分钟扣 5 分	
开始时间			结束时间		
自评得分		组评得分		师评得分	

项目 14 整机故障维修	姓名_____ 得分_____
任务 14.1 学习整机故障维修	学号_____ 日期_____

实训 36 黑白小电视机的排故

实训目的：

实训器材及设备：

实训步骤：

注意事项：

故障分析及调试记录：

实训体会：

任务评价				
	内容	配分	评分标准	扣分
1	识别故障	20 分	故障现象识别不准确，酌情扣分	
2	确定故障范围	20 分	确定故障范围不准确，酌情扣分	
3	查找故障	20 分	查找故障位置不准确，扣 20 分，经提示，能查出故障，酌情扣分	
4	修复	20 分	不能修复，扣 20 分	
5	重新调试	20 分	不完全正确，酌情扣分	
安全文明生产		违反安全文明生产规程扣 5～30 分		
定额工时	2 学时	每超过 10 分钟扣 5 分		
开始时间		结束时间		
自评得分		组评得分		师评得分

第 5 模块　检验及包装

模块描述

　　电子产品的生产过程只有严格实行科学的质量管理，才能实现其质量目标。电子产品通过检验后，需要经过包装才能运输，最后到达消费者手中。

　　本模块首先介绍了质量管理体系，包括 ISO9000 族国际质量标准、中国 3C 认证，然后介绍了电子产品检验工艺，最后阐述了包装的一般工艺。通过识读质量管理标准实训、检验黑白小电视机实训及拆读彩电的包装实训，促进了学生质量意识的形成与管理方法的掌握。

知识目标

> 了解质量管理体系；
> 理解质量认证知识；
> 理解产品检验的基本知识；
> 理解产品包装的基本知识。

技能目标

> 识读质量管理标准；
> 能检验黑白小电视机；
> 能拆读彩电的包装。

产品检验认识

任务 15.1　了解质量管理体系

15.1.1　任务安排

质量是企业的生命，是一个企业综合实力的体现。企业要想长期稳定发展，必须围绕质量这个核心开展生产，加强产品质量管理，才能生产出高品质的产品。

实现质量管理的方针目标，有效地开展各项质量管理活动，必须建立相应的管理体系，即质量管理体系。

识读质量标准任务单见表 15-1。

表 15-1　识读质量标准任务单

任 务 名 称	识读质量标准	
任务内容	识读： 1. ISO9000 族国际质量标准 2. 中国 3C 认证	
任务要求	1. 能了解质量管理标准的发展过程 2. 能理解 ISO9000 至 9004 国际质量管理和质量保证标准系列组成 3. 能理解中国 3C 认证的内涵	
技术资料	1. 上网查 ISO9000 至 9004 国际质量管理和质量保证标准的资料 2. 上网查中国 3C 认证的资料	
签名	备注	了解欧美国家的相关认证

15.1.2　知识技能准备

链接 1　质量管理与标准化

1. 质量管理

（1）质量。

质量是指一组固有特性满足要求的程度，其以满足顾客及其他相关方所要求的能力加以表征。具体地说，电子产品的质量就是指产品的功能和可靠性两个方面。

电子产品功能是指产品的技术，包括性能指标、操作功能、结构功能、外观和经济性。

可靠性是指对电子产品长期可靠而有效工作能力的总的评价，包括固有可靠性、使用可靠性和环境适应性三个方面。

① 固有可靠性是指电子产品在使用之前，由确定设计方案、选择元器件、材料及制作

工艺过程所决定的可靠性因素。

② 使用可靠性是指操作、使用、维护保养等因素对电子产品寿命的影响。

③ 环境适应性是指电子产品对各种温度、湿度、振动、灰尘和酸碱等环境因素的适应能力。

产品的质量特性有内在特性、外在特性、经济特性和商业特性等。质量特性有的能够测量，有的不能测量。在实际工作中，必须把不可测量的特性转换成可以测量的代用质量特性。

（2）质量管理。

随着经济全球化的进展及电子工业的飞速发展，新的产品不断涌现。一个企业要想在激烈的经济大潮中立于不败之地，它的产品必须具有优秀的质量。全面的质量管理是产品优质的保证。

① 质量管理的发展。

质量管理经过一个世纪的发展，经历了三个阶段，见表 15-2。

表 15-2　质量管理的三个阶段

三 个 阶 段	时 间 范 围	特　征
质量检验阶段	20 世纪 20～40 年代	企业设置检验部门，配备专职检验人员，利用检测设备、仪表对产品进行 100%的检验
统计质量管理阶段	20 世纪 40～50 年代	企业运用数理统计方法，找出产品质量波动的规律性，消除产生波动的异常原因，经济地生产出标准的产品
全面的质量管理阶段	20 世纪 60 年代至今	把质量问题作为一个系统来进行分析研究，全员全过程质量管理

② 全面的质量管理（TQM）。

进入 21 世纪，市场竞争白热化，为了节约成本，增加产品的可靠性，必须在设计、生产、经营等各个方面实行全面的质量管理。

全面的质量管理强调企业从上层管理人员到全体员工均要全员参与，把生产、技术、经营管理及统计方法有机结合起来，建立一整套完善的质量管理工作体系。具体涉及产品形成的全过程，如市场调查、研究、设计、试验、工艺、工装、原材料和外购件的合理供应，生产、计划、检查、行政管理和经营管理及销售和售后服务等环节。企业的宗旨是为用户提供物美价廉的产品和优质的服务。

目前，质量管理已进入世界性的质量管理标准化阶段。国际标准组织（ISO）为满足国际经济贸易交往中的需要而制定质量管理和质量保证标准，于 1987 年发布 ISO9000 系列标准。我国实行改革开放的基本政策后，建设了市场经济秩序，加入了 WTO，国际贸易迅速增加，使我国的经济活动全面置身于国际市场大环境中，同国际接轨已刻不容缓。因此，国家技术监督局在 1992 年 10 月发布文件，决定等同采用 ISO9000，颁布了 GB/T19000 质量管理和质量保障标准系列。几年的贯彻实施促使企业提高了管理水平，有力地增强我国企业的产品竞争能力，在国际市场中越来越发挥巨大的作用。

2. 质量管理与标准化

质量管理与标准化关系密切。标准化是质量管理的依据和基础，产品（包括服务）质量的形成，必须用一系列的标准来控制和指导设计、生产和使用的全过程。

（1）标准及标准化。

① 标准是为了在一定的范围内获得最佳秩序，对活动或结果规定共同和反复使用的规则、导则或特性文件。标准是一种特殊文件。

② 标准化是为了在一定的范围内获得最佳秩序，对实际的或潜在的问题制定共同和重复使用的规则的活动。标准化是一个活动过程，主要是制定标准，宣传贯彻标准，对标准的实施进行监督管理，根据标准实施情况修订标准的过程。

③ 我国标准的分级。

根据《中华人民共和国标准化法》规定，我国标准化分为四级：国家标准、行业标准、地方标准和企业标准，见表 15-3。

表 15-3　我国标准化分级

四　级	适 用 范 围	制 定 程 序	变　更
国家标准	对需要在全国范围内统一的技术要求，应当制定国家标准。	国家标准由国务院标准化行政主管部门编制计划，组织草拟，统一审批、编号、发布	
行业标准	对没有国家标准又需要在全国某个行业范围内统一的技术要求，可以制定行业标准	行业标准由国务院有关行政主管部门编制计划，组织草拟，统一审批、编号、发布，并报国务院标准化行政主管部门备案	在公布国家标准之后，该行业标准即行废止
地方标准	对没有国家标准和行业标准而又需要在省、自治区、直辖市范围内统一的工业产品的安全、卫生要求，可以制定地方标准	地方标准由省、自治区、直辖市标准化行政主管部门制定，并报国务院有关行政主管部门备案	在公布国家标准或行业标准之后，该地方标准即行废止
企业标准	企业生产的产品没有国家标准和行业标准，应当制定企业标准，作为组织生产的依据	企业标准须报当地政府标准化行政主管部门和有关行政主管部门备案	国家鼓励企业制定严于国家标准或行业标准的企业标准，在企业内部适用

链接 2　ISO9000 族国际质量标准

ISO9000 质量管理和质量保证标准系列是为了促进国际贸易而发布的，是买卖双方对质量的一种认可，是贸易活动中建立相互信任关系的基石。通过 ISO9000 认证已经成为企业证明自己产品质量、工作质量的一种惯例。

1. ISO9000 标准系列简介

国际化标准组织（ISO）于 1987 年 3 月正式发布的 ISO9000 至 9004 国际质量管理和质量保证标准系列由以下五个部分组成：

ISO9000《质量管理和质量保证标准——选择和使用指南》

ISO9001《质量体系——设计、开发、生产、安装和服务的质量保证模式》

ISO9002《质量体系——生产和安装的质量保证模式》

ISO9003《质量体系——最终检验和试验的质量保证模式》

ISO9004《质量管理和质量体系要素——指南》

2. GB/T19000 标准系列简介

GB/T19000 质量管理和质量保证标准系列是我国 1992 年 10 月发布的质量管理国家标准，等同于 ISO9000 质量管理和质量保证标准系列。该标准系列由五项标准组成：

GB/T19000—1992《质量管理和质量保证标准——选择和使用指南》

GB/T19001—1994《质量体系——设计、开发、生产、安装和服务的质量的保证模式》

GB/T19002—1994《质量体系——生产、安装的质量保证模式》

GB/T19003—1994《质量体系——最终检验和试验的质量保证模式》

GB/T19004—1994《质量管理和质量体系要素——指南》

以上可以看出 GB/T19000 标准系列与 ISO9000 标准系列存在以下的等同关系（表 15-4）。

表 15-4 GB/T19000 标准系列与 ISO9000 标准系列的等同关系

GB/T19000 标准系列		ISO9000 标准系列
GB/T19000		ISO9000
GB/T19001		ISO9001
GB/T19002	等同	ISO9002
GB/T19003		ISO9003
GB/T19004		ISO9004

3．实行质量认证制度的意义：

我国企业通过实施 GB/T19000 标准系列，建立健全质量体系，对提高企业的质量管理水平有着积极的推动作用。

（1）可提高生产企业质量信誉；

（2）促进企业完善质量体系；

（3）使质量管理与国际规范接轨，培养国际竞争力；

（4）有利于保护消费者利益；

（5）减少社会重复检验和检查费用；

（6）加强国家对安全性产品的管理。

如图 15-1 所示为某企业的 ISO9000 质量体系认证书（内页）的图片。

图 15-1 某企业的 ISO9000 质量体系认证书

知识链接 3 中国 3C 认证

我国于 20 世纪 80 年代初开始开展产品质量认证。虽然起步较晚，但起点高。从 1991 年起

213

陆续颁布了《中华人民共和国质量认证管理条例》等一系列有关质量认证的法规、规章，建立了实施质量认证制度必须具备的认证机构、产品检验机构和检查机构。2002 年根据国家质量监督检验检疫总局和国家认证许可监督管理委员会发布的《强制性产品认证管理规定》，原来的"CCIB"认证和"长城认证"将被统一为 3C 认证，其标志如图 15-2 所示。

图 15-2　3C 认证标志

3C 认证是中国强制性产品认证制度（China Compulsory Certification）的简称，也是国家对强制性产品认证使用的统一标志。作为国家安全认证（CCEE）、进口安全质量许可制度（CCIB）、中国电磁兼容认证（EMC）三合一的"CCC"权威认证，是中国质检总局和国家认监委与国际接轨的一个先进标志，有着不可替代的重要性。它是我国政府按照世贸组织有关协议和国际通行规则，为保护广大消费者人身和动植物生命安全，保护环境，保护国家安全，依照法律法规实施的一种产品合格评定制度。其主要特点是：国家公布统一的目录，确定统一适用的国家标准、技术规则和实施程序，制定统一的标志标识，规定统一的收费标准。凡列入强制性产品认证目录内的产品，必须经国家指定的认证机构认证合格，取得相关证书并加施认证标志后，方能出厂、进口、销售和在经营服务场所使用。目前，中国公布的首批必须通过强制性认证的产品共有 19 大类 132 种，主要包括电线电缆、低压电器、信息技术设备、安全玻璃、消防产品、机动车辆轮胎、乳胶制品等。如图 15-3 所示为某电线经过 3CCC 认证的标签。

CCC 标志一般贴在产品表面，或通过模压压在产品上，仔细看会发现多个小菱形的"CCC"暗记。每个 CCC 标志后面都有一个随机码，每个随机码都有对应的厂家及产品。认证标志发放管理中心在发放强制性产品认证标志时，已将该编码对应的产品输入计算机数据库中，消费者可通过国家认监委强制性产品认证标志防伪查询系统对编码进行查询。

近几年来，企业质量体系认证工作发展迅速，目前发证数量跃居世界第三位。如图 15-4 所示为某企业的 CCC 认证证书。

图 15-3　某电线经过 CCC 认证的标签

图 15-4　某企业的 CCC 认证证书

需要注意的是，CCC 标志并不是质量标志，而只是一种最基础的安全认证，它的某些指标代表了产品的安全质量合格，但并不意味着产品的使用性能也同样优异，因此购买商品时除了要看它有没有 CCC 标志外，其他指标也很重要。

15.1.3 任务实施

■ 实训 37 识读质量管理标准

一、实训目的

（1）能理解 ISO9000 族国际质量管理和质量保证标准系列组成；

（2）能理解中国 CCC 认证的内涵；

（3）掌握实行质量认证制度的意义。

二、实训器材及设备

（1）ISO9000 族国际质量管理和质量保证的相关文件；

（2）中国 CCC 认证的相关文件；

（3）若干电子商品的包装（有认证标志）。

三、实训步骤

（1）认真阅读 ISO9000 族国际质量管理和质量保证的相关文件；

（2）认真阅读中国 CCC 认证的相关文件；

（3）仔细观察电子商品上的各类认证标志。

四、注意事项

生活中做有心人，处处观察，了解质量管理与认证的情况。

五、完成实训报告书

15.1.4 任务评价

第 5 模块实训报告书中有本次任务评价，请认真完成自评、小组评及师评。

任务 15.2 了解电子产品检验工艺

15.2.1 任务安排

电子产品生产过程中，需要对产品一个或多个质量特性进行测定、检查或度量，并将结果同规定要求进行比较，以确定产品的质量特性是否合格，这个过程就是检验。质量检验是质量管理不可缺少的一项工作，它要求企业必须具备三个方面的条件，即：足够数量的合乎要求的检验人员；可靠而完善的检测手段；明确而清楚的检验标准。

检验黑白小电视机任务单见表 15-5。

表 15-5 检验黑白小电视机任务单

任 务 名 称	检验黑白小电视机
任务内容	对黑白小电视机进行： 1. 元器件检验 2. 材料、零部件的检验 3. 整机检验工艺

续表

任务名称	检验黑白小电视机		
任务要求	按规范要求，检验： 1. 电源和元器件等 2. 线材、印制电路板（PCB）、焊料及焊剂等 3. 部件安装 4. 焊接 5. 外观及机械性能 6. 电性能及安全性		
技术资料	1. 上网查全面的质量管理的知识 2. 上网查现代企业劳动组织方式		
签名		备注	了解大型电子企业的质量监控情况

15.2.2　知识技能准备

链接 1　检验的内容

1. 检验的定义

检验就是对产品或服务的一种或多种特性进行测量、检查、试验、计量，并将这些特性与规定的要求进行比较以确定其符合性的活动。美国质量专家朱兰对"质量检验"一词作了更简明的定义：所谓检验，就是这样的业务活动，即决定产品是否在下道工序使用时适合要求，或是在出厂检验场合，决定能否向消费者提供。

检验的过程可以由如图 15-5 所示的方框图来表示流程。

图 15-5　检验的过程

根据图 15-5 可归纳出检验有三大要素：①检验合格判定标准（品质标准）；②检验方法和规范；③检验记录。

在工业生产的早期，生产和检验本是合二为一的，生产者也就是检验者。后来由于生产的发展，劳动专业分工的细化，检验才从生产加工中分离出来，成为一个独立的工种，但检验仍然是加工制造的补充。生产和检验是一个有机的整体，检验是生产中不可缺少的环节。特别是现代企业的流水线和自动线生产中，检验本身就是工艺链中一个组成工序，没有检验，生产过程就无法进行。

从质量管理发展过程来看，最早的阶段就是质量检验阶段。质量检验曾是保证产品质量的主要手段，统计质量管理和全面质量管理都是在质量检验的基础上发展起来的。可以这样认为，质量检验是全面质量管理的"根"，"根"深才能叶茂，如果这个"根"不扎实，全面质量管理这棵树的基础就不会巩固。在我国进一步推行全面质量管理和实施 ISO9000 系列国际标准时，特别是进行企业机构改革时，决不能削弱质量检验工作和取消质量检验机构。相反，必须进一步加强和完善这项工作，还要更有效地发挥检验工作的作用。

现代工业生产是一个极其复杂的过程，由于主、客观因素的影响，特别是客观存在的随机波动，要绝对防止不合格品的产生是难以做到的，因此就存在质量检验的必要性。很难设想，存在一个所谓理想的生产系统，它根本不会产生不合格品，则质量检验及其相应的机构就可统统撤销。实际上这种理想式生产系统是不存在的。

为了正确认识企业的质量检验，还必须澄清一个容易混淆的观念：认为产品质量是由设计和制造来决定的，而不是检验出来的，因而对检验工作不予重视，甚至有所放松。这种观念显然是不全面的。诚然，产品质量同设计和制造十分密切，但质量的最终形成，决不限于设计和制造这两个环节，正如美国著名质量专家 J.M.朱兰所说，它是符合"质量螺旋"上升规律的，决定于企业所有部门，其中包括质量检验部门的质量职能，何况检验本身也是属于制造的范畴。

现代企业对产品的质量管理的流程为：进料检验（IQC）→制程检验（IPQC）→成品检验（FQC）等。

2．质量管理的流程

（1）进料检验（IQC）。

进料检验的代号为 IQC（Incoming Quality Control），它是指企业对生产过程中所使用的原材料进行的检验。如电子工厂需外购大量的元器件、零部件、整件和辅助材料，对这些材料按照产品技术条件或协议进行有关性能的测试。只有材料好了，才可以制造出好的产品来，因为巧妇也难为无米之炊。面对劣质材料，可能给企业造成巨大的财产损失或断送了企业的前程。改革开放早期，珠海有一家出名的玩具厂，本来生意做得很不错，订单不断地飞来。但是在做一笔大的外贸订单生意时，一个小的失误，竟然将一个充满朝气的工厂推到了破产的绝路。而这个失误就是，不知道是为了节约成本还是因为并不知情，在一颗绑定 IC 使用的黑胶上，他们在没有经过检验或实验的情况下就大量使用。结果是等产品出口到国外后，才发现很多产品都失去了功能，或在工作一定时间后无法再继续工作了。原因是黑胶的热胀冷缩系数太大，将绑定的绑线拉断，使得产品丧失功能。结果就这样一次就赔得倾家荡产，公司关门。可见 IQC 是何等的重要。

① IQC 的工作流程。

a. 供应商送材料，经仓库人员点收，核对物料的规格、数量，相符后予以签收，再交进料检验部门 IQC 验收。

b. 检验依照单次抽样标准给予检验判定，并将其检验结果以书面形式记录在《进料检验日报表》中。

c. 判定合格（允收），必须在物料外包装适当处贴合格标签，并加注检验时间及签名，由仓库与供应商办理入库手续。

d. 检验人员判定不合格（拒收）的物料，必须填写《不合格通知单》交质检主管审核裁定。

e. 质检主管核准不合格（拒收）的物料，由质检人员将《不合格通知单》一联通过采购通知供应商处理退货及改善事宜，且在物料外包装上贴上不合格标签及签名。

f. 品管部门判定不合格的物料，遇下列状况可由供应商或采购部向品管部提出予以特殊审核或提出特采申请：供应商或采购部人员认定判定有误时；该项符合物料生产急需使用时；该项缺陷对后续加工、生产影响甚微时；其他特殊原因。

② IQC 工作内容。

a. 进料检验又称验收检验，是避免不良物料进入物料仓库的控制点，也是评鉴供料厂商主要的资讯来源。

b. 所进物料，因供料厂商的品质信赖度及物料的数量、单价、体积等，加以规划为全检、抽检、免检。全检：数量少，单价高；抽检：数量多，或经常性的物料；免检：数量多，单价低或一般性补助或经认证为免检厂商或局限性的物料。

c. 检验项目。外观检验；尺寸、结构特性检验；电气特性检验；化学特料检验；物理特性检验；机械特性检验。

d. 检验方法。外观检验：一般用目视、手感、限度样本；尺寸检验：如游标卡尺、分厘卡、投影仪；结构特性检验：如拉力计、扭力计；特性检验：使用检测仪器或设备。

（2）制程检验（IPQC）。

制程检验的代号为 IPQC（In-Process Quality Control），广义地讲它是指对生产过程中的各道工序进行检验，采用操作人员自检、生产班组互检和专职人员检验相结合的方式进行。制程检验的形式可以有如下几种。

a. 员工自检：操作员对自己加工的产品先实行自检，检验合格后方可发出至下道工序。它可提高产品流转合格率和减轻质检员工作量，但不易管理控制，时有突发异常现象。

b. 员工互检：下道工序操作人员对上道员工的产品进行检验，可以不予接收上道工序的不良品，相互监督，有利于调动积极性，但也会引起包庇、争执等造成品质异常现象。

c. 质检员全检：适用于关键工序转序时，多品种小批量，有致命缺陷项目的工序产品。工作量较大，合格的即准许转序或入库，不合格则责成操作员工立即返工或返修。

d. 质检员抽检：适用于工序产品在一般工序转序时，大批量、单件价值低、无致命缺陷的工序产品。

一般狭义地讲 IPQC 就是指制程巡检。

① IPQC 工作流程。

制程检验的巡检人员，其工作流程规定如下：

a. IPQC 人员应于每天下班之前了解次日所负责制造部门的生产计划状况，以提前准备检验相关资料。

b. 制造部门生产某一产品前，IPQC 人员应事先了解、查找相关资料，其中包括：制造命令单；检验用技术图纸；产品用料明细表；检验范围及检验标准；工艺流程、作业指导书（作业标准）；品质异常记录；其他相关文件。

c. 制造部门开始生产时，IPQC 人员应协助制造部门进行如下工作：工艺流程查核；相关物料、工装夹具查核；使用计量仪器点检；作业人员品质标准指导；首检产品检验记录。

d. IPQC 根据图纸、限度样本所检结果合格时，方可正常生产，并及时填写产品首检检验报告并留首检合格产品（生产判定第一个合格品）作为此批生产限度样板。

e. 制造部门生产正常后，IPQC 人员依规定时间作巡检工作，巡检时间一般规定如下。

A：8：00　B：8：30　C：9：00　D：9：30 或依一定批量检验。

f. IPQC 巡检发现不良品应及时分析原因，并对作业人员的不规范的动作程序及时纠正。

g. IPQC 对检验的不良品需及时协同制造部门管理人员或技术人员进行处理、分析原因并做出异常的问题的预防对策与预防措施。

h. 重大的品质异常，IPQC 未能处理时，应开具《制程异常通知单》，经生产主管审核后，通知相关部门处理。

i. 重大品质异常未能及时处理，IPQC 有责任要求制造部门停机或停线处理，制止继续制造不良品。

j. IPQC 应及时将巡检状况记录到《制程巡检记录表》，每日上交给部门主管、经理，以方便及时掌握生产品质状况。

② IPQC 工作内容。

IPQC 的检验范围包括：

a. 产品。半成品、成品的质量。

b. 人员。操作人员工艺执行质量，设备操作技能状况。

c. 设备。设备运行状态，负荷程度。

d. 工艺、技术。工艺是否合理，技术是否符合产品特性要求。

e. 环境。环境是否适宜产品生产需要。

（3）成品检验（FQC）。

成品出厂前必须进行出厂检验，才能达到产品出厂零缺陷、客户满意零投诉的目标。成品检验的代号为 FQC（Final Quality Control），它是指对经过总装、调试之后已为成品的产品所进行的最后检验。

① 检验项目包括：

a. 成品包装检验。包装是否牢固、是否符合运输要求等。

b. 成品标识检验。如商标批号是否正确。

c. 成品外观检验。外观是否破损、开裂、划伤等。

d. 成品功能性能检验。是对产品设计所要求的各项功能进行检查。

批量合格则放行，不合格应及时返工或返修，直至检验合格。

② 检验方法。

a. 直观检验。检验的内容有：产品是否整洁；板面和机壳表面的涂敷层、装饰件、标志及铭牌等是否齐全，有无损伤；产品的各种连接装置是否完好；各种金属件有无锈斑；结构件有无变形断裂；表面丝印、字迹是否完整、清晰；量程是否符合要求；转动机构是否灵活；控制开关是否到位等。

b. 功能检验。不同的商品有不同的检验内容和要求，例如，电视机的功能检验包括节目选择、图像质量、亮度、颜色和伴音等功能。

链接 2　整机检验一般工艺

电子产品的检验工艺是指在电子工业生产中，把各种原材料、半成品加工成产品的方法和过程。一般可分为三个部分：元器件检验工艺、装配过程检验工艺和整机检验工艺。电子产品的一般检验工艺流程和常见检验方法如图 15-6 所示。

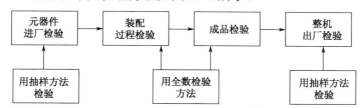

图 15-6　电子产品的一般检验工艺流程和常见检验方法

检验工艺文件主要依据产品的设计和生产工艺、相关的国家标准、部颁标准及企业标准等文件和资料来制定。电子产品检验的主要内容见表 15-6。

表 15-6　电子产品的检验内容

序　号	项　　目	含　　义
1	检验项目	根据设计文件及工艺文件标准等的要求制定
2	技术要求	根据确定的检验项目对应制定出检验的技术要求
3	检验方法	根据检验的技术要求按照规定的环境条件、测量仪表、工具和设备条件，对规定的技术指标，按照规定的测量方法进行检验
4	检验方式	主要有全数检验和抽样检验两种
5	缺陷分类	有重缺陷和轻缺陷两种
6	缺陷判据	主要是国家标准 GB2828 和 GB2829

1．元器件检验工艺

电子产品生产所需要的原材料、元器件结构件、零部件等，在新购、包装、存放和运输过程中可能会出现变质、损坏或者本身就是不合格品，另外，有些元器件如晶体管、集成电路及部分阻容元件等，在装接前还要进行老化筛选。因此，有必要对它们进行检验，做好记录。

（1）元器件检验。

常见的元器件有电阻器、电容器、电感器、半导体器件、集成电路和接插件等。现以半导体二极管的检验工艺要求来说明元器件的检验工艺，元器件的检验内容见表 15-7。

表 15-7　元器件的检验内容

序　号	项　　目	含　　义
1	检验项目	外观、正反向电阻、可焊性
2	技术要求	正反向电阻：正向电阻值≤1kΩ；反向电阻值≥500kΩ
3	检验方法	外观用目测；正反向电阻用数字万用表或模拟万用表测量；可焊性用槽焊法
4	检验方式	抽检，按国家标准 GB2828 采用一次正常抽样和一般检查水平Ⅱ级
5	缺陷分类	重缺陷有开路，短路，极性反，引线断，无标识或标识错，混规，壳裂，可焊性差，经锡锅浸入 0.5s 沾锡，其沾锡面＜95%（锡锅温度 235℃）；轻缺陷有标识不清，外观差，引脚沾漆，漆层长
6	缺陷判据	重缺陷的 AQL 为 0.04；轻缺陷的 AQL 为 0.4；可焊性的 AQL 为 0.25

（2）材料、零部件的检验。

常用的结构件、零部件、原材料有线材、印制电路板（PCB）、焊料及焊剂等。

现以印制电路板（PCB）的检验工艺要求来说明材料、零部件的检验工艺，材料、零部件的检验内容见表 15-8。

表 15-8　材料、零部件的检验内容

序　号	项　　目	含　　义
1	检验项目	连线、断线、可焊性、外形尺寸、有效孔径
2	技术要求	按照设计图纸的要求
3	检验方法	连线和断线用目测法；外形尺寸和有效孔径用卡尺测量；可焊性用 1～3 块板试焊
4	检验方式	抽检，按 GB2828 采用一次正常抽样，一般检查水平
5	缺陷分类	重缺陷有印制板的外形尺寸、孔眼不符合要求，漏孔、漏工序，连线断，焊盘残缺＞0.25，焊盘底层严重发黑，不易焊，阻燃起泡，板料分层，不阻燃，线条连焊，字符方向反；轻缺陷有焊盘残缺＜0.25，线条边缘略有毛刺，孔略偏，字符不清晰，略变形
6	缺陷判据	重缺陷的 AQL 为 0.4；可焊性的 AQL 为 1.5

2．装配过程检验工艺

在装配过程中的检验内容及检验工艺要求见表 15-9。

表 15-9　装配过程的检验内容

工　序		检验工艺要求
准备工序	元器件准备	1．元器件引线浸锡符合要求 2．元器件标记字样清楚 3．准备件的制作符合图纸要求 4．地线、裸线成型符合要求
	导线准备	1．导线尺寸、规格、型号符合图纸规定 2．导线端头处理符合要求
	线扎制作	1．排线合理整齐，尺寸符合规定 2．绑扎牢固，扣距均匀，扎线松紧适当
	电缆加工	1．材料尺寸、制作方法符合图纸规定 2．插头、插座要进行绝缘试验
安装	紧固件安装	1．紧固件选用符合图纸要求 2．螺钉凸出螺母的长度以 2～3 扣为宜 3．弹簧垫圈应压平，无开裂，紧固力矩符合要求 4．紧固漆的用量和涂法符合要求
	铆装	1．铆钉的形状无变形、开裂 2．铆钉头的压形符合要求
	胶接	1．胶的选用符合规定，用量适当、均匀 2．胶接面无缝隙，胶接后无变形
	PCB 板贴片及插件	1．贴片、插件的规格、型号和位号，无错贴、错插、漏贴、漏插，特别是有极性和方向性的元器件 2．贴片、插件要求整齐、到位，不得有歪斜现象
	其他	1．瓷件、胶木件无开裂、起泡、变形、掉块 2．镀银件无变色发黑 3．接插件接触良好，插拔力符合要求 4．传动器件转动灵活，无卡住 5．电感件排列符合图纸规定，带屏蔽件达到屏蔽要求，磁帽、磁芯无开裂，可调磁芯符合要求 6．绝缘件达到绝缘要求，减振器件起到减振作用
焊接	焊接正确	无错焊、漏焊点
	焊接点质量	1．焊锡适量，焊点光滑 2．无虚焊，无毛刺、砂眼、气孔等现象 3．焊点无拉尖、搭锡和溅锡现象 4．贴片元件无"立碑"现象

3．整机检验工艺

整机检验是在整机总装完成后的检验，整机检验工艺主要有如下 5 项。

（1）外观及机械性能的检验。

装配好的整机表面无损伤，涂层无划痕、脱落，金属结构件无开焊、开裂，元器件安装牢固，导线无损伤，元器件和端子套管的代号符合产品设计文件的规定。整机的开关、按键、旋钮的操作应具有灵活性和可靠性，整机机械结构及零部件安装应紧固，机内无多余物（如焊料渣、零件、金属屑等）。

（2）电性能及安全性检验。

测试产品的性能指标是整机检验的主要内容之一。通过检验确定产品是否达到国家或行业的技术标准。检验一般只对主要指标进行测试，如安全性能测试、通用性能测试、使用性能测试等。

安全检查项目有安全标识、电源线、正常条件下的防触电、绝缘电阻及抗电强度等。电性能参数的检查主要按照产品标准（或产品技术条件）的规定检查。

（3）定型试验。

定型试验对产品的考核是全面的，包括产品的性能指标、对环境条件的适应度、工作的稳定性等。国家对各种不同的产品都有严格的标准。试验项目有高低温、高湿度循环使用和存放试验、振动试验、跌落试验、运输试验等。由于定型试验对产品有一定的破坏性，一般都是在新产品试制定型，或在设计、工艺、关键材料更改时，或客户认为有必要时进行抽样试验。

（4）检验记录。

检验的结果必须如实详细地记录。

① 检验记录内容。检验对象的记录包括产品名称、规格、批量、编号等；检验环境、设备的记录；检验员、审核员记录；日期、时间记录；检验结果数据，如长度、温度、电阻、缺陷数等；判定结论的记录。

② 检验记录的填写要求。一般不准用铅笔、红笔、荧光笔填写；窗体涉及字段的签名者，均要签名且签全名，且均要带日期签名，要符合签名样式。正式的公文签名时一定要用黑色的水笔签；未填的多余字段要划掉（备注栏可不用划掉），若有某些字段长期多余，可申请修改格式；填写不准涂改，若不得已涂改，必须在涂改处签名，一般涂改三处要重写一张。涂改时在涂改处划上一、二条删除线即可，要留意美观，不可涂成黑团，甚至涂破纸；若窗体为无碳纸（过底纸）时，注意用厚纸隔开，以免影响下面的空白页；一些小项目，如序号、编号、日期、单位等不要遗漏。

15.2.3 任务实施

■ 实训 38　检验黑白小电视机

一、实训目的

（1）了解电子产品的检验工艺；

（2）掌握电子产品的检验方法；

（3）掌握电视机的检验项目。

二、实训器材及设备

（1）总装后的黑白小电视机整机；

（2）示波器；

（3）万用表；

（4）扫频仪；

（5）电视信号发生器；

（6）毫伏表。

三、实训步骤

（1）制定检验的方案；

（2）编制检验的工艺文件；

（3）检验电视机的外观及机械性能；

（4）检验电视机的电性能及安全性；

（5）检验电视机的功能，如图像质量、伴音质量等；

（6）填写检验报告。

四、注意事项

（1）检验时注意安全；

（2）严格按照检验的工序进行。

五、完成实训报告书

15.2.4 任务评价

第 5 模块实训报告书中有本次任务评价，请认真完成自评、小组评及师评。

 ## 知识技能拓展　现代电子企业生产组织简介

1．现代企业的管理方式

（1）传统组织模式。

泰勒出生于美国宾夕法尼亚州，是西方古典管理理论的创始人。他第一次系统地把科学方法引入管理实践，集前人管理思想和实践经验之大成，创立了科学管理，首开西方管理理论研究之先河，使管理从此真正成为一门科学，并得到发展。泰勒科学管理理论的主要内容是：①科学管理的中心是提高效率，制定工作定额；②为了提高劳动生产率，必须为工作挑选"第一流的工人"；③要使工人掌握标准化的操作方法，使用标准化的工具、机器和材料，并使作业环境标准化，即所谓标准化原理；④实行刺激性的计件工资报酬制度；⑤工人和雇主两方面都必须认识到提高效率对双方都有利，都要来一次"精神革命"，相互协作，为共同提高劳动生产率而努力；⑥把计划职能同执行职能分开，变原来的经验工作法为科学工作法；⑦实行"职能工长制"；⑧在组织机构的管理控制上实行例外原则。

如图 15-7 所示，泰勒生产组织模式强调员工必须服从领导，每个员工只熟悉一种技能，只需独立完成一种任务。泰勒将科学引入管理领域，提高了管理理论的科学性，推动了生产力的发展，劳动生产率有了大幅度的提高。泰勒科学管理模式在一百多年间进行快速的演变和发展，形成了直线职能式、事业部式及矩阵式结构等三种企业管理的主要组织形式。科学管理把人假设为"经济人"，忽视人的能动性，其缺陷是在所难免的，局限性是存在的。

（2）现代组织模式。

随着经济、技术的发展，企业的经营管理理论和实践也发生了巨大的变革，企业流程再造（BPR）、全面质量管理（TQM）的出现以及信息网络的建立推动了企业组织模式的发展和创新。扁平化组织、虚拟组织以及学习型组织在 20 世纪 80 年代后的全世界流行开来。

如图 15-8 所示，扁平生产组织模式强调小组内部协调，每个员工尽可能是多面手。一个小组共同完成一组任务。

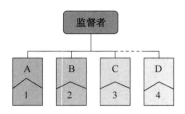

图 15-7 泰勒生产组织模式

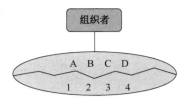

图 15-8 扁平生产组织模式

（3）两种组织模式的比较。

传统组织模式与现代组织模式比较见表 15-10。

表 15-10 传统组织模式与现代组织模式比较

传统组织模式（泰勒组织模式）	现代组织模式
1．等级分明 2．决策由中央领导机构做出	1．领导层减少 2．每个人都必须对一定的行为负责，具有一定的权限
1．分工明确 2．任务单一	1．常以小组作业方式工作 2．需跨专业、跨工种工作
通过采用新技术而发生跳跃性发展	通过不断革新而逐渐发展
1．缺陷和错误在终了时被发现 2．浪费大	1．缺陷和错误由工作者本人发现并排除 2．浪费小
工作时间固定	工作时间灵活

2．现代电子企业生产流程

如图 15-9 所示为电子企业承接电子产品生产的典型流程。

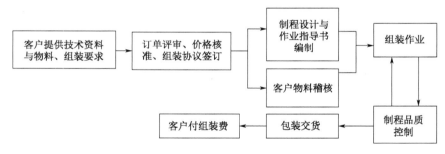

图 15-9 电子企业生产流程

整个过程分为八部分，每个部分要求如下。

（1）客户提供技术资料与物料。

客户提供的技术资料主要有以下几种。

① BOM 单：它是组装产品物料清单，主要用于物料确认及贴片机料站表制作，一般要求客户同时提供 Excel 格式的纸质与电子文档。

② PCB 坐标文件：主要用于贴片机编程，文件程序转换。一般也要求客户同时提供 Excel 格式的纸质与电子文档。

③ Gerber File：用于制作钢网。如果客户自己提供钢网则不需要此文件。

④ Artwork（元器件位置图）：用于元器件位置确认。

客户提供的物料主要有以下几种。

① PCB：主要用于组装工作开始时的坐标位置确认。

② PCBA（组装产品样板）：一般要求提供 1 块（PCS），主要用于贴片机程序制作中元器件资料的选取确认；还用于首件品检的确认。

③ 模板：用于焊膏印刷。

④ 表面组装元器件：一般由客户提供，也可由客户委托公司购买，但客户一般需提供：代购材料清单（List）、代购材料供应商资料、专利材料或模具材料采购授权书。

⑤ 焊膏/贴片胶：印刷与焊接材料。客户一般不直接提供焊膏/贴片胶，更多是指定品牌。

（2）订单评审、价格核准及组装协议签订。电子企业根据客户提出的要求，组织专家对订单进行评审，核准成本，最后签订协议。

（3）制程设计及作业指导书编制。电子企业组织专业人员对制造过程进行设计，编制相应的工艺文件。

（4）客户物料稽查。电子企业对客户提供的物料进行检验。

（5）组装作业。电子企业生产作业。

（6）制程品质控制。

（7）包装交货。

（8）客户付代工费。

产品包装认识

任务 16.1 了解产品包装

16.1.1 任务安排

检验合格的电子产品必须进行包装，目的是在流通过程中保护产品、方便贮运、促进销售。目前，电子产品包装的新材料不断出现，新标准不断完善。

拆读彩电的包装任务单见表 16-1。

表 16-1 拆读彩电的包装任务单

任 务 名 称	拆读彩电的包装	
任务内容	识读： 1．彩电包装的材料 2．彩电包装的标识 3．彩电包装的新材料	
任务要求	1．了解彩电包装的防冲击措施 2．了解彩电包装的防水、防尘措施 3．了解彩电包装的条形码和认证标志 4．了解彩电包装的促销方法 5．了解彩电包装的新型材料	
技术资料	1．上网查常用包装的流通标识 2．上网查包装的新型材料	
签名	备注	了解包装标准化的组织机构

16.1.2 知识技能准备

链接 1 包装的基本知识

1．包装的定义

包装是人们非常熟悉的一个概念，大多数商品都有不同形式的包装作为"外衣"，对商品起到很好的保护作用；包装又使商品变得整齐、结实，便于储存、运输；包装还对商品起着重要的美化宣传作用，吸引用户，促进销售。

在国际标准（ISO）和我国国家标准 GB4122—1983 "包装通用术语"中对包装定义为：包装（Package，Facking，Packaging）为在流通过程中保护产品、方便储运、促进销售，按一定技术方法而采用的容器、材料及辅助物等的总体名称。也指为了达到上述目的而采用容器、材料和辅助物的过程中施加一定技术方法等的操作活动。

2．包装的作用

包装的基本作用可分为三个方面：

（1）保护作用

商品在工厂中生产出来后，要经过运输、储存、搬运、销售等一系列流通环节才能到达用户手中。在整个流通过程和流通环境中，商品可能遇到多种危害商品质量和性能的不利因素。这些危害因素可分为物理机械性因素、气候环境性因素、生物性因素、社会性因素等。它们对产品的性能、成分、结构都可能造成不同程度的危害，轻则降低商品质量，影响使用效能，重则使商品严重破坏、变质，失去使用价值。在对商品进行妥善适宜的包装（如使用了木箱、泡沫塑料缓冲材料隔垫、塑料薄膜三种包装形式）后，成为流通过程中保护商品的外衣，能够抵御可能遇到的震动、冲击、挤压，以及温度、湿度变化等各种危害的侵扰，安全到达用户的手中。

（2）方便作用

包装前的商品形态各异，有的是液态或气态，有的是散状物料，也有的怕磕怕碰，给运输、保管、销售带来不便。经过良好包装的产品成了便于搬运、装卸，可以堆码的整齐包装件，极大地提高了安全装卸、运输的工作效率。

（3）促销作用

产品经过包装后便于携带、储存，使用起来安全方便，受到使用者的欢迎。同时，设计新颖、装潢得体的包装本身又是一件生动的广告，得到顾客的注意、喜爱，起到吸引消费者、促进销售的重要作用。

良好、美观、实用的包装在销售中还可提高商品售价，带来更好的经济效益。在形容包装不良的产品在销售中面临的困难处境时常常说："一等产品、二等包装、三等价格"。我国过去出口的质量优良的瓷器用草绳、草纸包扎，在国外只能在地摊上推销，后来改为精巧的便携式礼品成套瓷器包装，售价成倍上升，销路也大为增加。用麻袋装运的人参和用透明窗式礼品盒装的人参给顾客以迥然不同的心理感受，自然产生不同的市场效果和经济效益。

在国际贸易活动中，由于流通环节多，流通时间长，现代化的集合包装、集装袋、托盘、集装箱等运输和包装形式，将小件变成大件，散装变成集装，更加方便了储运工作，极大地提高了装运效率，成为现代贸易活动中不可缺少的重要环节。

3．包装的分类

包装的分类方式很多，按照不同行业和部门对包装的不同要求，可以进行不同的分类。比较主要的分类方式有如下几种。

（1）按照包装所起的主要作用可分为运输包装和销售包装。

运输包装（Transport Package，Shipping Package）：以运输储存为主要目的的包装，具有保障产品安全、方便储存、运输、装卸、加速交接、点验等作用。

销售包装（Consumer Package，Sales Package）：以销售为主要目的，与内装物一起到达用户手中的包装，具有保护产品、美化、宣传产品和促进销售，方便使用的作用。对于某种商品的包装，运输包装和销售包装可以是指两种不同的包装形式，也可以是一种包装形式而同时具有运输包装和销售包装两种功能。

（2）按照销售方向可分为内销包装和外销包装。

内销包装是供商品在国内销售时使用的包装。外销包装又称出口商品包装，是专供出口商品使用的包装。

一般而言，出口商品由生产厂家到达国外用户手中所需的时间周期长、流通环节多，在流通过程中遇到的环境条件变化复杂，为确保商品的质量安全，应选用质量较好的包装。如我国对出口产品用瓦楞纸箱专门规定了国家标准。

出口包装在规格、质量等方面还应符合有关的国际规定或国际标准；使用国际通用的标记、代码、符号；符合有关国家和民族的国情、风俗习惯；正确书写外文等。

（3）按照包装层次可分为小包装、中包装和外包装。

小包装又称个体包装，是直接用来包装商品的包装。它通常与商品形成一体，在销售中直接到达用户手中。因此，小包装都属于销售包装，如卷烟盒、墨水瓶、罐头听、化妆品瓶等。

由于个体包装要到达最终用户手中，通常在个体包装上都贴或印有商标、成分、使用说明、保管方法以及厂家名称等，以便用户选择，正确使用。个体包装对商品有着重要的美化、宣传、保护和促销的作用。

中包装是介于外包装和小包装之间的包装，由若干个个体包装被包装在一起而成。中包装在销售过程中可以一起售出，也可以拆成个体包装出售。

外包装是指商品最外层的包装，其主要作用是在流通过程中保护商品，方便储存和运输、装卸。外包装都是运输包装。以香烟为例，20 支烟包装成一盒烟，为个体包装。10 盒烟被包装成一条烟，构成中包装。50 条烟装入一个瓦楞纸箱，形成运输包装，即为外包装。

对于不同的商品，其所需的包装形式可以同时具备小包装、中包装和外包装、也可以只有其中的两种形式，甚至只有一种形式。如用 200 升铁桶装运成品油、化工品等，铁桶既是个体包装，同时也是外包装和运输包装。

（4）按照使用的包装材料，可分成下面几类。

① 纸制包装。凡以纸或纸板为原材料制成的包装，均归入纸制包装，如纸板箱、瓦楞纸箱、纸袋、纸管、包装用纸等。纸制包装是当代用量最大、最重要的包装。

② 金属包装。凡以金属为材料制造的包装均属此类，实际主要指以各种类型钢板和铝板制作的桶、罐、盒、钢瓶等，广泛用于食品、石油化工产品等包装。

③ 塑料包装。指以塑料为原料制成的箱、桶、盒、瓶、罐、薄膜袋、捆扎带、缓冲包装等。塑料品种多、性能各异，便于加工成各种包装容器和包装材料，具有广阔的发展前途。

④ 木制包装。以木材或木材板材（胶合板、纤维板等）制成的包装。木制包装曾经是用量最多的包装。近几十年来，由于纸制包装和塑料包装的广泛使用，木制包装的使用逐渐减少，现在主要用于装运大型、重量大的机电产品时制作外包装木箱。

⑤ 玻璃与陶瓷包装。这类材料制成的包装隔离性好、耐腐蚀，缺点是容易破碎。主要用作食品、化妆品、化工品的内包装。

⑥ 复合材料包装。指用两种或两种以上材料黏合而成的包装，常见的有纸塑复合、塑料与铝箔复合、塑料与铝箔与纸的多层复合等。复合包装综合利用材料性能，可制成柔性良好又可保证内容物性能的软性包装，广泛用于食品、化妆品等范围，是一种新型的包装产品。

⑦ 其他材料包装。包括用天然纤维制成的布袋、麻袋；用藤、竹、柳、草等制作的筐、包、袋等。

除了上述四种主要分类外，按照包装的使用次数可分一次用包装、多次用包装、周转包装等。按照包装的软硬程度可分为硬包装、半硬包装、软包装。

此外，还可按照包装内装物分类、按包装防护目的分类、按包装操作方法分类等。

4．常用包装材料

现在产品的包装容器一般常用木箱或纸箱。

（1）木箱。

木箱一般适用于大型或笨重机电设备的包装。木箱的材质主要有木材（红松、白松等）、胶合板、纤维板和刨花板等。由于消耗大量的木材，现代产品包装已有日益减少木箱包装的趋势。常用的木箱包装形式如图 16-1 所示。

（2）纸箱。

纸箱包装一般用于体积小、质量较轻的产品，特别适合电子产品的包装。纸箱分单芯、双芯瓦楞纸和硬纸板。使用瓦楞纸箱轻便牢固、弹性好，成本低，特别适合出口欧美市场。如图 16-2 所示为瓦楞纸包装箱。

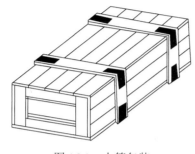

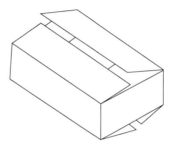

图 16-1　木箱包装　　　　　　　　　　　图 16-2　纸箱包装

（3）缓冲材料。

缓冲材料又称衬垫材料，主要用于增强包装箱的抗压性能，有利于保护产品的凸出部分和脆弱部分。

传统使用聚苯乙烯泡沫塑料做缓冲材料，由于其不易降解和回收，会造成白色污染。据厚信息产业部包装办要求，从提升电子产品绿色环保包装形象、降低废弃物回收再生费用角度考虑，应研究、开发、生产、推广及应用"绿色包装"。

环保纸托（图 16-3），被称为纸塑包装、内衬缓冲制品，是新一代绿色环保包装产品。它以纸为主要原料，可 100%降解，具有防静电功能，是发泡胶、吸塑的最佳替代品，更加节省包装成本，可叠放，减少仓储空间，方便储运。

（4）防尘、防湿材料。

防尘、防湿材料应选用物化性能稳定、机械强度大、透湿率小的材料，如有机塑料薄膜等。为了保持包装内空气干燥，可以使用硅胶等吸湿干燥剂。

5．包装的流通标识

（1）条形码。

为了适应现代商品储存和流通，实行计算机管理，简化管理手段和节约管理费用，国际上通行在一些产品销售包装上加印供电子扫描用的条形码。

条形码产生于 20 世纪 70 年代，主要用于工业产品外包装和日用百货的销售包装。国际物品编码协会（EAN）公布的条形码有两个版本：标准版（EAN-13）和缩短版（EAN-8），如图 16-4（a）、（b）所示。其中 EAN-13 为 13 位编码，EAN-8 为 8 位编码。条形码代码的含义见表 16-2。

（a）EAN-13

（b）EAN-8

图 16-3　环保纸托　　　　　　　　　图 16-4　几种条形码图形

表 16-2　条形码代码的含义

代 码 结 构	位　数	含　义	分 配 机 构	备　注
字前缀	2～3	国家或地区的独有代码	EAN 总部	中国为 690
企业代码	4～5	企业的独有代码	本国或地区的条形码结构	
产品代码	5	产品的独有代码	生产企业	
校验码	1	校验扫描正误	计算机	

EAN-8 主要用于包装体积小的产品上，字前缀（2～3）、产品代码（4～5）、校验码（1）的内容与 EAN-13 相同。

（2）防伪标志。

为防止名优产品被不法个人或企业仿冒，许多厂家在产品包装上增加防伪标志。有的产品的包装，一旦打开，就不能再恢复原状，防止产品外包装被二次利用；有的厂家利用激光防伪标志等现代高科技手段防伪。

链接 2　包装的一般工艺

1．包装前的准备

包装时应根据工艺文件的要求，做到以下的确认：数量确认、型号确认、备附件确认和客户代码确认。包装前不仅要明确包装对象的型号、各种型号的产品数量，而且应看看各机型的备附件是否齐全，各机型的备附件不能混淆。另外，还应确定随机客户串号条形码。

2．捆包方式的选择

封口和打包方式根据具体的包装材质和客户要求确定。

（1）塑料袋一般都要求热封口，封口时应整齐、牢固、美观。

（2）彩盒、展示盒、白盒、瓦楞盒等在包装时都应用胶带封口（带插扣的彩盒除外），封口时应做到整洁、美观。如图 16-5 所示为常用包装胶带。

图 16-5　常用包装胶带

（3）外箱一般要用胶带封成"工"形，并打上两条包装带（客户有特殊要求则要按客户要求执行）。

（4）邮购客户的包装用内盒一般都要求 5 层瓦楞盒，且品质要求较高，不仅要考虑产品在运输途中的安全问题，还要保证产品从客户处邮寄到最终用户处时产品的安全性。

（5）欧洲客户对环保一般有特殊的要求，纸箱一般要求用无钉纸箱，无金属打包，封口胶带为纸胶带，包装上一般有环保标或回收标。

（6）产品的包装及包装上的各种标贴等应严格按客户要求执行。

3．外包装检验

完整装好的包装件，按照设计要求和包装技术条件，应进行检验。

包装检验是根据外贸合同、标准和其他有关规定，对商品的外包装和内包装以及包装标志进行检验。主要内容是检验包装捆扎是否牢靠，以及进行防雨检验、防尘检验等。

包装检验首先核对外包装上的商品包装标志（标记、号码等）是否与贸易合同相符，外包装是否完好无损，包装材料、包装方式和衬垫物等是否符合合同规定要求。对外包装破损的商品，要另外进行验残，查明货损责任方以及货损程度。对出口商品的包装检验，除包装材料和包装方法必须符合外贸合同、标准规定外，还应检验商品内外包装是否牢固、完整、干燥、清洁，是否适于长途运输和保护商品质量、数量的习惯要求。

商检机构对进出口商品的包装检验，一般采取抽样或在当场检验，或进行衡器计重的同时结合进行。

4．产品储运

包装好的产品入库储存，进入流通过程。包装箱箱面上应有收发货标志和储运指示标志。

（1）收发货标志。

一般包括以下内容：①产品型号、包称及数量；②出厂编号及箱号（或合同号）；③箱体外形尺寸（长×宽×高），单位为 cm；④毛重，单位为 kg；⑤装箱日期：　年　月；⑥到站（港）及收货单位；⑦发站（港）及发货单位。

（2）储运图示标志。

产品在流通过程中，容易受到伤害。GB191-90 对包装货物搬运采用图示标志，如图 16-6 所示。常见的有：①小心轻放。本标志用于碰震易碎、需轻拿轻放的运输包装件。②向上。本标志用于指示不得倾斜、倒置的运输包装件。③怕湿。本标志用于怕湿的运输包装件。④由此吊起。本标志用于指示吊运运输包装件时放链条或绳索的位置。⑤堆码重量极限。本标志用于指示有最大堆码重量限制的运输包装件。

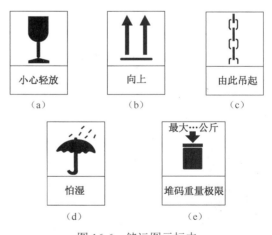

图 16-6　储运图示标志

链接 3　某彩色电视机的整机包装过程

电子整机总装、调试及检验合格后就进入最后一道工序——包装。现以生产某彩色电视机的流水作业方式为例说明包装工艺过程。

1．电子整机包装工艺流程

由于彩色电视机以流水作业方式生产，流水节拍为 20s，因此，将一台整机的包装操作分解后需要安排 8 个工位才能满足生产速度的要求。包装工艺流程如图 16-7 所示。

2．各工位操作

包装工序由 8 个工位组成，将包装用的纸箱、封箱钉、胶带等准备好后，每个工位的操

231

作如下：

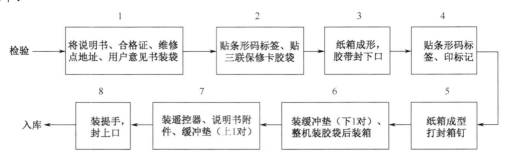

图 16-7　某彩色电视机包装工艺流程

（1）将产品说明书、三联保修卡、产品合格证、产品维修点地址簿、用户意见书装入胶袋中并用胶纸封口。

（2）分别将串号条形码标签贴在随机卡、后壳和保修卡（两张）上，把贴好串号条形码标签的保修卡用透明胶纸贴在电视机的后上方，将电源线折弯整理好并装入胶袋，用透明胶纸封口并摆放在工装板上。

（3）将包装纸箱（下）成型，并用胶纸封贴 4 个接口边，然后放在送箱的拉体上。

（4）取包装纸箱（上），在纸箱指定位置贴上串号条形码标签，用印台打印生产日期，整机颜色栏用印章打印。

（5）将包装纸箱（上）成型，在上部两边用打钉机各打一颗封箱钉，然后放在送箱的拉体上。

（6）取缓冲垫（下）放入下纸箱内，将胶袋放入纸箱上以便自动吊机，将塑料袋打开并将整机入箱后封好塑料袋。

（7）将缓冲垫（上）按左右方向放在电视机上，将配套遥控器放入缓冲垫指定的位置并用胶纸贴牢，将附件袋放入电视机下面并盖好纸板。

（8）将上纸箱套在包装整机的下纸箱上，将 4 个提手分别装入纸箱两边指定的位置，将箱体送入自动封胶机上封胶带。

3．包装工艺指导卡

在包装工序中，每个工位的操作内容、方法、步骤、注意事项、所用辅助材料、工装设备等都做了详细的规定，操作者只需按包装工艺指导卡进行操作即可。

最后，将已包装好的电视机搬运到物料区放好并等待入库。

16.1.3　任务实施

■ 实训 39　拆读彩电的包装

一、实训目的

（1）了解彩电包装的防护措施；

（2）了解彩电包装的流通标识；

（3）了解彩电包装的材料。

二、实训器材及设备

（1）彩电包装箱若干个；

（2）剪刀若干把；

（3）尖嘴钳若干把。

三、实训步骤

（1）仔细观察彩电包装箱的上下、前后、左右的印刷文字和图案，如认证标志、储存标志、促销宣传等；

（2）用剪刀划开彩电包装箱的封口胶带，再用尖嘴钳拔掉纸箱机钉，打开彩电的包装；

（3）拿走顶部的泡沫塑料，取出说明书、遥控器的附件袋；

（4）抬出彩电；

（5）去除彩电上的包装塑料袋；

（6）观察彩电的包装情况，做好记录。

四、注意事项

（1）拆读彩电包装箱时，要动作轻柔；

（2）用剪刀和尖嘴钳时注意安全。

五、完成实训报告书

16.1.4 任务评价

第 5 模块实训报告书中有本次任务评价，请认真完成自评、小组评及师评。

 知识技能拓展　包装的标准化

链接 1　包装的标准化

1. 包装标准的内容

以包装为对象而制定的标准为包装标准。包装标准化就是制定、贯彻实施包装标准的全过程活动。

包装标准包括以下几类内容。

（1）包装基础标准。包括包装术语、包装尺寸、包装标志、包装基本试验、包装管理标准等。

（2）包装材料标准。包括各类包装材料，如木材、纸、纸板、塑料薄膜、编织带、包装钢带、容器垫圈等的标准和包装材料试验方法。

（3）包装容器标准。包括各类容器，如瓶、桶、袋、纸箱、木箱等的标准和容器试验方法。

（4）包装技术标准。包括包装专用技术、包装专用机械标准、防毒包装技术方法、防锈包装等。

（5）产品包装标准。产品包装标准分为机电、电工、电子、仪器仪表、邮电、纺织、轻工、食品、农产品、医药等各个行业产品包装标准。内容包括包装技术条件、检查验收、专用检验方法、贮运要求、标志等。

（6）相关标准。指与包装关系密切的标准，如集装箱技术条件、尺寸，托盘技术条件、尺寸系列，叉车货叉规格等。

2．包装标准化的组织机构

（1）国际标准化组织包装技术委员会 ISO/TCI22。

ISO/TCI22 是国际标准化组织 ISO 下属的专业技术委员会，成立于 1966 年，主要负责制定包装领域的有关术语、定义、包装尺寸、性能和试验要求等标准。秘书处设在加拿大。现有积极成员国 35 个，观察员国 30 个。我国于 1984 年正式加入为积极成员国（P 成员国）。ISO/TC122 包装技术委员会秘书处下设有包装尺寸分技术委员会（SC1）、"大袋"分技术委员会（SC2）、"包装方法、包装单元"的要求和试验分技术委员（SC3）会。分委员会根据需要设立有不同内容的工作组进行具体制标工作。

此外，秘书处设有直属秘书处领导的"包装术语"工作组。

（2）中国包装标准委员会。

它是中国包装技术协会所属委员会之一，成立于 1981 年 3 月 17 日，由国务院 16 个部、局的代表组成。在中国包装技术协会和国家技术监督局的领导下，负责研究、规划、组织协调有关包装标准化的工作。包装标准委员会的主要任务是：提出制定修订包装国家标准的年度计划和长远规划建议；组织协调有关部门提出包装国家标准草案；组织、协助或督促开展包装标准化的科研、宣传、标准贯彻等活动；参加国际包装标准化活动等。

我国现已制定包装国家标准 500 多项。

链接 2 塑料包装新材料

从整个世界包装业的发展看，尽管塑料包装材料一直经受环境问题的严重挑战，但塑料包装在包装工业中仍成为需求增长最快的材料之一。为适应新时代的要求，塑料包装材料除要求能满足市场包装质量和效益等日益提高的要求外，还进一步要求将节省能源、节省资源，用后易回收利用或易被环境降解作为技术开发的出发点。为此塑料包装材料正向高机能、多功能性、环保适应性、新材料、新工艺、新设备及拓宽应用领域等方向发展。

高性能、多功能性塑料包装材料正成为许多国家开发的热点，并已有部分产品投入了工业生产。这类材料具有高阻渗性、多功能保鲜性、选择透过性、耐热性、无菌（抗菌）性以及防锈、除臭、能再封、易开封性等特性，其中以高阻渗性多功能保鲜、无菌包装材料等发展更为迅速。另外，近年来正在研究开发的纳米复合包装材料正受到关注。

1．聚萘二甲酸乙二醇酯（PEN）

PEN 的树脂结构与 PET（聚对苯二甲酸乙二醇酯）十分近似，但 PEN 在所有方面的性能都优于 PET，它具有如下特性：①PEN 的热变形温度比 PET 高 30℃，达到 100℃，可以用于热灌装。②PEN 的玻璃化温度比 PET 约高 40℃，同时其拉伸强度、弯曲模量、弯曲强度也较高，故 PEN 的尺寸稳定性好、热收缩率低、长期耐热性好。③PEN 耐酸、耐碱、耐水解性和耐一般化学药品的性能优于 PET。④PEN 是各种塑料中气体阻隔性较好的一种，对氧气、二氧化碳、水的阻隔性分别比 PET 高 4 倍、5 倍、3.5 倍。⑤PEN 与 PET 相比，对有机溶剂的吸附性较小，本身游离、析出性也低。⑥PEN 结晶度低于 PET，易制或厚壁透明瓶。⑦具有良好的抗紫外线性能。⑧PEN 有很好的卫生性能。

PEN 具有优良的特性，是一种理想的包装材料。但 PEN 的价格昂贵，因而限制了作为包装材料的广泛使用，由于 PEN 与 PET 均属热塑性聚酯，化学结构具有相似性，因此，将一定配比的 PEN 与 PET 通过熔融共混制成聚合物合金，可以兼顾 PET 的经济性和 PEN 的耐热性、阻气性等优良特性，是目前 PEN 应用研究的开发重点，也是使 PEN 走向市场（尤其是包装领域）的主要途径之一。当 10%～20% 的 PEN 与 PET 共混后，对氧气、二氧化碳的阻透性可分别提高 30%～50% 和 23%～37%，并可将对紫外线的遮蔽波长提高到 380nm。

234

PEN/PET 共混或共聚物已用于食用油、酒类、碳酸饮料及啤酒的包装。

目前瓶类包装容器已成为 PEN 的主要市场。由于 PEN 具有优良的特性，用 PEN 吹制的 PEN 瓶，性能优于 PET 瓶。PEN 瓶透明、热灌装温度可达约 100℃，对紫外线、氧气、二氧化碳阻隔性好，并且耐化学药品，用于饮料、啤酒、化妆品、婴儿食品的包装，具有很大的实用性和市场。特别是在啤酒包装方面，更弥补了 PET 和玻璃的缺陷，成为近年来的热点话题。

Teijin 公司是世界上生产双向拉伸 PEN 薄膜的先驱，早在 1989 年就成功地研制了高功能的 PEN 薄膜，在 1993 年建造了一条 4000 吨/年的薄膜生产线。此外 Toray 公司、DuPont 公司等世界薄膜生产巨头也相继进入 PEN 薄膜生产市场。PEN 可以使用与 PET 同样的设备制造，工艺过程与 PET 膜生产一样，通过熔融→挤出→双向拉伸制得 PEN 膜（BOPEN）。BOPEN 具有优良的耐热性、气体阻隔性、耐水解性、尺寸稳定性等特点，且易制得厚度为 0.8μm 的极薄薄膜，利用薄膜的这些特性，可制得不同用途的包装材料，其中在食品包装、医药包装、保香包装及精密仪器耐冲力包装方面占据较大的应用市场。

2．聚偏二氯乙烯（PVDC）

PVDC 是一种淡黄色、粉末状的高阻隔性材料。除有塑料的一般性能外，还具有自熄性、耐油性、保味性以及优异的防潮、防霉等性能，同时还具有优良的印刷和热封性能。

PVDC 是当今世界上塑料包装中综合阻隔性能比较好的一种包装材料。它既不同于聚乙烯醇随着吸湿增加而使阻气性急剧下降，又不同于尼龙膜由于吸水性使阻湿性能变差，而是一种阻湿、阻气都比较好的高阻隔性能材料。它不但有优异的高阻隔性能，还具有优异的印刷性能、复合性能和透明特性。在实际应用中，PVDC 涂敷膜对印刷油墨及设备没有特殊要求，因此不需要变更各工序的工艺，即可大幅度提高生产效率，降低成本。

使用 PVDC 的复合包装比普通的 PE 膜、纸、铝箔等包装用料量要减少很多，从而达到了减量化包装及减少废物源的目的。就降解机理而言，聚乙烯醇具有水和生物两种降解特性，首先溶于水形成胶液渗入土壤中，增加土壤的团黏化、透气性和保水性，特别适合于沙土改造。在土壤中的 PVA 可被土壤中分离的细菌——甲单细胞（Pseudomonas）的菌株分解。至少两种细菌组成的共生体系可降解聚乙烯醇：一种菌是聚乙烯醇的活性菌，另一种是产生 PVA 活性菌所需物质的菌。仲醇的氧化反应酶催化聚乙烯醇，然后水解酶切断被氧化的 PVA 主链，进一步降解，最终可降解为 CO_2 和 H_2O。

在美国，PVDC 制品属于无毒安全的塑料材料，已广泛用于食品包装；在德国，该包装材料拥有绿色标志；而日本、韩国市场上流通的小包装食品、药品、化工产品及电子产品中，有 60%左右采用 PVDC 包装。随着这种新型包装材料的风行，近几年，西方国家 PVDC 树脂的产量逐年上升，美国的年增长率约为 2%，日本则将近 10%。

针对我国食品包装水平目前仍然比较落后的现状，有关专家指出，推广使用 PVDC 材料不但可以提高我国的包装产品档次，同时可以减少因产品包装而造成的损失，从而增强市场竞争能力，树立企业新形象。可以预见，在今后的包装产业中，充分合理使用 PVDC 涂敷膜将会逐渐成为我国包装业的主流，食品损耗也因此而大大降低。

3．水溶性塑料——聚乙烯醇（简称 PVA）

聚乙烯醇（简称 PVA）外观为白色粉末，是一种用途相当广泛的水溶性高分子聚合物，性能介于塑料和橡胶之间。作为一种新颖的绿色包装材料，它在欧美、日本等国被广泛用于各种产品的包装，例如农药、化肥、颜料、染料、清洁剂、水处理剂、矿物添加剂、洗涤剂、混凝土添加剂、摄影用化学试剂及园艺护理的化学试剂等。它的主要特点是：①降解彻底，降解的最终产物是 CO_2 和 H_2O，可彻底解决包装废弃物的处理问题；②使用安全方便，避免使用者直接接触被包装物，可用于对人体有害物品的包装；③力学性能好，且可热封，热封

235

强度较高；④具有防伪功能，可作为优质产品防伪的最佳武器，延长优质产品的寿命周期。

水溶性薄膜由于具有环保特性，因此已受到世界发达国家广泛重视。例如，日本、美国、法国等已大批量生产销售此类产品，像美国的 W.T.P 公司、C.C.I.P 公司、法国的 Greensol 公司以及日本的合成化学公司等，其用户也是一些著名的大公司，例如，Bayer（拜耳）、Henkel（汉高）、Shell（壳牌）、Agr.Eva（艾格福）等大公司都已开始使用水溶性薄膜包装其产品。

在国内，水溶性薄膜市场正在兴起。据有关资料统计，我国每年需要的包装薄膜占塑料制品的 20%，约达 30.9 万吨，即便按占有市场 5%计，则每年需求量也达 1.5 万吨。目前市场售价：美国产品为 13～17 万元/吨，日本产品为 20～25 万元/吨，国内产品销售价仅为美国的 40%，平均售价为 6 万元/吨，因而在价格上具有很强的竞争力。随着社会的发展和进步，人们越来越注意保护人类赖以生存的环境，尤其是我国已经加入 WTO，与世界发达国家接轨，对包装的环保要求日益提高，因而水溶性包装薄膜在我国的应用前景也十分广阔。

4. 聚吡嗪酰胺（PZA）

与聚苯乙烯相似，PZA 聚合物是一种高度透明、有良好操作性能，并能阻抗水溶解的材料，适用于大多数热成型工艺，可使用传统加工设备，包括薄板和薄膜的挤出设备，吹膜制造、纤维抽丝以及注塑加工等设备。它与 PET 相比有着良好的价格和性能潜力，它还能提供优良的黏合性能和光泽特性，并具有良好的金属化特性。

目前这种 PZA 聚合物的商业应用包括：可堆肥处理的食品袋和"草坪废料"袋、酸奶包装纸盒、播种用席垫以及防止杂草生长的非编织覆盖物等。这种聚合物目前已在 Cargill 位于美国的现有 PZAZT 厂生产，年底可达到 7200 吨生产能力。虽然这种 PZA 树脂已在市场上崭露头角，但仍限于对生物降解方面的要求。

随着塑料包装产品质量的提高和功能性增加，新的包装用塑料品种不断地被开发出来，同时原有的塑料品种用途也进一步拓宽。特别是高阻隔塑料包装材料由食品包装为主，逐步拓宽到非食品包装领域，其中工业包装、医药包装、农副产品包装、建材包装、航海用品包装等都将会获得进一步发展。

模块总结

本模块涉及"产品检验认识"、"产品包装认识"两个项目，又分解为三个任务、三个实训，详细介绍了质量管理体系、电子产品检验及产品包装的知识，通过实训巩固了知识的掌握及技能的形成。

模块练习

1. 什么是质量？它有哪些特性？
2. 质量管理经历了几个阶段？
3. 我国标准化可分哪几个等级？
4. ISO9000 族国际质量标准由哪几个部分组成？
5. 我国的 GB/T19000 标准系列与 ISO9000 标准系列存在何种的等同关系？

6. 实行质量认证制度的意义是什么？

7. 中国 3C 认证标志是什么？它是不是质量好坏的标志？

8. 什么是检验？现代企业对产品质量管理的流程是什么？

9. 电子产品的一般检验工艺流程及其常见检验方法是什么？

10. 检验记录的填写有何要求？

11. 什么是包装？包装的作用有哪些？

12. 常见的包装材料有哪些？各适用什么包装？

第 5 模块　实训报告

项目 15　产品检验认识	姓名＿＿＿＿＿＿　得分＿＿＿＿＿＿
任务 15.1　了解质量管理体系	学号＿＿＿＿＿＿　日期＿＿＿＿＿＿

实训 37　识读质量管理标准				
实训目的：				
实训器材及设备：				
实训步骤：				
注意事项：				
故障分析及调试记录：				
实训体会：				

任务评价				
	内容	配分	评分标准	扣分
1	ISO9000 族国际质量管理和质量保证的相关文件阅读	30 分	没有阅读相关文件、不能说出 ISO9000 族的组成的酌情扣分	
2	中国 CCC 认证的相关文件阅读	25 分	没有阅读相关文件、不能说出 ISO9000 族的组成的酌情扣分	
3	观察电子商品上的各类认证标志	25 分	不能说出电子商品上的认证标志含义的，酌情扣分	
4	日常生活中对认证标志的观察	20 分	不能举例说出日常生活中看到的认证标志及其含义的，酌情扣分	
安全文明生产			违反安全文明生产规程扣 5～30 分	
定额工时	2 学时		每超过 10 分钟扣 5 分	
开始时间		结束时间		
自评得分		组评得分	师评得分	

项目 15　产品检验认识	姓名_____得分_____
任务 15.2　了解电子产品检验工艺	学号_____日期_____

实训 38　检验黑白小电视机

实训目的:

实训器材及设备:

实训步骤:

注意事项:

故障分析及调试记录:

实训体会:

任务评价

	内容	配分	评分标准	扣分
1	检验方案的制订	20 分	不会制定检验方案的,酌情扣分	
2	检验工艺文件的编制	15 分	不会编制检验工艺文件的,酌情扣分	
3	电视机的外观及机械性能检验	20 分	不会检验电视机外观及机械性能的,酌情扣分	
4	电视机的电性能及安全性检验	25 分	不会检验电视机电性能及安全性的,酌情扣分	
5	电视机的功能检验	20 分	不会检验电视机功能的,酌情扣分	
安全文明生产			违反安全文明生产规程扣 5~30 分	
定额工时	2 学时		每超过 10 分钟扣 5 分	
开始时间			结束时间	
自评得分		组评得分		师评得分

项目 16　产品包装认识	姓名＿＿＿＿＿＿＿得分＿＿＿＿＿＿
任务 16.1　了解产品包装	学号＿＿＿＿＿＿＿日期＿＿＿＿＿＿

实训 39　拆读彩电的包装

实训目的：

实训器材及设备：

实训步骤：

注意事项：

参观记录：

实训体会：

任务评价

	内容	配分	评分标准	扣分
1	彩电包装箱的外观识读	30 分	不能从包装箱的外观上读出相关信息的，酌情扣分	
2	彩电包装箱的拆封	20 分	不会拆封彩电包装箱的，酌情扣分	
3	彩电附件袋的检查	15 分	彩电附件袋检查有遗漏的，酌情扣分	
4	彩电包装材料的认识	15 分	不认识常见包装材料的，酌情扣分	
5	彩电包装的防护措施认识	20 分	不能说出彩电包装防护措施的，酌情扣分	
	安全文明生产		违反纪律的扣 10 分	
定额工时		2 学时	不按时交报告的扣 5 分	
开始时间			结束时间	
自评得分		组评得分	师评得分	

电子设备装接工国家职业标准

1. 职业概况

1.1 职业名称

电子设备装接工。

1.2 职业定义

使用设备和工具装配、焊接电子设备的人员。

1.3 职业等级

本职业共设五个等级，分别为：初级（国家职业资格五级）、中级（国家职业资格四级）、高级（国家职业资格三级）[注（1）]

1.4 职业环境

室内、外，常温。

1.5 职业能力特征

具有较强的计算能力和空间感；形体知觉，手臂、手指灵活；动作协调；色觉、嗅觉、听觉正常。

1.6 基本文化程度

初中毕业（或同等学历）。

1.7 培训要求

1.7.1 培训期限

全日制职业学校教育，根据其培训目标和教学计划确定晋级培训期限为：初级不少于 480 标准学时；中级不少于 360 标准学时；高级不少于 280 标准学时。

1.7.2 培训教师

培训初、中、高级的教师应具有本职业技师以上职业资格证书或相关专业中级及以上专业职务任职资格；培训技师的教师应具有本职业高级技师职业资格证书或相关专业高级专业技术职务任职资格。

1.7.3 培训场地设备

理论培训场地应具有可容纳 20 名以上学员的标准教室，并配备合适的示教设备。实际操作培训场所应具有标准、安全工作台及各种检验仪器、仪表等。

1.8 鉴定要求

1.8.1 适用对象

从事或准备从事本职业的人员。

1.8.2 申报条件

——初级（具备以下条件之一者）

（1）经本职业初级正规培训达规定标准学时数，并取得结业证书。

（2）在本职业连续从事或见习工作 2 年以上。

（3）本职业学徒期满。

——中级（具备以下条件之一者）

（1）取得本职业初级职业资格证书后，连续从事本职业工作 3 年以上，经本职业中级正规培训达规定标准学时数，并取得结业证书。

（2）取得本职业初级职业资格证书后，连续从事本职业工作 5 年以上。

（3）连续从事本职业工作 7 年以上。

（4）取得经劳动保障行政部门审核认定的、以中级技能为培养目标的中等以上职业学校本职业（专业）毕业证书。

——高级（具备以下条件之一者）

（1）取得本职业中级职业资格证书后，连续从事本职业工作 4 年以上，经本职业高级正规培训达规定标准学时数，并取得结业证书。

（2）取得本职业中级职业资格证书后，连续从事本职业工作 7 年以上。

（3）取得高级技工学校或经劳动保障行政部门审核认定的、以高级技能为培养目标的高等职业学校本职业（专业）毕业证书。

（4）取得本职业中级职业资格证书的大专以上本专业或相关专业毕业生，连续从事本职业工作 2 年以上。

1.8.3　鉴定方式

分为理论知识考试和技能操作考核。理论知识考试采用闭卷笔试方式，技能操作考核采用现场实际操作方式。理论知识考试和技能考核均实行百分制，成绩达到 60 分以上者为合格。

1.8.4　考评人员与考生配比

理论知识考试考评人员与考生配比为 1∶20，每个标准教室不少于 2 名考评人员；技能操作考核考评员与考生配比为 1∶5，且不少于 3 名考评员。综合评审委员不少于 5 人。

1.8.5　鉴定时间

理论知识考试时间不少于 90 分钟。技能操作考核：初级不少于 180 分钟，中级、高级不少于 240 分钟。

1.8.6　鉴定场所设备

理论知识考试在标准教室进行。技能操作考核在配备有必要的工具和仪器、仪表设备及设施，通风条件良好，光线充足，可安全用电的工作场所进行。

2．基本要求

2.1　职业道德

2.1.1　职业道德基本知识

2.1.2　职业守则

（1）遵守法律、法规和有关规定。

（2）爱岗敬业，具有高度的责任心。

（3）严格执行工作程序、工作规范、工艺文件、设备维护和安全操作规程，保质保量和确保设备、人身安全。

（4）爱护设备及各种仪器、仪表、工具和设备。

（5）努力学习，钻研业务，不断提高理论水平和操作能力。

（6）谦虚谨慎，团结协作，主动配合。

（7）听从领导，服从分配。

2.2 基础知识

2.2.1 基础理论知识

（1）机械、电气识图知识。

（2）常用电工、电子元器件基础知识。

（3）常用电路基础知识。

（4）计算机应用基本知识。

（5）电气、电子测量基础知识。

（6）电子设备基础知识。

（7）电气操作安全规程知识。

（8）安全用电知识。

2.2.2 相关法律、法规知识

（1）《中华人民共和国质量法》的相关知识。

（2）《中华人民共和国标准化法》的相关知识。

（3）《中华人民共和国环境保护法》相关知识。

（4）《中华人民共和国计量法》的相关知识。

（5）《中华人民共和国劳动法》的相关知识。

3. 工作要求

本标准针对初级、中级、高级，高级别涵盖低级别的要求[注(2)]。

3.1 初级

职业功能	工作内容	技能要求	相关知识
一、工艺准备	（一）识读技术文件	1. 能识读印制电路板装配图 2. 能识读工艺文件配套明细表 3. 能识读工艺文件装配工艺卡	1. 电子产品生产流程工艺文件 2. 电气设备常用文字符号
	（二）准备工具	能选用电子产品常用五金工具，和焊接工具	1. 电子产品装接常用五金工具 2. 焊接工具的使用方法
	（三）准备电子材料与元器件	1. 能备齐常用电子材料 2. 能制作短连线 3. 能备齐合格的电子元器件 4. 能加工电子元器件的引线	1. 装接准备工艺常识 2. 短连线制作工艺 3. 电子元器件直观检测与筛选知识 4. 电子元器件引线成型与浸锡知识
二、装接与焊接	（一）安装简单功能单元	1. 能手工插接印制电路板电子元器件 2. 能插接短连线	1. 印制电路板电子元器件手工插装工艺 2. 无源元件图形，晶体管、集成电路和电子管图形符号
	（二）连线与焊接	1. 能使用焊接工具手工焊接印制电路板 2. 能对电子元器件引线浸锡	2. 能对电子元器件引线浸锡
三、检验与检修	（一）检验简单功能单元	1. 能检查印制电路板元件插接工艺质量 2. 能检查印制电路板元件焊接工艺质量	1. 简单功能装配工艺质量检测方法 2. 焊点要求，外观检查方法
	（二）检修简单功能单元	1. 能修正焊接、插装缺陷 2. 能拆焊	1. 常见焊点缺陷及质量分析知识 2. 电子元器件拆焊工艺 3. 拆焊方法

3.2　中级

职 业 功 能	工 作 内 容	技 能 要 求	相 关 知 识
一、工艺准备	（一）识读技术文件	1. 能够读懂部件装配图 2. 能够测绘仪器外壳、底板、轴套等简单零件图	1. 国家标准中标准件和常用件的规定画法、技术要求及标注方法 2. 读部件装配图的方法
	（二）准备工具	1. 能选用焊接工具 2. 能对浸焊设备进行维护保养	1. 电子产品装接焊接工具 2. 浸焊设备的工作原理
	（三）准备电子材料与元器件	1. 能对导线预处理 2. 能制作线扎 3. 能测量常用电子元器件	1. 线扎加工方法 2. 导线和连接器件图形符号 3. 常用仪表测量知识
二、装接与焊接	（一）安装功能单元	1. 能装配功能单元 2. 能进行简单机械加工与装配 3. 能进行钳工常用设备和工具的保养	1. 功能单元装配工艺知识 2. 钳工基本知识 3. 功能单元安装方法
	（二）连接与焊接	1. 能焊接功能单元 2. 能压接、绕接、钳接、黏结 3. 能操作自动化插接设备和焊接设备	1. 绕接技术 2. 黏结知识 3. 浸焊设备操作工艺要求
三、检验与检修	（一）检验功能单元	1. 能检测功能单元 2. 能检验功能单元的安装、焊接、连线	1. 功能单元的工作原理 2. 功能单元安装联线工艺知识
	（二）检验功能单元	1. 能检修功能单元装接中焊点、扎线、布线、装配质量问题 2. 能修正功能单元布线、扎线	1. 电子工艺基础知识 2. 功能单元产品技术要求

3.3　高级

职 业 功 能	工 作 内 容	技 能 要 求	相 关 知 识
一、工艺准备	（一）识读技术文件	1. 能识读整机的安装图 2. 能识读整机的装接原理图、连线图、导线表	1. 整机设计文件有关知识 2. 整机工艺文件
	（二）准备工具	能选用特殊工具与工装	整机装配特殊工具知识
	（三）准备电子材料与元器件	1. 能测量特殊电子元器件 2. 能检测电子零部件	1. 特殊电子元器件工作原理 2. 电子零部件的检测方法
二、装接与焊接	（一）安装整机	1. 能完成整机机械装配 2. 能安装特殊电子元器件 3. 能检查整机的功能单元	1. 整机安装工艺知识 2. 表面安装与微组装工艺
	（二）连接与焊接	1. 能完成整机电气连接 2. 能画整机线扎图 3. 能加工特种电缆 4. 能操作自动化贴片机 5. 能简单维修自动化装接设备	1. 绝缘电线、电缆型号和用途 2. 整机电气连接工艺 3. 自动化焊接设备知识
三、检验与检修	（一）检验整机	1. 能检验整机装接工艺质量 2. 能检测功能单元质量	1. 整机装接工艺 2. 整机工作原理
	（二）检修整机	1. 能检修特种电缆 2. 能检修整机出现的工艺质量问题	整机维修方法

4. 比重表

4.1　理论知识

243

项 目			初级（%）	中级（%）	高级（%）
基本要求		职业道德	5	5	5
		基础知识	20	20	20
相关知识	工艺准备	读技术文件	5	5	5
		准备工具	5	5	5
		准备电子材料与元器件	10	10	10
	装接与焊接	安装简单功能单元	10		
		连线与焊接	30		
		安装功能单元		10	
		连线与焊接		30	
		安装整机			10
		连线与焊接			30
	检验与检修	检验简单功能单元	5		
		检验功能单元		5	
		检验整机			5
		检修简单功能单元	10		
		检修功能单元		10	
		检修整机			10
合 计			100	100	100

4.2 技能操作

项 目			初级（%）	中级（%）	高级（%）
技能知识	工艺准备	识读技术文件	5	5	5
		准备工具	10	10	10
		准备电子材料与元器件	10	10	10
	装接与焊接	安装简单功能单元	20		
		连线与焊接	40		
		安装功能单元		20	
		连线与焊接		40	
		安装整机			20
		连线与焊接			40
	检验与检修	检验简单功能单元	5		
		检验功能单元		5	
		检验整机			5
		检修简单功能单元	10		
		检修功能单元		10	
		检修整机			10
合 计			100	100	100

注：（1）国家职业资格二级（技师）、国家职业资格一级（高级技师）的相关标准和考核要求在本附录中未列入，读者可查阅相关资料。

（2）本《标准》中使用了功能单元和整机等概念，其含义如下：功能单元——本《标准》指的是由材料、零件、元器件或部件等经装配连接组成的具有独立结构和一定功能的产品。图样管理中将其称为部件、整件。本《标准》强调功能，因此称其为功能单元。一般可认为，它是构成整机的基本单元。

　　功能单元的划分，通常决定于结构和电气要求，因此，同一类型的设备划分很可能都不一样，或大或小，或简单或复杂，不一而足。经常遇到的功能单元大致有：电源和电源模块，调制电路，放大电路，滤波电路，锁相环电路，AFC 电路，AGC 电路，变频器，线性、非线性校正电路，视、音频处理电路，解调器，数字信号处理电路，单板机等。

　　整机——功能单元（整件）做产品出厂时又称整机。一般将其定位于含功能单元较少，电路相对简单，指功能较为单一的产品。或者，功能虽然相当复杂，但尺寸较小、电平极低的产品。

5.5 英寸单片集成电路黑白电视机
装配资料

1. 产品技术规格

（1）电视系统：PAL

（2）接收频道：VL（1～5）CH，VH（6～12）CH，U（13～57）CH

（3）天线输入阻抗：75Ω

（4）视频输入：75Ω

（5）视频输入信号：1Vrms

（6）音频输入信号：0.2～1.5 Vrms

（7）显像管：5.5 英寸 70°

（8）清晰度：≥350 线

（9）音频输出功率：≥0.5 W

（10）电源：DC12V/85mA；220V、50Hz

（11）功耗：10W

2. 外形结构和功能

电视机外形如图附录 B-1 所示。

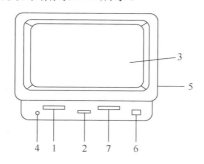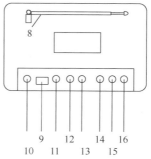

1—音频旋钮；2—频道开关；3—显像管；4—耳机插孔；5—外壳；6—电源开关；7—电视调谐器旋钮；8—天线；9—DC 电源插孔；
10—天线、CATV 插孔；11—音频插孔；12—视频插孔；13—AV/TV 按钮；14—场频旋钮；15—亮度旋钮；16—对比度旋钮

图附录 B-1　电视机外形

3. 使用说明

（1）使用市电 AC220V 时，将电视机电源线插入市电的插座，使用直流电源 DC12V 时，

直接插入电视机 DC12VCHA 插座。

（2）按电源开关 6，电视机屏幕显示正常光栅。

（3）使用拉杆天线时，把拉杆天线拉直，使用室外天线或有线电视信号可直接接入无限输入插孔 10。

（4）拨频道开关，选择 VL、VHL、UHF、PIN 频段。

（5）用调台旋钮 7 调到所要接收的频道节目。

（6）若接收 AV 视频、声频（如 VCD 等），按 AV/TV 开关（13）。弹出为视频状态，可将视频、音频信号插入电视机相应的输入插座：声频（11）、视频（12）。若收看电视，按下 AV/TV 开关。

4．主要部件介绍

4.1 高频头

高频头的外形如图附录 B-2，其各引脚功能见表附录 B-1。

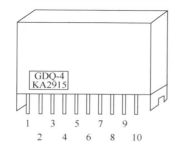

图附录 B-2 高频头外形

表附录 B-1 高频头引脚介绍

引 脚 号	符 号	功 能
①	ATN	ATN 高频电视信号输入
②	AGC	AGC 自动增益控制
③	UHF	为 UHF 调谐器甚高频段（13～57 频道）工作电压供电段
④	TU	调谐回路变容二极管的调谐电压
⑤	HB	为 VHF 调谐器高频段（6～12 频道）频道工作电压供电端
⑥	LB	为 VL 调谐器低频段（1～5 频道）工作电压供电端
⑦	/	空引脚
⑧	UB	+Vcc 提供给高频头的工作电压
⑨	IF	中频输出信号端
⑩	/	空引脚

4.2 黑白显像管

黑白显像管是能产生由视频信号调制的电子束，在荧光屏上扫描而形成的黑白图像，黑白显像管结构示意如图附录 B-3 所示。

显像管是一种电真空器件，它有电子枪，荧光屏及玻壳三大部分组成，其荧屏内成高真空状态。在锥体的内外壁涂有导电石墨层，在玻壳内外形成容量为 500～1000PF 的电容，对阳极高电压其滤波作用。

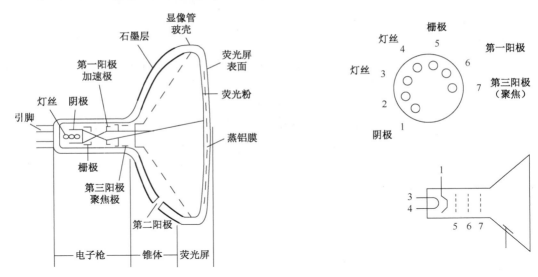

图附录 B-3　黑白显像管结构

（1）电子枪。

电子枪的作用是发射一束聚焦良好的电子束，以高速轰击屏幕上的荧光粉，使它发光，电子束的强度是受图像信号控制的。

（2）荧光屏。

显像管屏幕玻璃内壁涂有一层薄薄的荧光粉。在电子枪发射的高速电子束轰击下，荧光粉会发光，其发光亮度与电子速电流的大小有关，电流大，发光亮，反之则小。在荧光粉后面还蒸发了一层很薄的铝膜，它是第二阳极的一部分，上面的高电压吸引电子束高速轰击荧光粉，它不仅起着保护荧光粉不受电子束的直击冲击而损伤，还起着反射光线，增大荧光粉的亮度。

4.3　显像管附件

（1）偏转线圈。

偏转线圈有行偏转线圈和场偏转线圈组成，行偏转线圈分成上下两组，水平放置，它所产生的磁场是垂直方向的，使显像管电子枪发射的电子束在水平方向偏转。场偏转线圈绕在磁环上，它所产生的磁场是水平方向的，使电子束在垂直方向上偏转。电子束在这两个磁场的同时作用下自左至右，自上而下来回扫描而形成光栅。偏转线圈结构如图附录 B-4 所示。

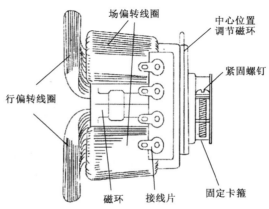

图附录 B-4　偏转线圈结构

（2）中心调节磁环。

由于偏转线圈与显像管的配合存在误差，使电子束偏转中心与显像管中心不重合。在显像管屏幕上的光栅出现暗角。所以需外加一个磁场来校正。这个附加磁场称为中心位置调节磁环。它由两片做成环状磁性塑料片组成，调节它们的相对位置，就可以改变合成磁场的大小方向，使光栅的中心位置与显像管中心重合。

4.4 集成电路介绍

4.4.1 D5151 集成电路介绍

D5151 为双列 14 引脚扁平封装，系大规模单片黑白电视机集成电路，外形如图附录 B-5 所示，其各引脚功能见表附录 B-2。

D5151 内部功能如图附录 B-6 所示，主要电参数如下：

该电路输出为正向 AGC   视频输出幅度=2.3Vp-p

电源电压为=10V   最大输入=110dB

输入灵敏度=50dB/μV   视频频响=6MHz

信噪比=56dB   鉴频输出=300mV

伴音中放输出=0.6%   AM 调制比=55dB

场振脉宽=850μs   行振脉宽=26μs

图附录 B-5　D5151 集成电路外形

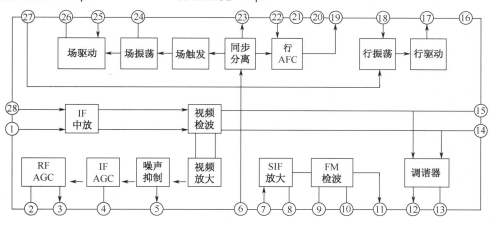

图附录 B-6　D5151 内部功能

表附录 B-2　D5151 集成电路各引脚功能

引 脚 号	功　　能	引 脚 号	功　　能
①	图像中频输入 1	⑮	同步解调线圈 2
②	RF AGC 调整	⑯	电源电压 Vcc2
③	RF AGC 输出	⑰	行激励输出
④	IF AGC 滤波	⑱	行频调节
⑤	视频输出	⑲	行 AFC 输出
⑥	同步分离输入	⑳	电源电压 Vcc1
⑦	伴音中频输入	㉑	地
⑧	伴音中放偏置	㉒	行逆程脉冲输入
⑨	伴音中放输出	㉓	同步分离输出
⑩	伴音鉴频输入	㉔	场同步调节

续表

引　脚　号	功　　　能	引　脚　号	功　　　能
⑪	音频输出	㉕	场锯齿波反馈
⑫	调谐 AFT 输出	㉖	场激励输出
⑬	AFT 移相网格	㉗	X 射线保护
⑭	同步解调线圈 1	㉘	图像中频输入 2

4.4.2　音频功放集成电路（LM386）

LM386 是一种低电压单片集成电路音频功率放大器。电压增益内部设置固定为 20 倍。如果在①脚与⑧外接电容器，可增加到 200 倍，外围元件少，效率高。在音响要求不高的设备中得到广泛的应用。LM386 引脚功能如图附录 B-7 所示。

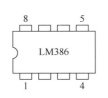
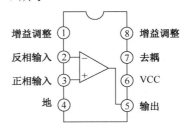

图附录 B-7　LM386 引脚功能

5．电路工作原理

采用大规模单片黑白机集成电路 D5151，由于它把所有小信号处理电路都集成在一块芯片上，所以整机和结构十分简单，外围元件少，调试也很容易。IC1（D5151）是一款黑白电视机专用的大规模集成电路，黑白电视机中所有的小信号处理电路都集成在这一片电路中，用这种集成电路组成的黑白机通常称为单片机。与 35cm（14 英寸）黑白电视机相比，该机工作电流小，工作电压低，因而不易烧毁元器件，即或稍有失误也不至造成重大损失。显像管型号为 14SX3Y4，屏幕尺寸为 5.5 英寸。

电视机方框图见图附录 B-8，整机电路原理图见图附录 B-13。电视信号被天线接收后送到电调谐高频头 TDQ-4 的①脚，电视信号在这里经过高放、混频后，变成 38MHz 的图像中频，然后从⑨脚输出送到 Q1 进行预中放。Q1C 输出端接到 SFSAV38M 称为"声表面波滤波器"，它具有电视机所要求的特殊的频率特性，它只让 38MHz 的图像中频信号和 31.5MHz 的伴音中频信号按规律通过，其他信号则被滤去或被吸收。经过预中放后，信号进入 IC1 的①和㉘脚。

D5151 的内部方框图见图附录 B-6、外形见图附录 B-5，各引脚功能见图附录 B-2。电调谐高频头的外形见图附录 B-2。

IC1 内部完成下述一系列工作：①图像中频放大。②视频检波。（预视放）。③伴音中频放大。④伴音鉴频，⑤行场同步分离。⑥行振荡与行激励。⑦场振荡与场激励。⑧其他小信号处理等。

从 IC1 的①、㉘脚进来的图像中频信号经过 IC1 内部进行图像放大、视频检波及预视放后，由 IC1 的⑤脚输出送到末级视放管 Q8，放大到足够大时再送到显像管阴极，这个信号的瞬时值就代表屏幕上某一像素亮度的大小。

预视放信号从 IC 的⑤脚输出后还有一部分送回⑥脚进行同步分离，同步信号制造被分离出来后分别送到行、场振荡，行频、场振荡的频率和相位与电视台发射的信号保持一致。只有保证这一点，才能在屏幕上形成完整的图像。

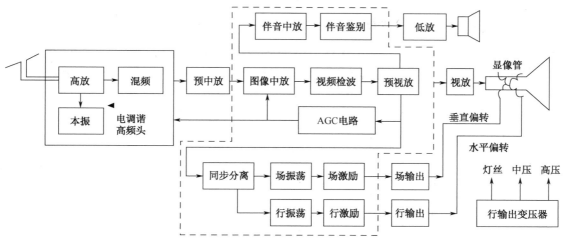

附录 B 图 8

从 IC 的㉖脚输出场激励信号到场输出级，放大后场偏转线圈完成垂直扫描。另一路行激励信号由 IC 的⑰脚输出送到行推动级和输出级。行输出级的任务比较多，首先它要输出足够大的扫描电流送到行偏转线圈完成水平扫描，另外它还依靠行回扫脉冲产生超高压（5kV以上）、中压（100V 左右）及灯丝电压等多种电压显像管及视放末级之用。

总之，电视机可以分为通道和扫描两大部分，它的工作原理是比较复杂的，在此只作一个粗略的介绍。读者如果需要作深入的学习，可以阅读其他专门讲述电视机工作原理的书籍。

6. 工艺作业指导书

工艺作业指导书（一）

电源伴音调试接线图见图附录 B-9。

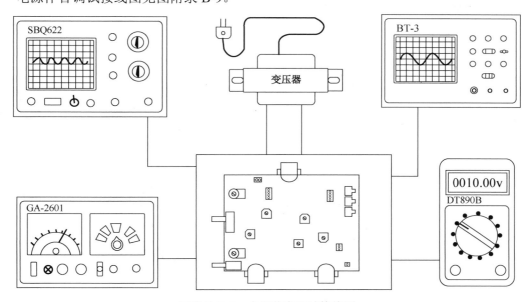

图附录 B-9　电源伴音调试接线图

251

工序名称

电源伴音调试。

编号：DS-B-01。

仪器开关旋钮放置位置：

测波纹示波器：Y 轴电压拨至 0.5V 挡，TIME/DIV 轴拨至 2ms 挡。

测伴音示波器：Y 轴放在 0.2V 挡，TIME/DIV 轴拨至 0.5ms 挡，输出 1kHz 信号。

操作过程

（1）按图附录 B-9 接好线路，将仪器预热 5～10 分钟。

（2）DS-666B 机板压入测试架并夹紧。

（3）开启电源，调整电位器 W4 使数字表 DT890B 指示 10±0.2V。

（4）按下 AV 开关，把音频信号送入 DS-666B 机板，调节音量电位器由小到大，测伴音示波器上有正弦波输出由小到大，大到 4 格多。AV/TV 开关转至 TV 位置，伴音功放有杂音输出，示波器上显示为 6 格左右。

（5）电源波纹上有三角波输出，约 4 格。

（6）以上测试合格后运往下个工序。

材料

电视机线路板。

仪器、工具

示波器 2 台；5.5V 变压器 1 只；音频信号发生器 1 台；

DT890B 数字万用表 1 个；测试机架 1 台。

工艺作业指导书（二）

行、场频调整检查接线图见图附录 B-10。

工序名称

行、场频调整检查。

操作过程

（1）按图附录 B-10 连接好仪器机架。

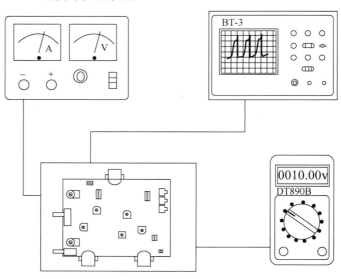

图附录 B-10　行、场频调整检查接线图

（2）打开仪器开关，预热 5～10 分钟。

（3）行频调整：将示波器 CHY 轴输入引输出 Z 脚，Y 轴电压挡拨 5V 挡上，衰减×10kTIME/DIV 拨至 10μs，偶合方式 AC 打开机架电源开关。这时示波器显示行脉冲值，AV/TV 开关拨至 AV 状态，用一字批调整 W7 可调电阻器，使行脉冲值周期在 64μs 上，逆程时间为 13μs、正程 51μs。

（4）场频调整：将示波器的 CHY 轴输入接机板 C506，场输出电容负极端，Y 轴电压拨至 2V 挡上，TIME/DIV 拨至 5μs 挡上，示波器显示齿波脉冲宽度为 4 格，扫频周期为 20ms，逆程时间为 21ms，场步引入范围≥60Hz，场频变化>38Hz～52Hz。

材料

示波器 2 台；机架 1 台；一字批 1 把；电烙铁 1 把。

仪器、工具

胶纸、记录本、笔等若干。

工艺作业指导书（三）

图像中放、伴音中放调整接线图见图附录 B-11。

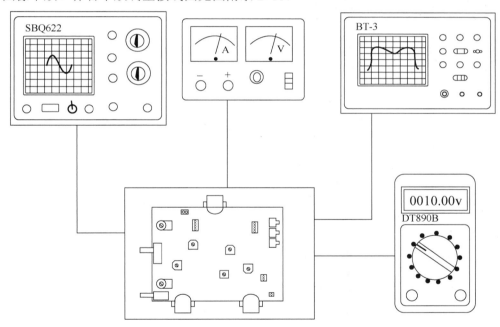

图附录 B-11　图像中放、伴音中放调整接线图

工序名称

图像中放、伴音中放调整。

操作过程

（1）按图附录 B-11 接好线路。

（2）打开仪器电源，预热约 5～10 分钟，仪器工作正常。

（3）把要测量的 DS-666B 板放入测试机架中夹紧。

（4）图像中放的调整，扫频仪 BT-3，射频输出衰减放置 50dB，频率选择 10：1，耦合方式为 AC，Y 轴衰减×10，频率每格设置为 2MHz，频率范围 30～40MHz 之间共五格，极性为负极性，打开电视机电源开关，扫频仪波形中频曲线，T2 已用固定 38MHz 滤波器。图像 AGC 调整，将数字万用表红表笔接入（D5151）②脚，黑表笔接地，用一字批调整 W1，使数字表显示 5.3～5.5V（视 D5151 而定）。伴音中频调整，扫频仪射频输出设置 46dB，频标选择 10：1，耦合方式为 AC，Y 轴衰减×10 位置，负极性，扫频宽度为每个 0.5MHz（四格），频率选择在 6.0～7.0dB 上，扫频显示为 S 曲线，调整 T1 中周的磁芯，使扫频中心落在 6.5MHz 线上，对称两峰之间为 250kHz～300kHz。直线带宽度≥150kHz。

材料
维修零件若干。

仪器、工具
万用表 1 个；烙铁 1 把；焊锡丝若干；无感调试起子 1 把。

工艺作业指导书（四）

工序名称
产品画面等检查调整。

操作过程
（1）检查上道工序之产品：元器件是否相碰，偏转线圈插入 PCB 板上 P4 处，CRT 座是否插入管尾、高压包的高压帽是否插入 CRT 高压嘴上，各插座开关、电位器是否处于良好状态。

（2）插入电源接入 AV 信号、TV 信号，喇叭线插头插入 PCB 板上 A4 处。

（3）将波段开关转接 VHF 段，调台旋钮调到方格信号出现，检查画面方格信号，看图像是否处于屏幕中央位置，检查暗角、画面倾斜几何失真及非线形。光栅不正时，要拨正偏转把 DY 紧贴管颈部，锁紧 DY 固定螺丝，同时看画面场幅大小，调整 W5，使场幅满足要求 11.2±0.3 格，图像不在正中央要调整中心调节磁环，上下、左右以达到图像在正中央。调整行幅，达到 14.6±0.4 格，若达不到，可调整行逆程电容器，保证行场重显率 90%以上。

（4）调整画面图像质量，如线形不好可贴磁片，调整到达企业标准，然后在偏转线圈上打上白胶固定。

（5）将 AV/TV 开关转入 AV 状态，检查图像、声音质量。再转入 TV 状态，分别调整三个波段，收看电视节目以复查图像、声音质量是否符合要求。

（6）合格后产品交下道工序。

材料
白热溶胶；磁片电容器；调机备件。

仪器、工具
视频信号发生器 1 台；起子 1 把。

7. 电视机图纸
5.5 英寸电视机印制电路板图（图附录 B-12）。

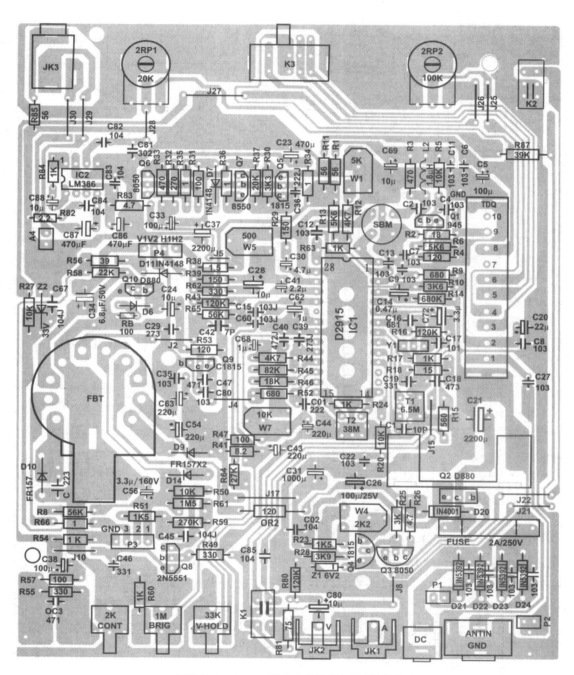

图附录 B-12　5.5 英寸电视机印制电路板图

5.5 英寸电视机电路原理图（图附录 B-13）。

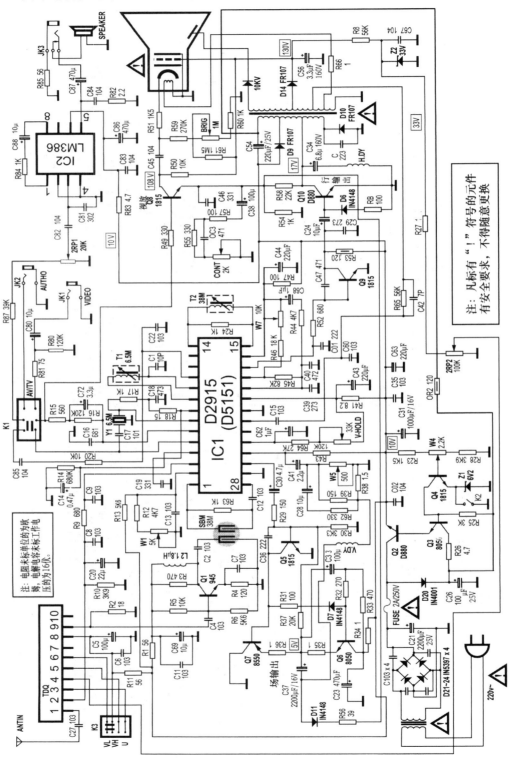

图附录 B-13　5.5 英寸电视机电路原理图

反侵权盗版声明

电子工业出版社依法对本作品享有专有出版权。任何未经权利人书面许可，复制、销售或通过信息网络传播本作品的行为；歪曲、篡改、剽窃本作品的行为，均违反《中华人民共和国著作权法》，其行为人应承担相应的民事责任和行政责任，构成犯罪的，将被依法追究刑事责任。

为了维护市场秩序，保护权利人的合法权益，我社将依法查处和打击侵权盗版的单位和个人。欢迎社会各界人士积极举报侵权盗版行为，本社将奖励举报有功人员，并保证举报人的信息不被泄露。

举报电话：（010）88254396；（010）88258888

传　　真：（010）88254397

E-mail：　dbqq@phei.com.cn

通信地址：北京市万寿路 173 信箱

　　　　　电子工业出版社总编办公室

邮　　编：100036